U0397647

上海“十二五”重点图书出版规划项目
上海文化发展基金会图书出版专项基金资助项目

通俗数学名著译丛

虚数的故事

【美】保罗·纳欣 著　朱惠霖 译

大哉言數

引自周髀算經中周公之語句

乙未 王元

王元

译丛序言

数学，这门古老而又常新的科学，正处于一个空前繁荣又充满挑战的新纪元.

回顾过去的世纪，数学科学的巨大发展，比以往任何时代都更牢固地确立了它作为整个科学技术的基础的地位，数学正突破传统的应用范围向几乎所有的人类知识领域渗透，并越来越直接地为人类物质生产与日常生活作出贡献. 同时，数学作为一种文化，已成为人类文明进步的标志. 因此，对于当今社会每一个有文化的人士而言，不论他从事何种职业，都需要学习数学，了解数学和运用数学. 现代社会对数学的这种需要，在未来的世纪中无疑将更加与日俱增.

另一方面，20 世纪数学思想的深刻变革，已将这门科学的核心部分引向高度抽象化的道路. 面对各种深奥的数学理论和复杂的数学方法，门外汉往往只好望而却步. 这样，提高数学的可接受度，就成为一种当务之急. 事实上，世界各国都十分重视并大力加强数学的普及工作，国际数学联盟(IMU)还曾专门将 2000 年定为“**世界数学年**”，其主要宗旨就是“使数学及其对世界的意义被社会所了解，特别是被普通公众了解”.

一般说来，一个国家数学普及的程度与该国数学发展的水平相应并且是数学水平提高的基础. 随着中国现代数学研究与教育的长足进步，数学普及工作在我国也受到重视. 早在 20 世纪 60 年代，华罗庚、吴文俊等一批数学家亲自动手撰写的数学通俗读物，激发了一代青少年学习数学的兴趣，影响绵延至今. 改革开放以来，我国数学界对传播现代数学又作出了新的努力. 但总体来说，我国的数学普及工作与发达国家相比尚有差距.我国数学要率先赶超世界先进水平，数学普及与传播方面的赶超乃是一个重要的环节和迫切的任务.为此，借鉴外国的先进经验是必不可少的.

《通俗数学名著译丛》的编辑出版，正是要通过翻译、引进国外优秀数学科普读物，推动国内的数学普及与传播工作，为我国数学赶超世界先进水平的跨世纪工程贡献力量.丛书的选题计划，是出版社与编委会在对国外数学科普读物广泛调研的基础上讨论确定的.所选著述，基本上是在国外已广为流传、受到公众好评的佳作.它们在内容上包括了不同的种类，有的深入浅出介绍当代数学的重大成就与应用，有的循循善诱启迪数学思维与发现技巧，有的富于哲理阐释数学与自然或其他科学的联系，等等，试图为人们提供全新的观察视角，以窥探现代数学的发展概貌，领略数学文化的丰富多彩.

丛书的读者对象，力求定位于尽可能广泛的范围.为此丛书中适当纳入了不同层次的作品，以使包括大、中学生，大、中学教师，研究生，一般科技工作者等在内的广大读者都能开卷受益.即使是对于专业数学工作者，本丛书的部分作品也是值得一读的.现代数学是一株分支众多的大树，一个数学家对于他所研究的专业以外的领域，也往往深有隔行如隔山之感，也需要涉猎其他分支的进展，了解数学不同分支的联系.

早在20世纪末，在国内科普译著出版并不景气的情况下，上海教育出版社以世界数学年为契机，按照国际版权公约，不惜耗资购买版权，组织翻译出版这套《通俗数学名著译丛》，实属富有远见的举措.多年来，这套译丛出版发行已有30余种，受到了公众的普遍欢迎，产生了良好的社会影响.当前，在我国大力提高全民族科学文化素养、强调科技创新驱动发展的新趋势下，上海教育出版社重新策划续编这套《通俗数学名著译丛》，跟进现代数学的步伐，适应科教强国的需求，无疑又赋予了译丛新的时代意义. 参加本丛书翻译的专家学者们, 自愿抽出宝贵的时间来进行这类通常不被算作成果但却能帮助公众了解和欣赏数学成果的有益工作, 同样也是值得肯定与提倡的.

像这样集中地翻译、引进数学科普读物, 在国内仍不多见. 我们热切希望广大数学工作者和科普工作者来关心、扶植这项工作, 使《通俗数学名著译丛》的出版取得更大的成功.

让我们携手秉承世界数学年的精神和理念, 让公众了解、喜爱数学, 让数学走进千家万户!

《通俗数学名著译丛》编委会

CONTENTS | 目 录

致读者

《虚数的故事》绝大部分是在讲一段历史，但这并不意味着其中的数学内容可以让你轻松过关．不过在阅读时对这两方面都不要过于深究．这*不是*一本打算只给某个神奇的精英群体阅读的学术著作．这里所说的精英群体，就是20世纪20年代那个无稽之谈——全世界只有十二个人真正理解爱因斯坦(Albert Einstein)的相对论——所描述的人们．长期以来，$\sqrt{-1}$也背负着“神秘莫测”这样一个类似的虚妄之说．启蒙运动时代的法国哲学天才狄德罗(Denis Didero)这样描写数学家：他们“就像那些站在高耸入云的峰顶上出神凝望的人．下面平地上的物体已从视野中消失；他们观察到的景象只是他们自己的思想，他们意识到的对象只是他们所攀登的高度．在那个高度上，恐怕一般人都无法适应，也无法呼吸[那种稀薄的空气]．”好吧，在本书中，空气几乎总是在海平面的气压水平．本书中大段大段的文字其实可以让一位高中毕业班学生读懂和理解，只要他或她在享用大学预科课程的标准套餐时用心听了老师的讲解．然而，对于学完一门大学初等微积分课程的人(这样的人每年都会产生，如今大约已有上百万)来说，它将是最具有可读性的．这不是一本教科书，不过我坚信，作为对陈述比较标准的数学作品的一种补充，它是一本可以让学生受益匪浅的读物．我是一名电气工程师，而不是数学家，我的写作风格反映了这一差别．事实上，我可以不受教科书式语言——这种教学语言表现最差时甚至会显得迂腐不堪——的习惯性约束，于是我就利用了这种自由，以一种随意的、引人入胜的(我希望是这样)风格进行写作．但是当我需要计算一个积分时，我可以向你保证，我并没有双膝下跪，恐惧得目瞪口呆. 你也不应该这样. 本书中相对较难的部分，可能要求你全神贯注. 不管你全神贯注到什么程度，复数和复变函数的威力和魅力，以及这个描述它们怎样被发现的动人故事，就是给你的丰厚回报.

平装本前言

本书的精装本是1998年出版的，自那时以来，这漫长的8年岁月中，我每天晚上上床时，总在想着那些令人傻眼的印刷错误、愚蠢之极的负号遗漏，以及自觉难堪的冗词赘句. 每一个都像嵌进指甲里的一根木刺. 当然，没有一根会引起生命之虞，但是它们合起来就使我的精神生活过得不那么爽. 本书问世后的头6个月里，我会在夜间醒来，就像维多利亚时代[①]的那个行为怪僻的电物理学家亥维赛[②]在他快要60岁时那样，喃喃自语："我一定是蠢得越来越像一只猫头鹰了. "那真是有趣的时光——老年数学作家的生活竟可以过得如此紧张兮兮.

但是不会再有了！这些年来，读者们发现了我的一些疏漏，并不惜花费时间写信告诉我，而我一手拿着他们的勘误表，一手拿着红钢笔，快活地把那些"肉中刺"从这个新版本中拔掉了. 唉，可能不是全部，不过我还是感觉好多了(当然，如果又收到一封电子邮件或信件告诉我一个或更多的差错，这种感觉就会消失). 1999年有两封写得很长很详细的信对我特别有帮助，一封来自堪萨斯州立大学数学系的比凯尔(Robert Burckel)教授，另一封来自马萨诸塞大学洛厄尔校区电工学系的温施(David Wunsch)教授. 普林斯顿大学出版社在今年早些时候出版了本书的姊妹篇《欧拉博士的神奇公式》(*Doctor Euler's Fabulous Formula*)，因此，这么快就让这本经校订和更新的《虚数的故事》在其后问世，特别令

① 英国女王维多利亚(Alexandrina Victoria，1819—1901)在位的时期，即1837年至1901年，在这一时期，英国迅速强大，几乎享有对世界贸易和工业的垄断地位，西方史学家称之为英国历史上的"黄金时代". ——译者注

② 亥维赛(Oliver Heaviside，1850—1925)，英国物理学家，电机工程师. 在电磁理论和运算微积分方面都有重要贡献. ——译者注

人快意. 我感谢我的编辑，普林斯顿大学的卡恩(Vickie Kearn)，感谢他给了我这个重新检视本书的机会. 好，现在说说这个新版本中除了纠正印刷错误外还有些什么改变.

或许有点不太适宜，我其实要先说一些没有改变的事. 虽然我仔细阅读了读者们写给我的*每一条意见*，虽然我承认写给我的绝大多数意见最终对本书的校订产生了重要的影响，但也有少数例外，让我来给出两个例子.

首先，有一位读者对我把费罗解决缺项三次方程的突破性想法称为“属于神奇之类”提出了严厉的指责. 这位读者(他自称是一位职业数学家)说，不，不，不，那只不过是一个许多人都会有的“好主意”. 好吧，对此我只能说，在费罗之前，没有人*有过*这种想法，无论断言其是数学家过去*本来可能*做的事，或者*本来可以*做的事，甚至是*本来应该*做的事，事实总归是事实：是*费罗*解出了这种缺项方程. 我想，我这位富有批评精神的内行读者在第一次看到怎样解三次方程时恐怕还是十分赞赏的吧，而他现在恰恰忘了. “熟知生轻慢”(Familirity breeds comtempt)是一句老生常谈，就因为*它完全正确*. 为了说明我这里的看法，举个例子：如今每一位数学成绩优秀的高中生都知道怎样证明$\sqrt{2}$是无理数，但这并不意味着这个证明现在只是一个令人哈欠连天的作秀. 大约 25 个世纪前，无理数的发现是数学上的一个革命性事件，而优秀的学生们在第一次看到关于$\sqrt{2}$无理性的证明时仍然会惊讶得大呼小叫. 同样的道理，我认为我这位富有批评精神的读者在缺项三次方程这件事上是错到家了，因此书中关于费罗的论述我一字不改.

关于这种“并非差错的差错”，还有一个例子，一位读者来信抱怨说，在图 5.8(一种相移振荡器的电路图)中电压 u 是在电压 v 的右边，但在文中我却说电压 u 在左边. 这个意见一时把我给弄愣住了. (我把*左*和*右*都搞错了？——我的天哪，我一定是蠢得连猫头鹰都不如了！)后来我终于弄明白，他正盯着电路中那个电阻器/电容器反馈网络看，而没有注意到这样一个事实：我在文中特别说明，我讨论的是与那个网络相连的*放大器*的输入/输出端上的电压.（谢天谢地，我还没有蠢到连一只猫头鹰都不如！——诸如此类的小事情会让一位老年数学作家在半夜里感到舒心.）关于这个电路，我再说一点儿. 这同一位读者（顺便说一下，他是一位数学教授），还声称他被我间或采用的符号∠给弄糊涂了，例如，当我用 $r\angle\theta$ 代替 $re^{i\theta}$ 来表示长度为 r、与正实轴所成角度为 θ 的向量的时候. 我承认∠是一种不标准的数学表示（另一方面，电气工程师却一直在使用它），但我想数学家应该予以认真考虑，是不是同样也接受它；它是一种如此自然的表示，*就像*它所代表的角度概念.

迄今数量最多的读者来信是由"参考阅读 3.3"（第 86 页上的"指数也疯狂"）引起的. 这个参考阅读给出了一个流传下来的"推导"，得出的结果是：$1=e^{-4\pi^2n^2}$ 对于所有的整数 n 都成立. 当然，令人费解的是，这个式子仅仅对 $n=0$ 这一种情况成立. 在写参考阅读 3.3 时，我的打算是先制造某种"困惑"，然后由读者自己通过思考前一页上的讨论（即参考阅读 3.2"复数的复数幂"）来把它排除掉；如果这样不行，那么就由后面 6.9 节（"多值函数"）中的内容来做到. 要找出参考阅读 3.3 的"推导"中症结何在，关键线索在于这个说法：其中的数学"运算*显然*[字体变化所表示的强调是我加的]都是成立的"，然而参考阅读 3.3 中的所有那些运算*真的*都是成立的吗？

例如，我们在高中代数中学到，如果 z 是实数，那么有

$$e^{\ln z}=z \tag{a}$$

和

$$\ln e^{z}=z. \tag{b}$$

如果 z 是复数，那么(a)仍然成立（事实上，我在参考阅读 3.2 中计算 $(1+i)^{1+i}$ 时就用到了它），但(b)可能不成立. 为了说明我们用(b)可能会

遇到问题，让我们从著名的欧拉恒等式 $e^{i\pi}+1=0$ 即 $e^{i\pi}=-1$ 着手. 两边平方，得 $e^{2\pi i}=1$，然后用(b)，由 $\ln e^{2\pi i}=\ln 1$ 推得 $2\pi i=0$. 我想我们都不会同意它是对的！当然，这种窘境与我们在参考阅读 3.3 中所遇到的是同一种类型. 解脱的方法是我们应该认识到 1 不仅仅是 $e^{2\pi i}$，而是**无穷多个** $e^{2\pi i n}$ 的值，其中 n 是任意正整数和负整数，以及零，于是，我们真正应该写下的，不是 $e^{2\pi i}=1$，而是 $e^{2\pi i n}=1$. 对这个式子用(b)，就得出 $\ln e^{2\pi i n}=\ln 1=2\pi i n$. 也就是说，我们实际上推得的结论是，ln1 是一个复数，更准确地说，它是一个纯虚数，即 ln1 具有一个零实部，我们在高中代数中知道这个零实部(在高中里，$\ln 1=0$)，但完整的答案是，ln1 还有一个虚部，它虽然可以为零，但同样也可以为非零(对于 $n=\pm 1, \pm 2, \cdots$).

你会在本书末尾新增加的附录 D 中找到关于参考阅读 3.3 中这个难题的解答，但如果你是一名新读者，那么试着自己把它做出来再到那儿去查看，会得到更多的乐趣.

5.1 节中关于卡斯纳(Edward Kasner, 1878—1955)问题的讨论，也招致了那些抱怀疑态度的读者的大量来信. 有一位麻省理工学院的教授来信说道，“卡斯纳的例子侵犯了我的直觉”，“我已断定卡斯纳的例子是假货”. 现在卡斯纳确实以具有一种恶作剧式的幽默感而出名(例如，他是 googol 和 googolplex 这种搞笑名称的始作俑者，它们分别表示数 10^{100} 和 10^{googol})，但是作为一名数学家，他是十分严肃认真的. 除了我在本书中所引的他那篇 1914 年的论文(第 5 章的注释 2，第 314 页)外，你还可以在他本人的另一篇论文(“Complex Geometry and Relativity: Theory of the ‘Rac’ Curvature”, *Proceedings of the National Academy of Sciences of the United States of America*, March 15, 1932, pp. 267—274)中以及还有一篇在这 10 年之后发表的论文(George Comenetz, “The Limit of the Ratio of Arc to Chord”, *American Journal of Mathematics* 64, no. 1, 1942, pp. 695—713)中找到更多关于复值函数的路径长度和弦长的内容.

在5.6节中我说道，图5.8中的相移反馈振荡器电路，就是如今资产达数十亿美元的产业巨头惠普公司(Hewlett-Pack-ard)所生产的第一种产品的基础. 斯坦福大学的电工学教授富兰克林(Gene Franklin)于2004年来信纠正我. 用他的说法就是，“你临门一脚，擦柱而过”(you are close but no cigar). 使得惠普公司的第一种产品(即HP-200A音频振荡器)问世的振荡器电路，其实是电气工程师所称的一种**维恩电桥**(Wien Bridge)振荡电路. 关于它，你(如果感兴趣的话)可以在任何一本大学本科水平的电子学教材中找到更多的内容. 或者，如果你更喜欢从第一手资料获得信息，那么请去查看1939年斯坦福大学的“工程师学位”(一种什么都与博士一样就是不做博士论文的学位)论文集，休利特(William Hewlett, 1913—2001)在他的论文中描述了这种电路. 我要感谢富兰克林教授——而我自己，作为斯坦福大学电工学专业的一名研究生，本该更仔细地核查我讲述的内容. 不过请放心，5.6节中用来分析那种相移振荡器的复值函数数学全都没有问题！而且，正如前面说过的，图5.8中的电压标记也没有问题.

然而，我确实收到许多读者的来信，对于我声称(在5.6节)描述了那种振荡器中电阻器/电容器反馈网络的三阶微分方程组，他们近乎恳求地要求一个推导. 你将在本书末尾新增加的附录E中看到一个推导. 我得承认，为了做到这一点，我不得不祭出**拉普拉斯变换**这个威力无比的法宝(不然的话，我也会在代数运算的迷魂阵中陷入绝境的)——不过在附录E中，我对这种变换作了一些简短的说明，因此，我想即使你以前从未遇到过它，你也能看懂这个计算过程. 在本书的这个新版本出现拉普拉斯变换是适宜的，因为这种变换的真正数学基础正是复变函数论. 我在附录E中初步地用了它一下，这固然避免了“复杂的”[①]细节，但我也确实本该

① 原文是complex，并加了引号，用意是作双关理解，因为它也可理解为“有关复数的”. 本书中这种修辞手法曾多处用到. ——译者注

在本书初版的“尾声”(7.8 节)中对这种变换再说些什么，而不是仅仅在第 222 页近底部的地方轻描淡写地一句带过. 附录 E 有助于弥补这个缺憾. 数学家和工程师照例都用拉普拉斯变换来解许多重要的微分方程.

在 6.3 节中，我漏掉了一条重要的文献，它出现在本书出版的前一年：Mark McKinzie and Curis Tuckey, “Hidden Lemmas in Euler's Summation of the Reciprocals of the Squares”, *Archive for History of Exact Sciences* 51(no.1), pp. 29—57.

本书 6.4 节论述了黎曼假设这个数学上最著名的未解决问题(而且差不多肯定是数学史上*所有*问题中最深刻的问题之一)，其中有关的说法需要更新，我在第 179 页[①]上写道，经计算机计算验证，ζ 函数的前 1.5×10^9 个复数零点都位于所谓的*临界线* $z=\frac{1}{2}+ib$ 上，*没有一个例外*. 到 2004 年 10 月，这个壮丽辉煌的成就已被远远超越；现在已知 ζ 函数的前 10^{13} 个(没错，前一千亿个)复数零点都位于那条临界线上. 黎曼本人只计算了前 3 个零点(在第三个零点的 b 值上还出了点小小的差错)就猜想*所有的*复数零点都在临界线上. 现代的计算机仅在一天之内就能处理几百万个零点. 要衡量近 50 年来对零点计算的爆炸性增长，告诉你，迟至 1958 年——我高中毕业那年——被验证位于临界线上的零点连 36 000 个都不到. 甚至我那台小小的不那么新的笔记本电脑，也仅仅只要 1 分钟就能完成本来会让黎曼费尽心力的事. 例如，图 1 中的图像显示了 $\zeta(z)$ 当 $z=\frac{1}{2}+ib$ 时的绝对值，其中 b 从 0 变化到 27. 你一眼就会看到在三个点上($b=14.13$, 21.02 和 25.01，它们是黎曼那前三个零点的虚部)有 $|\zeta(z)|=0$(因此 $\zeta(z)=0$).

---

① 本书精装版原版页码. ——译者注.

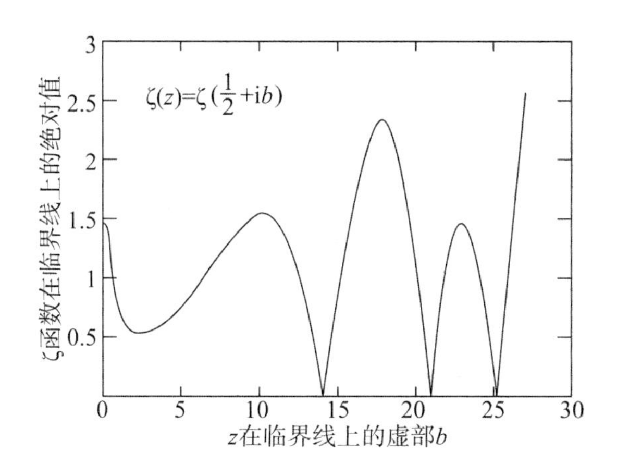

图 1　黎曼 ζ 函数的前三个非平凡零点

我必须承认，我为创建图 1 而付出的努力只是写了几行 MATLAB 编码；然后，当我全力以赴地去做一杯热咖啡(就是这件初等的工作，实际也都是由我的*微波炉*完成的！)的时候，我的笔记本电脑算出了从 0 到 27 这个区间中 2 000 个间隔均匀的 b 值上的 $|\zeta(z)|$，并生成了图 1，用时大约 1 分钟.(如果黎曼有一个这样的小玩意，你认为他会做些什么？)当然，对于纯粹数学家来说，计算机的这些计算结果*说明不了什么*，只要发现有一个复根不在临界线上，立即就会给黎曼假设造成致命的后果. 而在人们已掌握的数学中，*没有什么表明*这种情况实际上不会发生. 爱德华兹(H. M. Edwards)是一位研究 $\zeta(z)$ 函数的学者，他写道(*Riemann's Zeta Function*, Academic Press 1974, p. 166)，"……除非有着某种让数学家们 110 年[到我写这本书的时候，已经有 142 年了]来踪迹难觅的基本因素在起作用，偶尔有几个[复]根不在那条[临界]线上是完全有可能的."[1] 也就是说，尽管已知有上千亿个零点在临界线上一个接一个地排成一长串，但黎曼还是有可能猜错了. 正如爱德华兹继续所写的，"黎曼的洞察力是令人惊叹的，但它不是超自然的. 在 1859 年对他来说似乎是'很可能的'事，在今天看来也许就没有那么大的可能了."[2]

顺便说一下，既然我已提到了临界线，那么这里另外给你一项小小的计算任务，让你一试身手(有一位读者来信抱怨说这本书——不论是作为一本教科书还是一本智力趣题书，都没有配备足够多的问题来向他发起挑战)，在你看完了伽马函数和欧拉那个关于伽马函数的著名反射公式(6.12 节和 6.13 节)等有关内容后，看你能不能证明伽马函数在临界线上的绝对值是

$$|\Gamma(z)|_{z=\frac{1}{2}+ib}=\sqrt{\frac{\pi}{\cosh\pi b}}.$$

你可以在本书末尾新增加的附录 F 中找到解答，但是在你为它好好地作出一番努力之前，不要去偷看.（你将发现，把复共轭这个概念牢记在心是很有帮助的.）计算 $\zeta(z)$在临界线上的值可要难得多了；事实上，迄今做得最好的事，是求 $\left|\zeta\left(\frac{1}{2}+ib\right)\right|$ 作为 b 的函数的值的上界.[3]关于这方面的更多内容，请看 Aleksandar Ivic, *The Riemann Zeta-Function*, Wiley-Interscience 1985，特别是 p.197.

说到这里，我并没有提到那些数学上已经改过的小差错，我悄无声息地纠正一个弄错的符号、弄错的指数后，又神不知鬼不觉地转到下一个. 但比凯尔教授和温施教授的来信把我逮个正着，信中指出，在 6.7 节中，我为了我的(还有你的)一己之私，做得太过自作聪明了. 但事已至此，我决定让我那些令人难堪的失误保持原样，不作任何修改，而只是引用他们来信中的话. 这样你就可以得知怎样予以纠正，同时又可以大大地笑话我一番. 花钱买一本普林斯顿出版社的书真是太值得了！问题出在我用 $i=\sqrt{-1}$ 所进行的少数操作. 例如，我在第 180 页上写道，"问题出在用 i^2 代-1 这一步"，而后又写道，"你绝不能用-1代$\frac{-i}{i}$，接着又用 i^2 代-1"，对于第一种情况，温施教授写道，"[用 i^2 代-1]这一步根本就没什么错的. 错误出在这里：

$$\frac{i}{2}\ln(i^2)=i\ln i.$$

问题在于 $\log(z^2)$的函数值集合与 $2\log z$ 的函数值集合不是一回事. 考虑等式

$$\ln(i^2)=2\ln i.$$

假定你把左边取为$-\pi$i. 右边的函数值集合则是 $2\left[\mathrm{i}\left(\frac{\pi}{2}+2k\pi\right)\right]=\mathrm{i}[\pi+4k\pi]$. 无论 k 取什么整数，都不能使它们相等.”对于第二种情况，比凯尔教授写道，“我想如果-1不能代$\frac{-\mathrm{i}}{\mathrm{i}}$，$\mathrm{i}^2$ 不能代-1，那么我们显然就背离了数学而走向神秘主义了. 所有这一切的解释全在于，对于复对数来说，我们熟悉的同态性是不成立的……$\log(ab)$不一定等于 $\log a+\log b$.”好了，我还有什么可说呢？这两位教授是对的. 我当初就是想要不用同态这类词来说出我想说的东西，结果就把事情弄得有点儿乱套. 你们的作者羞愧难当，低头不语①.

比凯尔教授的来信还纠正了我在第 262 页②的一个说法. 我说在洛朗的工作之前，“柯西是不知道解析函数有幂级数展开形式的”. 比凯尔教授写道，“这不是事实. 柯西在他 1831 年发表于《都林科学院院刊》(*the Memoirs of the Academy of Turin*)的一篇著名论文中得出了幂级数表示. 洛朗的贡献则是一个奇点周围的**双侧**幂级数表示.

好，最后还有一些话. 一旦你看完这本书，你就被授予了无拘无束地咏唱下面这首歌的权利(最好是唱给自己听，在沐浴的时候). 只要你喜欢，这一授权的有效期要多长就有多长——或者说，至少可以长到你那“至关重要的另一半”对你说请闭嘴的时候(就像我遇到的那样). 依我的

---

① 这里的问题不在于用不用“同态”这个术语，而在于要认识到：复对数函数是一种多值函数，其定义是 $\mathrm{Ln}z=\ln|z|+\mathrm{i}(\arg z+2k\pi)$，$k=0,\pm1,\pm2,\cdots$.其中 $\arg z$ 是 z 的辐角主值. 当把 k 取定时，它就成为一个单值分支，特别是当取 $k=0$ 时，这个单值分支称为 $\mathrm{Ln}z$ 的主值，记为 $\ln z$，即 $\ln z=\ln|z|+\mathrm{i}\arg z$. 由此可见，凡遇到复对数函数，首先必须弄清楚是指多值函数 $\mathrm{Ln}z$，还是指其主值 $\ln z$，或某个单值分支；其次，必须明确 $\arg z$ 的取值范围，这个取值范围一般有$(-\pi,\pi]$，$[-\pi,\pi)$，$(0,2\pi]$，$[0,2\pi)$等. 在本书中，从来不出现 $\mathrm{Ln}z$，只有 $\ln z$ 和 $\log z$(这两者应该是一回事，翻译时仍按原文，未作改动)，它们有时代表 $\mathrm{Ln}z$(如 6.9 节)，大多数情况下则应该指主值. 温施在这里把 $\ln z$(或 $\log z$)当作 $\mathrm{Ln}z$ 来分析，当然可以. 但是，如果把 $\ln z$ 认作主值，把 $\arg x$ 的取值范围定为$(-\pi,\pi]$，则有 $\ln(\mathrm{i}^2)=\ln(-1)=\mathrm{i}\pi=2\times\frac{\mathrm{i}\pi}{2}=2\ln\mathrm{i}$，没有错. 那么，第 186 页上那个式子的问题出在哪里呢？根据这里的提示，读者不难得出自己的结论. ——译者注.

② 本书精装版原文页码. ——译者注.

判断能力来看，虽然这位作者姓甚名谁不得而知，但他（或她）显然是当时的——或者当今的——一位伟大的智者：

复数之歌（曲调：《共和国战歌》[①]）

我的眼睛已看到了阿尔冈图示的荣光，

还看到棣莫弗的宏伟计划中 i 和 ζ 洒洒洋洋.

现在我求复根的气势锐不可当，

---

① 这首歌的原文为：

The Complex Number Song(Tune: *Battle Hymn of the Republic*)

Mine eyes have seen the glory of the Argand diagram,
They have seen the i's and thetas of De Moivre's mighty plan.
Now I can find the complex roots with consummate elan.
With the root of minus one.

(chorus)

Complex numbers are so easy;
Complex numbers are so easy;
Complex numbers are so easy;
With the root of minus one.

In Cartesian co-ordinates the complex plane is fine,
But the grandeur of the polar form this beauty doth outshine.
You be raising i+40 to the power of 99,
With the root of minus one.

(chorus)

You'll realise your understanding was just second rate,
When you see the power and magic of the complex conjugate.
Drawing vectors corresponding to the roots of minus eight,
With the root of minus one.

(chorus)

其曲调据说源自英格兰的一首在教堂做礼拜时咏唱的歌曲. 后由美国南北战争时期的女政治活动家朱莉娅·沃德·豪(Julia Ward Howe, 1819—1910)重新填词，成为这首在美国有"准国歌"之称的《共和国战歌》. 有兴趣的读者可在互联网上搜索下载，你一定会发现这曲调十分耳熟. 顺便说一下，朱莉娅·沃德·豪是母亲节的提出者. ——译者注因为有了−1 的开平方.

(副歌)

复数是如此易如反掌;
复数是如此易如反掌;
复数是如此易如反掌;
因为有了−1 的开平方.

笛卡儿坐标系中复平面美妙精当,
却是那伟大的极式成就了这种壮丽辉煌.
你可以取 i+40 的 99 次方,
因为有了−1 的开平方.

(副歌)

当你看到复共轭法术无边威名远扬,
你会明白你的理解水平只是属于第二档.
画下表示−8 平方根的向量,
因为有了−1 的开平方.

(副歌)

我衷心希望你从这本书中得到快乐!

保罗·纳欣(paul.nahin@unh.edu)
于美国新罕布什尔州利镇

前言

那是很久以前的事了，当时我还是一名高中新生(这段生活是如此遥远，以至于今天看来似雾里梦中). 那一年——1954 年，我父亲送了我一件礼物——给我订了一份名叫《大众电子学》(*Popular Electronics*)的新杂志. 他这样做是因为他是一名科学家，而且他的大儿子我看来在科学和数学方面颇有些天赋，但是这种天赋正面临着被科学幻想小说这个魔鬼引上歧途的危险. 事实上，他完全有理由这样担忧. 你看，我当时对科学幻想小说是这样如饥似渴：我经常在晚间 11 点的时候坐在厨房里，吃着一块硕大的三明治，读着一本以一百万年之后的火星为故事发生地的小说. 当然，爸爸希望我最好是在读一本关于代数或者物理的书.

作为一个聪明人，他决定，不是简单地禁止我看科学幻想小说，而是采取侧面迂回的策略，让我去看**技术**故事，比方说每个月刊登在《大众电子学》上的故事“卡尔和杰瑞”，从而挡住科学幻想小说对我的诱惑. 卡尔和杰瑞是两名在念高中的电子小天才——用今天的不讨人喜欢的称呼，就是“技客”[①]或“讷呆”[②]——他们每个月都要弄出什么很刺激的冒险行

---

① 原文为 geek，又译“极客”“奇客”，指智力超群、善于钻研、痴迷于某种学问或技术，但不懂得与人交往的人. ——译者注

② 原文为 nerd，有译为“书呆子”的. 一般认为指“技客”中痴迷程度比较严重的人. 现按谐音译为“讷呆”. ——译者注

动，然后用他们的技术知识来化险为夷. 他们是哈代兄弟[1]和汤姆·斯威夫特[2]的一种 20 世纪 50 年代混合物. 我父亲的计划是让我把自己设想为卡尔和杰瑞，而不是设想为海因莱恩[3]笔下那些神经兮兮的时间旅行者.

好，爸爸的阴谋计划成功了(尽管我从来没有将科学幻想小说抛之脑后)，我不仅被卡尔和杰瑞迷住了，而且被这本杂志每期刊载的电子制作项目迷住了. 我从这本杂志上学会了怎样看电路原理图. 这本杂志的编辑用了元件分解图和图画式线路图，凡是用邮购套件组装过电子器件的人，对它们都十分熟悉. 我在屋后的车库里设立了一个家庭工场，许多惊人的电子小玩意儿就在那里制造了出来——尽管它们不是每一样都能派上用场，或者说至少不是按设计者原来所设想的方式派上用场.

我最成功的作品是一个"掌声测量仪"，有一年在高中生才艺选秀比赛上为评委们所采用——它其实就是一个用作拾音器的扬声器、一个音频放大器，以及联结在这个放大器输出端上的一个 500 毫安电流表. 但是真正给我最大影响的并不是这个玩意儿，也不是我在高中阶段制作的其他什么东西，而是这样一件——在年轻人的那种热情冲动之下(这种热情冲动，只有我对理论的极端无知可与之媲美)——我居然没有意识到它是不可能造出来的东西.

当 1955 年 4 月号的《大众电子学》寄来的时候，其中的一张照片展示

---

① 美国青少年侦探系列小说《哈代兄弟》(*Hardy Boys*)的主人公. 这部系列小说从 1927 年开始，至今仍在出版，共达 300 多集，署名一直是富兰克林·W. 狄克逊(Franklin W. Dixon). 这个名字其实代表着一个作家团队，称为"施特拉特迈尔辛迪加"(Stratemeyer Syndicate)，由美国出版商兼作家施特拉特迈尔(Edward Stratemeyer, 1862—1930)于 20 世纪初创建. ——译者注

② "施特拉特迈尔辛迪加"另一部青少年系列小说《汤姆·斯威夫特》(*Tom Swift*)的主人公. 这部系列小说从 1910 年开始出版，至 1984 年为止，共 80 多集. 署名是维克托·阿普尔顿(Victor Appleton). ——译者注

③ 海因莱恩(Robert Anson Heinlein, 1907—1988)，美国科学幻想小说家. 主要作品有《双星》(*Double Star*)、《星际飞船警察》(*Starship Troopers*)等. ——译者注

了一幅不可思议的景象——一盏台灯放射出来的不是一束圆锥形的亮光，而是一束圆锥形的黑暗！我看着它，目瞪口呆. 是什么奇妙的科学在这里起作用？我激动得喘不过气来(当然，这是一种比喻性的说法，因为你知道一个 14 岁的孩子，除了在电视情景喜剧中，哪有这样夸张的?). 根据所附的文章，秘密在于这盏灯不是插在一个常规的电源插座上，而是插在一个输送**反极电源**(contra-polar-power)的插座上. 另一张照片，是一把电烙铁，插在反极电源的插座上——它上面结满了冰！还有一张照片，那是一个冻住的冰块格，放在一个电热灶上，但它现在是一个电冷灶，因为它也插在反极电源上. 记得我当时心跳加快，看着这三张照片，只觉得一阵眩晕，这简直是太神奇了！

啊，当然，这只不过是编辑们借助于某种巧妙的照片修整技术开的一个大玩笑. 我把这篇文章拿给父亲看时，他扫了一眼，然后用一种我现在知道是既怜悯又乐不可支的神情看着我. 爸爸不是电气工程师，也不是物理学家，但是作为一名化学博士，他对于落在苯环和分子键范围之外的技术方面的事儿并非一无所知. 他马上就觉察到，这个"反极电源"可能违反了大约七条物理学基本原理. 然而，他没有笑话我，他只是说，"儿子，看看封面上的日期". 我原先并没有注意到这个"4 月号"，甚至没有注意到还有这样一个副标题："请遵循 4 月 1 日的传统惯例"①，于是我立即恍然大悟. 我至今仍记得我为我如此彻底地上当而羞愧得无地自容. 其实，我只要读到这篇文章的末尾，看到它的脚注 4，就应该能看穿反极电源的这种"滑稽模仿表演"的本质. 那儿列出了一条伪造的引用文献："反极电源委员会会刊，第 45 卷，第 1324—1346 页(**编者按**：其复印件可在一个飞碟上找到)."

就像任何优秀的滑稽模仿节目一样，其中蕴含着大量发人深省的真

---

① 4 月 1 日是西方传统中的愚人节. 在这一天，人们可以发挥自己丰富的想象力，善意地哄骗、取笑、愚弄别人. ——译者注

理，只是以一种有点傻乎乎的方式表现出来. 为了让你体会一下这篇文章的风格，这里给出它的一段典型文字:“当把‘反极能源’用于一盏普通的台灯时，光没有被产生出来，而是被取走了，于是这盏灯所影响到的区域就变得一片漆黑.（编者按：不要把这种现象与所谓的‘黑光’混淆起来，那其实只是一种不含任何可见成分的光. 就人的眼睛而言，‘黑光’相当于零光，而反极能源产生的光，则可被称为“负光’，因为它使已存在的光减少.）”

为了给读者提供一个关于反极能源这种令人惊骇的特性的“解释”，接下来的话作出了下述断言（几十年后的今天当我读到它时，觉得十分可笑，但在 1955 年，它对我来说完全合乎逻辑）:“原子能之所以还没有在家庭实验者中得到普及，原因之一就是，要理解它的产生原理，需要知道一些非常高级的数学. ”然而，只要用代数，就能将反极能源的奥秘暴露无遗，这篇文章如此宣称. 在计算一个包含电感器和电容器的电路中的共振频率时，只取负平方根（而不是取正根）①，就能让反极电源“起效”. 这个让频率取负值的想法令我好奇心大增（电气工程师们实际上已经理解了负频率的意义，前提是把它与$\sqrt{-1}$相结合②），但接下来编辑又要了一些更为巧妙的花招，说到负电阻这个话题上去了.

那些喜欢在晚上盖着一条暖洋洋的电热毯在床上蜷身睡觉的人，或者那些喜欢在早晨嘎吱嘎吱地嚼着一块松脆的烤面包片的人，都知道电阻（正电阻）通电时会发热. 那么，“显而易见”，负电阻通电时就应该冷却——于是就有了那些电烙铁和冰块格的照片.（然而，台灯会放射出一束圆锥形的黑暗是什么原理——如果你能称它为原理的话——我仍然不

---

① 在这种电路中，共振频率 $f=\frac{1}{2\pi\sqrt{LC}}$，其中 L 和 C 分别是电感器和电容器的值. ——译者注

② 由交流电的复数表示可知，负频率交流电与相应的正频率交流电只是在相位上相差 $180°$. ——译者注

得其解.)是的，确实是有着负电阻这种东西，而且它早就为电气工程师们所知——在某些特定条件下，电弧会表现出负电阻的特性. 这种电弧具有利用价值，例如，在无线电技术发展早期的前电子时代，它用于制造极其有效的电弧发射机. 这种发射机能播送音乐和语言，而不像赫兹(Hertz)和马可尼(Marconi)的火花隙发射机只能传送仅有通断两种状态的电报码信号. 后来我在大学里知道，不理解$\sqrt{-1}$，是不可能在一个深刻的理论水平上理解无线电工作原理的.

所有这一切，让年轻的我如此心醉神迷，即使在 40 年之后，即使我掌握的词汇多少有所增加，我也无法向你表达. 它们告诉我，在电子世界中有着激动人心的大想法，比我跑到汽车库里去捣鼓我那些小玩意儿时所能想象到的要大得多. 后来，当我在高中代数课上学到作为某种二次方程解的复数时，我(不像我那些被弄得一头雾水的同学们)就知道它们不会只是一种枯燥乏味的智力游戏的一部分. 我那时已经知道，对于电气工程师来说，以及对于他们制造真正惊人的设备的本领来说，$\sqrt{-1}$是很重要的.

在读到关于反极电源的内容又过了三年半之后，我坐在一列清晨的火车上，离开洛杉矶的联合火车站，一路北上，去帕洛阿尔托的斯坦福大学 1958 届新生班报到. 在卡尔和杰瑞出现在《大众电子学》上的岁月里，随着故事的发展，他们从高中新生逐步成长为虚构的“帕武大学”(Parvoo University)电工学系的学生. 同他们一样，我也在做一名电气工程师的职业道路上(我在这条路上一直走到现在)迈出了第一步. 一进入斯坦福大学，我把整天时间都花在看书上还嫌不够，因此很快就与《大众电子学》分手了，但是它曾在最恰当的时候陪伴了我；爸爸的计划比他所可能预想的还要成功. 还有，从某种意义上说，我的整个职业生涯就是我年轻时被$\sqrt{-1}$之谜弄得神魂颠倒的结果，而这正是我写这本书的原因[1].

爱尔兰数学家哈密顿(William Rowan Hamilton)在给他英格兰朋友德摩根(Augustus De Morgan)的一封信(日期是1852年1月13日)中写道:“我认为或者是你或者是我——但我希望是你——必须在这个时候或其他什么时候写一写$\sqrt{-1}$的历史.”5天之后,德摩根答复道:“关于$\sqrt{-1}$的历史,要从印度人那儿开始好好地写下来,那可不是一件小事.”不过,无论哈密顿还是德摩根,都从未写过这段历史,而且就我所知,也没有其他人写过.于是这就成了我写这本书的另一个原因.我只是想要多学习一些东西.

令我深感遗憾的是,爸爸不可能读到这本书了.但如果他在世,看到他大约半个世纪前在订阅一本杂志上的投资能有这样的效益,我想他会很高兴的.

引 子

1878 年，一对就要名扬天下的盗贼兄弟艾哈迈德和穆罕默德(Ahmed and Mohammod Abd er-Rassul)，在代尔巴哈里(Deir el-Bahri)①偶然发现了国王谷(Valley of Kings)的古埃及墓葬遗址. 他们很快就有了一家生意兴隆的商号，专门出售盗来的文物. 其中有一件文物是一份数学纸草书：这兄弟俩中的一个于 1893 年把它卖给了俄国古埃及学家戈列尼谢夫(B. C. Голенищев)，后者又于 1912 年把它交给了莫斯科美术博物馆. [1]这份纸草书一直呆在那儿，作为一个未解之谜，直到 1930 年人们把它完全翻译出来. 这时学术界才认识到，古埃及人在数学上竟是如此的先进.

特别值得一提的是，这份“莫斯科数学纸草书”(人们现在这样称呼它)的第 14 题是一个关于怎样计算平截头方锥(即正方棱锥的所谓平截头台)的体积 V 的具体数值例子. 这个例子有力地表明，古埃及人知道公式

$$V=\frac{1}{3}h(a^2+ab+b^2),$$

其中 a 和 b 分别是下底正方形和上底正方形的边长，h 是高. 古埃及人居然有这种知识，难怪一位科学史家称这件事“惊奇得让人窒息”，是“古埃及几

① 位于现埃及首都开罗南约 670 千米的尼罗河西岸，与卢克索(Luxor)隔河相望. 有大量的古埃及祭祀神庙和陵墓. ——译者注

何的伟大杰作”[2]. 对于任何一个稍懂一些微积分的人来说，这个公式的推导是一项常规性的练习，但是一点儿积分学知识都没有的古埃及人怎么就会发现了它，这件事可说是迷雾重重.[3]

尽管这个结果是正确的，但它在表现风格上其实有着一个小小的缺陷. a 和 b 的值是现代的工程师或物理学家所称的“可观察量”，也就是说，它们是只要用一条卷尺沿着平截头台的下底边和上底边拉开就可以直接测定的长度. 然而，h 的值却不是直接可测量的，或者确切地说，如果是一个实心的棱锥，它就不能直接测量. 当然，对于任何给定的棱锥，利用一下几何学和三角学的知识，就可以把 h 计算出来. 但是，不用 h，而是用 c(即斜棱的长度)把平截头台的体积表达出来，不是直接得多吗？因为 c 这个长度是直接可测量的. 这种表达后来是做到了，但就我们今天所知，是到公元 1 世纪才由伟大的数学家兼工程师亚历山大城的海伦（Heron of Alexandria）①做到的. 海伦通常被人们称为是希腊人，但实际上他很可能是埃及人. 其实，证明

$$h=\sqrt{c^2-2\left(\frac{a-b}{2}\right)^2}$$

只不过是几何学的一个初等问题.

好，让我们在时间上向前跳到 1897 年，跳到那一年美国科学促进协会(American Association for the Advancement of Science)的一次会议. 在这次会议上，密歇根大学的数学教授、研究这个问题的著名历史学家贝曼(Wooster Woodruff Beman)作了一次讲话. 我从那次演讲中摘录下列内容：

> 我们发现，负数的平方根首先出现在亚历山大城的海伦的《立体测量学》(*Stereometria*)中……对于具有正方形下底的棱锥的平截头台，为确定其体积，作者给出了一个正确的公式，并把它成功

① 又译希罗、赫伦，其英文名又作 Hero of Alexandria. ——译者注

> 地用于下底边长为 10、上底边长为 2、棱长为 9 的情况. 尔后，作者试图解决下底边长为 28、上底边长为 4、棱长为 15 的问题. 他没有按这公式的要求取 81－144 的平方根，而是取了 144－81 的平方根……也就是说，他用 1 代替了$\sqrt{-1}$，因而没有察觉到所述问题是没有解的. 这个错误应归咎于海伦还是应归咎于某位抄写员的无知，这一点无法确定.[4]

这就是说，海伦在他那个求 h 的公式中令 $a=28$，$b=4$，而 $c=15$，于是他写道：

$$h=\sqrt{(15)^2-2\left(\frac{28-4}{2}\right)^2}=\sqrt{225-2(12)^2}$$
$$=\sqrt{225-144-144}=\sqrt{81-144}.$$

接下来是极其庄严辉煌的一步，当然应该写 $h=\sqrt{-63}$，但是《立体测量学》上的记载是 $h=\sqrt{63}$，这样，海伦就错过了成为最早在对一个具体问题进行数学分析时导出负数之平方根的著名学者的机会. 如果真的是海伦在他的计算上做了手脚，那么他以他在声誉上的损失而为此付出了沉重的代价. 要到 1 000 多年之后，才有一位数学家竟然愿意费心来关注这样一件事情——不过接下来他就抛弃了它，认为这显然是一派胡言——还要再过 500 多年，负数的平方根才会被人们认真对待(不过仍然被认为是一种神秘的东西).

如果说海伦差一点就会在这个平截头台问题中意识到负数平方根的到来，那么两个世纪后，他的亚历山大城同胞丢番图(Diophantus)在偶然遇到一件类似的事情时，看来是将它完全地忽视了. 丢番图在今天被人们这样称誉:他在代数学中的地位就如同欧几里得(Eclid)在几何学中的地位. 欧几里得把他的《几何原本》(*Elements*)留给了我们，而丢番图则为后世献上了《算术》(*Arithmetica*). 这两本书中所含的信息几乎无疑是许多先前的无名数学家的成果，这些数学家的身份现已永远地消失在历史的迷雾之中. 然而，正是欧几里得和丢番图，收集了这些数学遗产，并把它们有条不紊地整理在他们的伟大著作中.

依我的看法，欧几里得的工作做得更好，因为《几何原本》是平面几何学的一个逻辑性**理论**. 而《算术》，至少从它原来 13 卷(或章)中残存下来的那几卷来看，是对某些问题的具体数值解答的一个结集，并没有对方法作一般化的理论发展.《算术》中的每个问题都是独立的，这很像“莫斯科数学纸草书”上的那些问题. 但这并不是说它给出的解答不巧妙，相反，在很多情况中它们甚至表现出了神魔般的智慧. 对于一位现代的高中代数教师来说，《算术》仍然是一个极佳的猎场，他可以从中搜寻到令最聪明的学生都感到棘手甚至束手无策的问题[5].

例如，在第 6 卷中，我们发现有这样一个问题(第 22 题)：已知一个直角三角形的面积为 7，周长为 12，求它的边长. 下面是丢番图从问题叙述导出二次方程 $172x=336x^2+24$ 的过程. 记直角三角形的两条直角边为 P_1 和 P_2，丢番图提出的这个问题就相当于解联立方程

$$P_1P_2=14,$$

$$P_1+P_2+\sqrt{P_1^2+P_2^2}=12.$$

它们可以用常规的代数运算解出，虽然这个过程有点儿冗长. 但是丢番图的聪明想法在于立刻把变元的个数从 2 减少到 1，方法是令

$$P_1=\frac{1}{x}\text{和}P_2=14x.$$

于是第一个方程化成了恒等式 $14=14$，而第二个方程化成了

$$\frac{1}{x}+14x+\sqrt{\frac{1}{x^2}+196x^2}=12,$$

它很容易整理成上面给出的形式

$$172x=336x^2+24.$$

直接解出原来那个关于 P_1、P_2 的方程，然后证明解出的结果与丢番图的解答是一致的，这是一个有效的练习.

丢番图以他的这种方式写出方程，是因为这样就把所有的系数都表示为正数了，也就是说，古人拒绝负数，认为它没有意义，因为他们可能完全看不出有什么方式可以在物理上解释一个“比一无所有还要小”的数. 确实，在《算术》的另一处(第 5 卷第 2 题)，对于方程 $4x+20=4$，丢番图写道，这个方程是“荒唐的”，因为它将导致“不可接受的”解 $x=-4$. 与这个立场相一致的是，丢番图在解二次方程时也只取正根. 晚至 16 世纪，我们发现数学家还把方程的负根看作是**虚构的**(fictitious)、**荒唐的**(absurd)，或者**伪造的**(false).

这样，负数的平方根当然就是“简直无法无天”的了. 14 个世纪之后，正是法国数学家笛卡儿(René Descartes, 1596—1650)，把这种数写进了他 1637 年出版的《几何学》(*La Geometrie*)中. 用**虚数**这个术语来表示这种数，这一功绩也非他莫属. 关于笛卡儿的工作，我将在第 2 章中作稍稍详细的讨论. 在笛卡儿发明这个术语之前，负数的平方根被称作**深奥的**(sophisticated)或者**微妙的**(subtle). 事实上，丢番图关于那个三角形问题的二次方程，正是得出了这样一种东西，也就是说，用二次方程的求根公式，可迅速地求出解

$$x=\frac{43\pm\sqrt{-167}}{168}.$$

但丢番图不是这样写的. 他只是写道，这个二次方程不是可求解的. 他这里的意思是指这个方程没有有理解，因为如果存在一个有理解的话，那么“x 的系数的一半自乘，再减去 x^2 的系数与常数项(the units)的积”，必定等于一个平方数，而

$$\left(\frac{172}{2}\right)^2-336\times24=-668$$

显然不是一个平方数. 至于这个负数的平方根, 丢番图根本就没有什么可说.

六百年之后(公元 850 年前后), 印度数学家摩诃毗罗(Mahaviracarya)①写到了这个问题, 但接下来只是宣告了海伦和丢番图在很久以前已经做过的事情:"一个正(数)的平方为正, 一个负(数)的平方也为正; 因而那些(平方数)的平方根相应地为正和负. 由于按事物的本性, 一个负(数)不会是平方(数), **所以它没有平方根**[字体变化所表示的强调是我加的]."[6] 再要过几个世纪, 人们的观点才会发生变化.

在伽莫夫(George Gamow)那本美丽的科普小册子《从一到无穷大》(*One Two Three … Infinity*)②的开头, 有着下面这首五行打油诗, 它既向读者预示了该书接下来要讲的内容, 又让读者感受到这位作者让人忍俊不禁的幽默感:

6

> 有一位来自三一学院的年轻小伙,
> 认为接受$\sqrt{\infty}$并无不妥.
> 但是要问其中数字几何,
> 他就坐立不安脑袋如空壳;
> 于是他放弃数学去把神学求索.

本书并不是要讲关于认可无穷大之平方根的确实具有里程碑意义的工作, 而是要讲另一项工作, 这项工作被过去许许多多非常聪明的数学家(当然包括海伦和丢番图)认为是一件极其荒唐的事——那就是弄明白-1的平方根意味着什么.

7

---

① 又译摩诃吠罗, 马哈维拉, 其英文名又作 Maharvira 和 Mahaviracharya. 其实, 后缀-charya 或-carya 是"老师"的意思. ——译者注

② 有中译本:《从一到无穷大——科学中的事实和臆测(修订版)》, 暴永宁、吴伯泽译, 科学出版社 2002 年出版. 但下面这首五行打油诗似未译出. ——译者注

第 1 章　虚数之谜

1.1　三次方程

1494 年，天主教方济各会修士帕乔利(Luca Pacioli，约 1445—1517)出版了他的《算术、几何、比例和比例性之集成》(*Summa de Arithmetica, Geometria, Proportioni et Proportionalita*)一书，总结了当时关于算术、代数(包括二次方程)和三角的所有知识. 就在这本书的末尾，帕乔利作出了一个大胆的断言. 他宣称解三次方程"就像化圆为方一样，以目前的科学水平是不可能的". 这后一个问题是自公元前 440 年前后希腊数学家希波克拉底(Hippocrates)①那时起就有的数学问题. 化圆为方，就是只用直尺和圆规作出一个面积等于给定圆的正方形. 这个问题在当时已被公认是很难的，而且到帕乔利写这本书的时候仍然悬而未决. 他显然只是想用它作为衡量解三次方程难度的一种标准，但这个化圆为方问题其实是判定最高难度的一种标准，因为它于 1882 年被证明为不可解的.

---

①　此处的希波克拉底指的应该是 Hippocrates of Chios(约 470—410 BC)，而非著名的医学家希波克拉底(Hippocrates of Kos). 希波克拉底是第一个撰写系统的几何学著作的数学家，并研究了化圆为方的问题. ——译者注.

然而，帕乔利的断言错了，因为事实上还不到 10 年，博洛尼亚大学的数学家费罗(Scipione del Ferro, 1465—1526)就发现了解所谓**缺项三次方程**(depressed cubic)的方法. 缺项三次方程是一般三次方程的一种特殊情况，它不含二次项. 由于解这种缺项三次方程的方法在人们向着理解 -1 之平方根走出的第一步中具有重要意义，因此值得花些功夫来了解一下费罗到底做了些什么.

一般的三次方程含有未知数的各次幂，即

$$x^3+a_1x^2+a_2x+a_3=0.$$

不失一般性，我们可以把其中三次项的系数取为 1. 如果这个系数不为 1，那么我们只要用这个系数去除方程的各项系数即可. 这件事我们总是可以做到的，除非它是 0——但是这样那个方程其实就不是三次方程了.

另一方面，费罗解的三次方程，其一般形式是

$$x^3+px=q,$$

其中 p 和 q 非负. 正如丢番图一样，16 世纪的数学家，包括费罗，都避免在他们的方程中出现负系数[1]. 解这种方程，看起来好像离解一般的三次方程多少还差了一截，但是随着一种绝妙的技巧的发现，费罗的解法具有了一般性. 费罗不知怎么一来，居然想到，可以把缺项三次方程的解写成两项之和，也就是说，我们可以把未知数 x 表示成 $x=u+v$. 将此代入缺项三次方程，展开，并项，结果得到

8

$$u^3+v^3+(3uv+p)(u+v)=q.$$

这个单独的、看上去有点复杂的方程，可进一步被写成两个都不那么复杂的方程：

$$3uv+p=0,$$

以及由此而得出的

$$u^3+v^3=q.$$

费罗怎么知道要这样做的？美籍波兰数学家卡茨(Mark Kac, 1914—

1984)用他关于普通天才与神奇天才之区别的名言回答了这个问题:“普通天才是你我差不多都可以成为的人，只要我们能再优秀上几倍，关于他的心智是如何运作的，毫无神秘可言. 一旦我们了解了他的所做，我们就会确信我们本来也是可以做到的. 神奇天才则不同……他们心智的运作几乎完全不能理解. 甚至在我们了解了他们的所做之后，他们做这些事的过程对我们来说完全是漆黑一片.”费罗的想法就属于神奇之类.

在第一个方程中解出用 p 和 u 表示的 v，并将之代入第二个方程，我们得到

$$u^6-qu^3-\frac{p^3}{27}=0.$$

乍一看这个六次方程像是一步大倒退，但其实并非如此. 不错，这个方程是六次方程，但它同时也是关于 u^3 的二次方程. 因此，利用自巴比伦时代以来就众所周知的二次方程求根公式，我们有

$$u^3=\frac{q}{2}\pm\sqrt{\frac{q^2}{4}+\frac{p^3}{27}}.$$

9

或者，只取正根[2]，

$$u=\sqrt[3]{\frac{q}{2}+\sqrt{\frac{q^2}{4}+\frac{p^3}{27}}}.$$

好，既然 $v^3=q-u^3$，那么

$$v=\sqrt[3]{\frac{q}{2}-\sqrt{\frac{q^2}{4}+\frac{p^3}{27}}}.$$

于是，缺项三次方程 $x^3+px=q$ 的一个解就是这个看上去很吓人的表达式:

$$x=\sqrt[3]{\frac{q}{2}+\sqrt{\frac{q^2}{4}+\frac{p^3}{27}}}+\sqrt[3]{\frac{q}{2}-\sqrt{\frac{q^2}{4}+\frac{p^3}{27}}}.$$

还有一种形式. 既然 $\sqrt[3]{-1}=-1$，那么就可在这个表达式的第二项中把一

个-1因子提到根号外面，得到等式

$$x=\sqrt[3]{\frac{q}{2}+\sqrt{\frac{q^2}{4}+\frac{p^3}{27}}}-\sqrt[3]{-\frac{q}{2}+\sqrt{\frac{q^2}{4}+\frac{p^3}{27}}}.$$

你可以发现这两种形式在各种讨论三次方程的书中都会说到，但是没有理由说其中一种比另一种更可取.

既然 p 和 q 都被费罗取为正数，那么马上就很清楚，这两个关于 x 的(等价的)表达式总是会给出一个实数结果. 事实上，虽然任何一个三次方程都有三个解或者说三个根(见附录 A)，但是不难证明，对于费罗的方程来说，它总是恰有一个正实根，因而还有两个复根(见参考阅读 1.1).

好，在继续讨论三次方程之前，让我先说一点儿复数的性质. 复数既不是纯实数也不是纯虚数，而是这两者的一种复合. 也就是说，设 a 和 b 是两个纯实数，那么 $a+b\sqrt{-1}$ 就是一个复数. 数学家以及其他几乎每个人采用的形式是 $a+\mathrm{i}b$[18 世纪伟大的瑞士数学家欧拉(Leonhard Euler)于 1777 年引进符号 i 来表示$\sqrt{-1}$. 关于欧拉，在第 6 章中将有许多叙述]. 这又被电气工程师们写作 $a+\mathrm{j}b$. 电气工程师普遍选用 j 的理由是，$\sqrt{-1}$ 经常出现在他们涉及电流的问题中，而字母 i 已在传统上被专用于“电流”这个物理量了. 然而，与流传的说法相反，我可以向你保证，当电气工程师看到一个方程含有用 $\mathrm{i}=\sqrt{-1}$ 而不是用 j 表示的复数时，他们中绝大多数是不会被弄糊涂的. 不过，话虽这么说，我得承认，在第 5 章中我给你介绍一道从 19 世纪流传至今的美妙的电学小难题时，我也是用 j 而不是用 i 来表示$\sqrt{-1}$.

* * *

参考阅读 1.1

费罗的三次方程的一个正实根

为了证明费罗的缺项三次方程 $x^3+px=q$ (其中 p 和 q 非负)恰有一

个正实根，考虑函数

$$f(x)=x^3+px-q.$$

费罗的问题就是求方程 $f(x)=0$ 的根. 好，如果你计算 $f(x)$ 的导数[记为 $f'(x)$]，并回想起导数就是曲线 $f(x)$ 的斜率，那么你将得到

$$f'(x)=3x^2+p.$$

它总是非负的，因为 x^2 绝不会是负的，而且我们假设 p 非负. 这就是说，$f(x)$ 总是具有非负的斜率，因此当 x 增加时它绝不会减少. 既然 $f(0)=-q$，它绝不会为正(因为我们假设 q 非负)，那么 $f(x)$ 的图像一定是像图 1.1 那样. 从图上可清楚地看出，这条曲线仅与 x 轴相交一次，由此确定了那个实根，而且这种相交使得这个根绝不会为负(当且仅当 $q=0$ 时它为零).

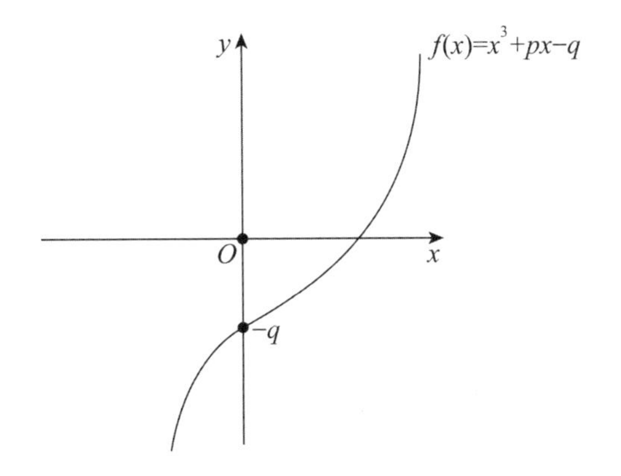

图 1.1　$f(x)=x^3+px-q(p\geqslant 0,\ q\geqslant 0)$的图像

11

*　　*　　*

复数遵守许多显然的运算规则，例如，$(a+\mathrm{i}b)(c+\mathrm{i}d)=ac+\mathrm{i}ad+\mathrm{i}bc+\mathrm{i}^2bd=ac-bd+\mathrm{i}(ad+bc)$. 但是你必须小心. 举例来说，设 a 和 b 都只能是正数，那么有 $\sqrt{ab}=\sqrt{a}\sqrt{b}$. 但如果我们允许它们也可以是负数，那么这条规则就不成立了，例如，$\sqrt{(-4)(-9)}=\sqrt{36}=6\neq\sqrt{-4}\sqrt{-9}=(2\mathrm{i})(3\mathrm{i})=6\mathrm{i}^2=-6$. 欧拉在他 1770 年出版的《代数指南》(*Vollständige Anleitung zur Algebra*)中就是对这一点弄不明白.

最后，关于实数与复数的对比，有一个非常重要的说明. 复数不可能具有像实数那样的次序关系. *有次序关系*是指我们可以写出像 $x>0$ 或 $x<0$ 这样的表述. 确实，如果 x 和 y 都是实数，而且 $x>0$，$y>0$，那么它们的积 $xy>0$. 然而，如果我们想把这种表现强加于复数，那就陷入了麻烦. 要看清这一点，一种容易的方法就是举一个反例. 那就是说，假设我们**能够**让复数具有次序关系，那么，特别是对于 i 来说，肯定是要么 $\mathrm{i}>0$，要么 $\mathrm{i}<0$. 假定 $\mathrm{i}>0$，那么 $-1=\mathrm{i}\cdot\mathrm{i}>0$，显然这是不成立的. 因此我们不得不假定 $\mathrm{i}<0$，但是当我们在两边乘上 -1 时(这使得不等号反向)，就得到 $-\mathrm{i}>0$. 于是，$-1=(-\mathrm{i})\cdot(-\mathrm{i})>0$，同前面一个样，显然这还是不成立的. 结论是，原先关于复数具有次序关系的假设导致我们陷入矛盾，因此那个假设肯定不成立. 现在回到三次方程.

一旦我们有了费罗的三次方程的实根，那么就不难求出那两个复根了. 假定我们记费罗方程给出的实根为 r_1，我们可以把这个三次方程分解为

$$(x-r_1)(x-r_2)(x-r_3)$$
$$=0=(x-r_1)[x^2-x(r_2+r_3)+r_2r_3].$$

要求出另外那两个根 r_2 和 r_3，我们可以对

$$x^2-x(r_2+r_3)+r_2r_3$$

使用二次方程求根公式.

例如，考虑 $x^3+6x=20$ 这个方程，其中我们有 $p=6$ 和 $q=20$. 将这些数值代入费罗求根公式的第二个版本，得

$$x=\sqrt[3]{10+\sqrt{108}}-\sqrt[3]{-10+\sqrt{108}}.$$

好，如果你盯着原来的三次方程看上足够长时间，或许你有运气产生一个想法：$x=2$ 适合这个方程($8+12=20$). 刚才那个看起来很复杂的家伙，我用了那么多根号才写成，它*居然*会等于 2？啊，不错，正是如此. 用一个袖珍计算器计算一下，你会看到

12

$$x=\sqrt[3]{20.392\,305}-\sqrt[3]{0.392\,305}=2.$$

接下来，为了求出 $f(x)=0=x^3+6x-20$ 的另外两个根，我们利用 $f(x)$ 的一个因式就是 $(x-2)$ 这个事实，通过某种长除法，求得

$$(x-2)(x^2+2x+10)=x^3+6x-20.$$

对这个二次因式应用二次方程求根公式，马上就得到那两个复根(即原来三次方程的解)：

$$r_2=-1+3\sqrt{-1}$$

和

$$r_3=-1-3\sqrt{-1}.$$

1.2 对负数的负面态度

但是我们完全跑到这故事的前头去了. 事实上，费罗和他的同代数学家们根本没做过上面这种分解因式以求得复根的事——找出一个单独的正实数来作为一个三次方程的解，就是他们的唯一企求. 而且，当时只要有数学家对费罗那个初步的缺项三次方程展开研究，那么一个单独的正实根就是一切，而且一切正常. 但是对于像 $x^3-6x=20$(现在我们这里有 $p=-6<0$)这样的三次方程又该如何呢？当然，费罗绝不会写出这样一个其中含有负系数的三次方程，但是他会写成 $x^3=6x+20$，并且会把这个方程看作一个全新的问题. 也就是说，他会从头开始解

$$x^3=px+q,$$

其中的 p 和 q 仍是非负数. 然而，这完全是不必要的，因为在他解 $x^3+px=q$ 的过程中没有一个地方实际上用到了 p 和 q 的非负性. 也就是说，这种假设根本没有意义. 把这种假设明确地提出来，只是由于早期数学家对负数的一种师出无名的反感.

13

对于今天的科学家和工程师来说，这种对负数的怀疑态度似乎十分古怪，然而，这只是因为他们已经习惯了负数，而且已经忘掉了他们在小学时代经历过的困惑. 其实，有才智的非专业成年人士，仍然在经历着这种困惑，就像下面这个通常认为是出自诗人奥登①手笔的精彩对句所描写的：

负负得正，

其理由我们不需要讨论.

例如，伟大的英国数学家沃利斯(John Wallis, 1616—1703. 你将在下一章中看到关于他的更详细介绍，是他首先进行了赋予$\sqrt{-1}$物理意义的合理尝试)对于负数也作出了一些不可思议的断言. 他在他 1665 年②出版的《无穷算术》(*Arithmetica Infinitorum*)一书中[这是一本很有影响的著作，青年时代的牛顿(Isaac Newton)怀着极大的兴趣阅读了它]进行了如下的论证. 既然 $a \div 0(a>0)$等于正无穷大，而且 $a \div b(b<0)$等于一个负数，那么这个负数必定**大于**正无穷大，这是因为第二个式子的分母小于第一个式子的分母(即 $b<0$). 这就让沃利斯得出了一个令人震惊的结论：负数既小于零又大于正无穷大. 因此，谁能责怪他对负数严加提防呢？而且，这当然不是孤例. 其实，伟大的欧拉就认为奥登式的担忧值得充分考虑，这使得他在他那本著名的教科书《代数指南》(1770 年)中对为什么“负负得正”给出了一个多少有点含糊其辞的“解释”.

今天我们比较大胆. 我们现在只是说，p 是负数(那又怎么样?)，并把它直接代入原先的那个费罗公式. 这就是说，用$-p$(现在这里的 p 本身是非负的)来代替负的 p，我们有

$$x=\sqrt[3]{\frac{q}{2}+\sqrt{\frac{q^2}{4}-\frac{p^3}{27}}}-\sqrt[3]{-\frac{q}{2}+\sqrt{\frac{q^2}{4}-\frac{p^3}{27}}}.$$

---

① 奥登(Wystan Hugh Auden, 1907—1973)，美籍英国诗人. 其作品着重精神探索与哲理性深思，有《长诗集》和《短诗集》等. ——译者注

② 原文如此. 据查，应为 1655 年或 1656 年. ——译者注

这就是 $x^3=px+q$(其中 p 和 q 均非负)的解. 特别是, 这个公式告诉我们, $x^3=6x+20$ 的解是

$$x=\sqrt[3]{10+\sqrt{92}}-\sqrt[3]{-10+\sqrt{92}}=3.4377073.$$

用一个袖珍计算器很容易就可验证, 这确实是这三次方程的一个解.

1.3　一场不自量力的挑战

这个关于三次方程的故事现在要走上一条曲折的道路. 作为当时的传统, 费罗将他的解法秘而不宣. 他这样做的原因是: 不像今天大学或研究院的数学家靠发表成果来首先求得一个初级的教授职位, 然后再谋取晋升和终身职位来生存下去, 费罗和他的同行们更像单独经营的商人. 他们通过相互挑战, 进行公开的解题比赛来谋得生计. 比赛的胜利者将获得一切——可能有奖金, 当然还有"荣誉", 如果运气好的话, 还会得到一位富有的赞赏者的资助. 知道怎样解出别人不能解的问题, 显然会增大赢得这种比赛的机会, 因此秘而不宣就成了当时的风尚.

14

事实上, 费罗差一点把这个怎样解缺项三次方程的秘密带进坟墓, 他至多只告诉了少数几个密友. 在他弥留之际, 他又告诉了一个人, 即他的学生菲奥尔(Antonio Maria Fior). 虽然菲奥尔并不是一个特别优秀的数学家, 但知道了这个解法就等于掌握了一件威力强大的武器, 于是在 1535 年, 他向一位名气远比他大而且本事不知比他大多少倍的数学家丰塔纳(Niccolo Fontana, 1500—1557)提出了挑战. 菲奥尔注意到丰塔纳, 是因为不久前丰塔纳宣称自己能解一般形式为 $x^3+px^2=q$ 的三次方程. 菲奥尔认为丰塔纳是在虚张声势, 他事实上根本没有这样的解法, 因此菲奥尔把他看作是理想的猎取对象, 通过一场公开的比赛唾手可得.

在今天, 对于丰塔纳, 人们更为熟知的是他的另一个名字——塔尔塔

利亚(Tartaglia，即“口吃者”. 他 12 岁那年，下巴受到了严重的剑伤，那是一名入侵的法国士兵留下的，结果导致他说话结巴). 塔尔塔利亚怀疑菲奥尔从费罗那儿得到了缺项三次方程的秘密. 由于担心对方正是要用这种三次方程来进行挑战，而他又不知道怎样解这种方程，于是他使出浑身解数，全力研究这种缺项三次方程的解法. 就在那场比赛的前夕，他靠自己的力量成功地发现了费罗对 $x^3+px=q$ 的解法. 这可说是下述现象的一个有趣实例：一旦一个问题**已知**有了一个解法，那么其他人也会很快找到这个解法. 我想，这是一种与体育运动中的打破纪录有关联的现象. 例如，在班尼斯特(Roger Bannister)①打破 4 分钟跑 1 英里纪录之后的几个月内，似乎世界上每一位赛跑运动员都在着手打破这一纪录. 不管怎么说，塔尔塔利亚的发现，加上他真的能解出 $x^3+px^2=q$ 的本事(他并**没有**虚张声势)，让他彻底打败了菲奥尔. 他们各给对方提出了 30 个问题，塔尔塔利亚的问题菲奥尔一个也解决不了，而塔尔塔利亚则解决了菲奥尔的所有问题.

1.4 秘密不胫而走

这一切相当怪诞，但这个故事会越来越精彩. 像费罗一样，塔尔塔利亚对他这个新得到的知识守口如瓶，这一方面是由于我在前面提到过的原因，另一方面则是因为塔尔塔利亚打算亲自把这两种三次方程的解法发表在一本有朝一日他会写成的书中(但是他从未写成). 然而，他令菲奥尔溃败的消息不胫而走，很快就传到了卡尔达诺(Girolamo Cardano，1501—1576)的耳中. 卡尔达诺又叫卡尔丹(Cardan). 与菲奥尔不一样，卡尔丹是一位杰出的

① 英国运动员. 1954 年 5 月 6 日，在英国牛津举行的一场体育比赛中，他以 3 分 59 秒 4 跑完了 1 英里(1.609 千米)，时年 25 岁，当时他为一医学院学生. 在这之前，人们普遍认为这个成绩是不可能达到的. 而在这之后才一个多月，澳大利亚运动员兰迪(John Landy)就以 3 分 58 秒打破了这个纪录. ——译者注

英才，他多才多艺，特别是，他是一位极其优秀的数学家[3]. 塔尔塔利亚知道三次方程的秘密，这个消息激发了他的求知欲，他请求塔尔塔利亚把这秘密透露给他. 一开始塔尔塔利亚表示拒绝，但后来终于答允了. 他把求解的运算步骤告诉了卡尔丹，但没有推导过程——即使这样，也必须先发誓保密.

卡尔丹不是圣人，但也不是无赖. 几乎可以肯定，他没有任何不信守其保密誓言的理由，但是后来他开始听到，塔尔塔利亚并不是解出缺项三次方程的第一人. 当他有一次亲眼看到了费罗的遗稿之后，他觉得再也没有必要受誓约限制而保持缄默了. 卡尔丹靠自己推出了塔尔塔利亚的解法，并发表在他 1545 年出版的著作《大术》(*Ars Magna*，即代数大术，以与算术小术相对)中. 在这本书中，他特别归功了塔尔塔利亚**和**费罗，但塔尔塔利亚还是觉得受了欺骗，于是他发起了一场狂风暴雨式的诉讼，控告卡尔丹剽窃及其他更恶劣的罪名[4]. 这部分故事在这里我将不予赘述，因为它与$\sqrt{-1}$没有关系. 我只是说，塔尔塔利亚所担心的声誉损失变成了现实. 虽然他和费罗确实应该优先地成为缺项三次方程求根公式的真正的独立发现者，然而自《大术》问世以来，这个公式被人们称为"卡尔丹公式".

卡尔丹并非知识窃贼(剽窃者不会有所贡献)，事实上他给出了怎样把缺项三次方程的解法扩展到**所有**三次方程上的方法. 这本身就是一个重大的成果，它完全属于卡尔丹. 其中的思想就如同费罗当初的惊人想法那样，是由灵感触发的. 卡尔丹从一般的三次方程

$$x^3+a_1x^2+a_2x+a_3=0$$

出发，然后把变量换为 $x=y-\frac{1}{3}a_1$，即把这个式子代回一般的三次方程，展开，并项，他得到

$$y^3+\left(a_2-\frac{1}{3}a_1^2\right)y=-\frac{2}{27}a_1^3+\frac{1}{3}a_2a_1-a_3.$$

也就是说，他得到了缺项三次方程 $x^3+px=q$，其中

$$p=a_2-\frac{1}{3}a_1^2,$$

$$q=-\frac{2}{27}a_1^3+\frac{1}{3}a_2a_1-a_3.$$

这样得到的缺项三次方程可用卡尔丹公式解出. 例如，假定你从 $x^3-15x^2+81x-175=0$ 出发，然后进行卡尔丹的变量代换 $x=y+5$，你会得到

$$p=81-\frac{1}{3}\times(15)^2=6,$$

$$q=-\frac{2}{27}\times(-15)^3+\frac{1}{3}\times81\times(-15)-(-175)=20.$$

于是有 $y^3+6y=20$. 我已在本章前面解出了这个方程，得 $y=2$. 因此，$x=7$ 就是上述三次方程的解，用手算很容易验证.

于是这个三次方程的问题看来终于尘埃落定了，而且一切正常. 然而情况并非如此，卡尔丹知道这一点. 请回想 $x^3=px+q$ 的求根公式

$$x=\sqrt[3]{\frac{q}{2}+\sqrt{\frac{q^2}{4}-\frac{p^3}{27}}}-\sqrt[3]{-\frac{q}{2}+\sqrt{\frac{q^2}{4}-\frac{p^3}{27}}}.$$

在卡尔丹公式的这个版本中潜伏着一条恶龙！如果 $\frac{q^2}{4}-\frac{p^3}{27}<0$，那么这个公式将含有负数的平方根，而且其中的大难之处并不在于虚数本身，而是另外的什么东西. 卡尔丹并不害怕虚数，这一事实可从他在《大术》中给出的那个著名问题看得很清楚. 那问题说，把 10 分成两个部分，使这两部分之积为 40. 他称这个问题“显然是不可能的”，因为它马上就导出二次方程 $x^2-10x+40=0$，这里 x 和 $10-x$ 就是那两个部分. 这是一个具有两个复根的方程，卡尔丹称之为似是而非的(sophistic)，因为他看不出这些复根有什么物理意义. 这两个复根是 $5+\sqrt{-15}$ 和 $5-\sqrt{-15}$，它们的和显然是 10，

因为虚数部分相互抵消，但它们的积是什么呢？卡尔丹大胆地写道，“不过我们仍将进行运算”，而且他形式地算出了

$$\begin{aligned}&(5+\sqrt{-15})(5-\sqrt{-15})\\=&5\times5-5\times\sqrt{-15}+5\times\sqrt{-15}-\sqrt{-15}\times\sqrt{-15}\\=&25+15=40.\end{aligned}$$

正如卡尔丹对这种计算所说的，在做这件事时，“要置有关的精神折磨于不顾”. 也就是说，对$\sqrt{-15}$就像对其他数那样进行操作，一切都会有效. 然而，尽管卡尔丹不怕这种数，但从他接下来的话可以清楚地看出，他对这种数并非只有一点小小的疑虑：“推究算术的细微之处，其最终结果，正如我已经说过的，如此精妙，又如此无用.”不过，令卡尔丹**真正**感到困惑的是：当三次方程显然只有实数解时，这种负数平方根将出现在卡尔丹公式中. 17

1.5 复数怎么能表示实数解

要弄清楚上一节最后那句话的意思是什么，请考虑卡尔丹的追随者、意大利工程师兼建筑师邦贝利(Rafael Bombelli, 1526—1572)所处理的一个问题. 邦贝利在他那个时代以一位实干家而闻名遐迩，他知道怎样把一个沼泽地中的水排光. 但在今天，他则是以一位代数学家而名垂青史，他解释了卡尔丹公式的真正机制是什么. 在他 1572 年出版的《代数学》(*Algebra*)中，邦贝利提出了三次方程 $x^3=15x+4$. 或许你只要稍微估摸一下，就能看出 $x=4$ 是一个解. 然后，利用长除法或因式分解，你很容易就能证明另外两个解是 $x=-2\pm\sqrt{3}$. 也就是说，**所有三个解都是实数**. 但是用 $p=15$ 和 $q=4$ 代入卡尔丹公式，它将给出什么？既然$\frac{q^2}{4}=4$，而$\frac{p^3}{27}=125$，那么

$$x=\sqrt[3]{2+\sqrt{-121}}-\sqrt[3]{-2+\sqrt{-121}}$$
$$=\sqrt[3]{2+\sqrt{-121}}+\sqrt[3]{2-\sqrt{-121}}.$$

卡尔丹公式给出的解是两个共轭复数的立方根之和(如果共轭复数这个词对你来说很陌生, 那么你应该去读一读附录 A). 你可能想, 任何一样东西, 如果它不是实(在)的, 那么它必将是某种如此“复(杂)”的东西, 对吗? 错了. 卡尔丹不理解这一点; 他带着显然的沮丧, 把产生这种奇怪结果的三次方程称为“不可约的”①, 并且对这件事不再探究. 在继续讲下去之前, 我们先弄明白他为什么要用“不可约”这个术语, 因为这很有启发性.

卡尔丹被怎样实际计算一个复数的立方根弄得一头雾水. 要了解那个把他弄糊涂的代数学循环论证, 请考虑邦贝利的三次方程. 我们假设, 在卡尔丹公式所给出的解中, 不管那个立方根是什么, 至少能把它最一般地写成一个复数. 例如, 让我们写

$$\sqrt[3]{2+\sqrt{-121}}=u+\sqrt{-v}.$$

我们希望求出 u 和 v(其中 $v>0$). 将两边立方, 得

$$2+\sqrt{-121}=u^3+3u^2\sqrt{-v}-3uv-v\sqrt{-v}.$$

令两边的实部和虚部分别相等, 于是我们得

$$u^3-3uv=2,$$
$$3u^2\sqrt{-v}-v\sqrt{-v}=\sqrt{-121}.$$

将这两个方程的两边平方, 我们得到另一对方程:

$$u^6-6u^4v+9u^2v^2=4,$$
$$-9u^4v+6u^2v^2-v^3=-121.$$

18 第一个方程减去第二个方程, 结果得

$$u^6+3u^4v+3u^2v^2+v^3=125.$$

① 原文为 irreducible, 作为数学术语, 义“不可约的”, 但这个词又义“不能征服的”. ——译者注

两边都是完全立方，也就是说，取立方根即得 $u^2+v=5$，或者 $v=5-u^2$. 把这代回上面那个方程 $u^3-3uv=2$，结果得 $4u^3=15u+2$，这又是一个单变量的三次方程. 而且在事实上，将这个方程的各项除以 4，把它变成 $u^3=pu+q$ 的形式，我们就有 $p=\frac{15}{4}$ 和 $q=\frac{1}{2}$，于是利用 1.2 节末尾的公式，有

$$\frac{q^2}{4}-\frac{p^3}{27}=\frac{1}{16}-\frac{3\,375}{27\times 64},$$

它显然是负的.

这就是说，$4u^3=15u+2$ 又是一个不可约的三次方程，当用卡尔丹公式"解"它时，结果还是不得不计算复数的立方根. 于是我们又回到了出发点，又面临着怎样计算这样一种东西的问题. 这个问题看来是陷入了一个循环. 难怪卡尔丹把这种情况称为"不可约的"①. 在稍后的第 3 章中，你将看到数学家最终是怎样找到计算复数**任意次方**根的方法的.

是邦贝利那伟大的洞察力，看出卡尔丹公式以如此怪诞的表达式所表示的 x 是实数，只不过这种表达方式人们很不熟悉而已(参见参考阅读 1.2，看看不可约三次方程在几何上的表现). 这种洞察力来之不易. 正如邦贝利在他的《代数学》中所说，"在许多人看来，这是一个疯狂的想法；我在很长一段时间内也持相同的观点. 这件事似乎完全依赖于诡辩，而不是依赖于真理. 然而我长时期地上下求索，直到我事实上证明了情况就是如此."下面介绍他是怎样做的. 首先他注意到，如果卡尔丹公式给出的解确实是实数，那么 $\sqrt[3]{2+\sqrt{-121}}$ 和 $\sqrt[3]{2-\sqrt{-121}}$ 一定是一对共轭复数[5]，也就是说，设 a 和 b 是某两个尚待确定的实数，它们使得

$$\sqrt[3]{2+\sqrt{-121}}=a+b\sqrt{-1},$$

$$\sqrt[3]{2-\sqrt{-121}}=a-b\sqrt{-1},$$

① 应理解为"不能征服的". ——译者注

那么我们就有 $x=2a$，这确实是个实数. 这两个方程中的第一个相当于

$$2+\sqrt{-121}=(a+b\sqrt{-1})^3.$$

根据恒等式 $(m+n)^3=m^3+n^3+3mn(m+n)$，令 $m=a$ 而 $n=b\sqrt{-1}$，我们得到

19

* * *

参考阅读 1.2

不可约情况意味着有三个实根

为了研究 $x^3=px+q$（其中 p 和 q 均为非负）的根的性质，考虑函数

$$f(x)=x^3-px-q.$$

算出 $f'(x)=3x^2-p$，我们看到，$f(x)$ 的图像在 $x=\pm\sqrt{\frac{p}{3}}$ 处将有斜率为零的切线，这就是说，这种能导致不可约情况的缺项三次方程的局部极值点对称地位于竖轴的两侧. 如果我们把 $f(x)$ 在这两个局部极值点的值记为 M_1 和 M_2，那么有

$$M_1=\frac{p}{3}\sqrt{\frac{p}{3}}-p\sqrt{\frac{p}{3}}-q=-\frac{2}{3}p\sqrt{\frac{p}{3}}-q，在 x=+\sqrt{\frac{p}{3}} 处；$$

$$M_2=-\frac{p}{3}\sqrt{\frac{p}{3}}+p\sqrt{\frac{p}{3}}-q=\frac{2}{3}p\sqrt{\frac{p}{3}}-q，在 x=-\sqrt{\frac{p}{3}} 处.$$

请注意总是有局部极小值 $M_1<0$（因为 p 和 q 均为非负），而局部极大值 M_2 的代数符号视 p 和 q 的值而定. 好，如果我们要有三个实根，那么 $f(x)$ 必须与 x 轴相交三次，而这种情况只有当 $M_2>0$ 时才会发生，如图 1.2 所示. 这就是说，使所有的根都为实根的条件是 $\frac{2}{3}p\sqrt{\frac{p}{3}}-q>0$，即 $\frac{4}{27}p^3>q^2$，最后，即 $\frac{q^2}{4}-\frac{p^3}{27}<0$. 但这正是使得解方程时在卡尔丹公式中产生虚数的条件. 这就是说，不可约情况总是与三次方程 $f(x)=0$ 有三个实根

这种情况一起出现. 从图形还能清楚地看到，这三个根中有两个是负根，一个是正根. 看看你能不能进一步证明这三个根之和一定为零*.

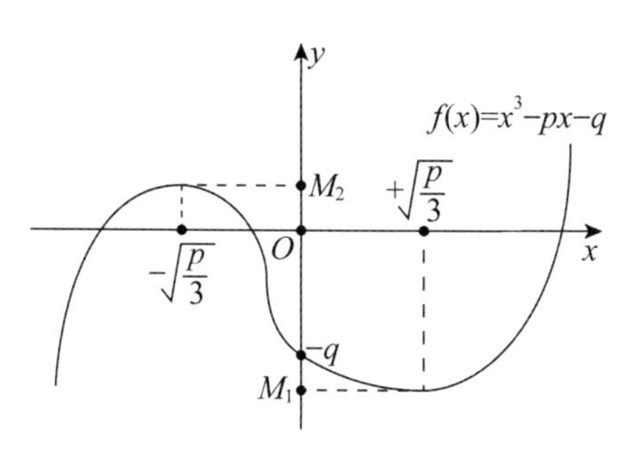

图 1.2　$f(x)=x^3-px-q(p\geqslant 0,\ q\geqslant 0)$的图像

*　　　　*　　　　*

$$
\begin{aligned}
(a+b\sqrt{-1})^3 &= a^3-b^3\sqrt{-1}+3ab\sqrt{-1}(a+b\sqrt{-1}) \\
&= a^3-b^3\sqrt{-1}+3a^2b\sqrt{-1}-3ab^2 \\
&= a(a^2-3b^2)+b(3a^2-b^2)\sqrt{-1}.
\end{aligned}
$$

如果这个复杂的表达式等于复数 $2+\sqrt{-121}$，那么实部和虚部必定分别相等，于是我们得到下面两个条件：

$$a(a^2-3b^2)=2,$$

$$b(3a^2-b^2)=11.$$

如果假定 a 和 b 都是整数(对此并没有什么逻辑上的充分理由，但我们总可以自由地进行某种尝试，并观察相应的发展)，那么你或许会注意到，$a=2$ 和 $b=1$ 适合这两个条件. 还有其他的方法可以更正式地得出这个结论. 例如，请注意 2 和 11 都是素数，你可以问问自己素数的整数因子是哪

* 这是下述更一般情况的一个特例. 假定我们把 n 次多项式方程 $x^n+a_{n-1}x^{n-1}+a_{n-2}x^{n-2}+\cdots+a_1x+a_0=0$ 写成因式分解形式. 这就是说，如果我们把这方程的 n 个根记为 $r_1, r_2, \cdots, r_n$，那么我们就可写成 $(x-r_1)(x-r_2)\cdots(x-r_n)=0$. 从左边开始，把这些因式一个接一个地乘起来，你很容易就能证明，x^{n-1} 项的系数就是所有根之和的相反数，即 $a_{n-1}=-(r_1+r_2+\cdots+r_n)$. 在缺项三次方程的情况中，由于没有 x^2 项，据定义我们有 $a_2=0$，即任何缺项三次方程的所有根之和为零. ——原注

些，再请注意如果 a 和 b 是整数，那么 a^2-3b^2 和 $3a^2-b^2$ 也是整数. 但就我们这里的目的来说，知道

$$\sqrt[3]{2+\sqrt{-121}}=2+\sqrt{-1},$$

$$\sqrt[3]{2-\sqrt{-121}}=2-\sqrt{-1}$$

就足够了. 这两个等式通过将两边立方就能很容易地得到验证. 根据这些结果，邦贝利就证明了神秘的卡尔丹公式之解是 $x=4$，而且经检验这个解是正确的. 正如参考阅读 1.2 所示，对于所有三个根都是实数根的不可约情况来说，只有一个根是正根，它就是卡尔丹公式所给出的根(看看你能不能证明这一点——你如果需要帮助，请阅读附录 A 的后半部分).

1.6 不用虚数来计算实根

虽然卡尔丹公式对所有情况(包括不可约情况)都有效，但你可能还是会感到奇怪：为什么没有一个公式能在实数范围内直接算出不可约情况中的那个正实根呢？事实上，这种公式是有的，它是由伟大的法国数学家韦达[6](François Viète, 1540—1603)发现的. 这个公式利用余弦函数和反余弦函数(余弦函数的逆函数)给出了不可约三次方程的所有的根. 如果考虑到韦达并不是一位职业数学家，而是国王亨利三世①和亨利四世②手下的一名御用律师的话，那么这一发现就更显得非凡卓越了. 韦达只能偷空钻研数学，因为他有“更重要的”职责，例如在法国对西班牙的战争期间破译截获的西班牙宫廷密码信件. 韦达的解法(在他身后的 1615 年才发表)很聪明，但知道的人看来并不多. 因此下面我们介绍一下.

① 亨利三世(Henri Ⅲ，1551—1589)，法国瓦卢瓦王朝末代国王，1574 年即位，1589 年被刺身亡. ——译者注

② 亨利四世(Henri Ⅳ，1553—1610)，又叫纳瓦尔的亨利(Henri de Navarre)，法国波旁王朝第一代国王，1589 年即位，1610 年被刺身亡. ——译者注

韦达对三次方程 $x^3=px+q$ 的分析，首先是把 p 和 q 写成 $p=3a^2$ 和 $q=a^2b$. 也就是说，他是从三次方程

$$x^3=3a^2x+a^2b,\ \text{其中}\ a=\sqrt{\frac{p}{3}}\ \text{而}\ b=\frac{3q}{p},$$

开始的. 接下来，他用到了三角恒等式

$$\cos^3\theta=\frac{3}{4}\cos\theta+\frac{1}{4}\cos 3\theta.$$

如果你想不起这个恒等式，那么就请暂时接受它——我将在第 3 章中用复数为你把它推导出来. 韦达的下一步是，假设我们总能找到一个 θ，使得 $x=2a\cos\theta$. 我即将通过实际算出所求的 θ 值来向你表明这个假设事实上是正确的. 根据这个假设，我们有 $\cos\theta=\frac{x}{2a}$，而且，如果把这代入上面的三角恒等式，你可以马上证明 $x^3=3a^2x+2a^3\cos 3\theta$. 但只要令 $2a^3\cos 3\theta=a^2b$，这就是我们要解的三次方程，这就是说

22

$$\theta=\frac{1}{3}\arccos\frac{b}{2a}.$$

把这个关于 θ 的结果代入 $x=2a\cos\theta$，我们立刻就得到下面这个解：

$$x=2a\cos\left(\frac{1}{3}\arccos\frac{b}{2a}\right).$$

或者，用 p 和 q 表示，

$$x=2\sqrt{\frac{p}{3}}\cos\left(\frac{1}{3}\arccos\frac{3\sqrt{3}q}{2p\sqrt{p}}\right).$$

要使这个 x 为实数，arccos 的自变数必须不大于 1，即 $3\sqrt{3}q\leqslant 2p^{\frac{3}{2}}$.（在本书后面的第 6 章中，我将讨论当反余弦函数自变数的绝对值大于 1 时会发生什么.）但是很容易证明这个条件等价于 $\frac{q^2}{4}-\frac{p^3}{27}\leqslant 0$，这正是定义不可约情况的条件. 请注意韦达的公式中没有出现虚数，这与卡尔丹公式不一样.

韦达的公式有效吗？作为一次测试，让我们再取邦贝利的三次方程 $x^3=15x+4$，这里 $p=15$ 而 $q=4$. 韦达的公式给出

$$x=2\sqrt{5}\cos\left(\frac{1}{3}\arccos\frac{12\sqrt{3}}{30\sqrt{15}}\right).$$

这个样子相当可怕的表达式很容易通过一个袖珍计算器来处理，结果得出 $x=4$，经检验它是正确的. 这个根是通过取 $\arccos\dfrac{12\sqrt{3}}{30\sqrt{15}}=79.695°$而求得的. 但是草草地画一下余弦函数的图像，你就会看到角度 280.305°和 439.695°同样可取. ①用这两个角度计算 x 的值，就得到了另外两个实根 -0.268 和 -3.732，即 $-2\pm\sqrt{3}$. 不过，韦达本人并没有对负根给予注意. 为了再做一次检验，让我们考虑当 $q=0$ 时的特殊情况. 于是有 $x^3-px=0$. 经审视可知它有三个实根：$x=0$，$x=\pm\sqrt{p}$. 这就是说，$x=\sqrt{p}$ 就是那个唯一的正实根. 由于 $q=0$，韦达的公式给出

$$2\sqrt{\frac{p}{3}}\cos\left(\frac{1}{3}\arccos 0\right)=2\sqrt{\frac{p}{3}}\cos 30°,$$

这是因为 $\arccos 0=90°$. 但是$\dfrac{2}{\sqrt{3}}\cos 30°=1$，因此韦达的公式确实给出了 $x=\sqrt{p}$. 而且，由于还有 $\arccos 0=270°$(和 450°)，你可以很容易地验证这个公式同样给出了 $x=0$ 和 $x=-\sqrt{p}$ 这两个根. 从技术上说，这并不是不可约情况，但韦达的公式仍然有效. 请注意在这两种具体情况中，方程的根符合参考阅读 1.2 中最后作出的那条陈述.

韦达十分了解他的分析技巧所达到的水平. 正如他对自己数学成果所作的评论，这“不是炼金术士的黄金，很快化为烟灰，这是真正的金属，是从有一条恶龙监视着的矿藏中发掘出来的金属”. 韦达完全不是一个故作谦虚

---

① 通常定义的函数 arccos 的值域为$[0,\pi]$，此处简单认为 $\arccos x$ 可以取任何值 θ，使得 $\cos\theta=x$. ——译者注.

的人. 如果他的解法早一个世纪发现，卡尔丹还会烦扰于他公式中出现的虚数吗？邦贝利还会有动力去寻找在形式地求解不可约三次方程时出现的复数表达式的“实在性”吗？请设想一下，如果某位天才先于韦达作出了这个发现，数学史将会被怎样改写. 这很有趣. 但是没有出现这样的天才，而解开三次方程最终秘密的荣誉，无疑当属邦贝利.

邦贝利对不可约情况下卡尔丹公式的性质的深刻见解，打破了关于 $\sqrt{-1}$ 的精神桎梏. 由于他的工作，事情变得清楚了：采用通常的算术法则对 $\sqrt{-1}$ 进行运算，将导致完全正确的结果. $\sqrt{-1}$ 的许多神秘性，它那近乎神秘的光环，随着邦贝利的精辟分析而消除了. 然而，还有最后一道理智上的障碍要跨越，那就是确定 $\sqrt{-1}$ 的**物理**意义(这将成为下面两章的主题). 但是邦贝利的工作已经打破了一道似乎无法穿越的壁垒.

1.7　一次令人咋舌的重新发现

关于卡尔丹公式，还有最后一支离奇的插曲，我这就告诉你. 在邦贝利解释了卡尔丹公式怎样对所有情况(包括所有根都是实数的不可约情况)都有效之后大约 100 年，年轻的莱布尼茨(Gottfried Leibniz, 1646—1716)不知怎的坚信这个问题仍然悬而未决. 人们知道莱布尼茨学过邦贝利的《代数学》，然而他仍然认为卡尔丹公式遗漏了什么东西，应该把它补充进去，这件事就显得格外不同寻常. 莱布尼茨是位天才，但是这件事发生在他大约 25 岁的时候. 正如一位历史学家所说，25 岁的“莱布尼茨对当时的前沿数学只是处于一种几乎一无所知的状态. 他所具有的那些第一手知识大多数是古希腊时代的.”[7]

就在那个时候，莱布尼茨认识了伟大的荷兰物理学家和数学家惠更斯(Christian Huygens, 1629—1695)，并同他开始了长达终身的通信. 在一封于 1673 年与 1675 年之间某个时候写给惠更斯的信中[8]，莱布尼茨炒起了 24

冷饭，开始做邦贝利很早就做过的事. 他在这封信中通报了他著名的(纵然是令人大跌眼镜的)结果：

$$\sqrt{1+\sqrt{-3}}+\sqrt{1-\sqrt{-3}}=\sqrt{6}.$$

对此，莱布尼茨后来宣称，“我想不起曾看到过从各方面分析都比这更为奇异和匪夷所思的事了；因为我认为我是把虚假数形式的无理根式简化为实数值的第一人……”当然，邦贝利才是那个第一人，而且是在一个世纪之前.

当把虚数$\sqrt{-1}$第一次讲给高中生们听时，通常是让他们读到诸如下面那样的一段文字(实际上这段文字我就是从一本大学水平的教科书中摘来的[9])：“从根本上说，是实数方程 $x^2+1=0$ 导致人们发明了 i(还有$-$i). 它被宣布为这个方程的解，于是这个问题就此了结.”啊，当然，这段文字是很便于理解、很容易记住的，但正如你现在已经知道的，它同时也是不符合事实的. 当早期的数学家们遇上 $x^2+1=0$ 以及诸如此类的二次方程时，他们只是闭上眼睛，称它们是“不可能的”便了事. 他们肯定没有为这类方程发明过一种解. 关于$\sqrt{-1}$的突破性进展不是来自二次方程，而是来自一种三次方程，这种三次方程显然有一个实数解，但是卡尔丹公式给出的形式解答中却含有虚数成分. 这次突破性进展的基础，在于对共轭复数概念比以前更为清晰的理解. 在继续讲莱布尼茨的事之前，我给你看共轭复数的一个美妙应用.

请考虑下面的式子，在信封背面用上一点儿算术就能证明它是正确的：

$$(2^2+3^2)(4^2+5^2)=533=7^2+22^2=23^2+2^2.$$

还有下面这个式子，它只是在验算上稍稍有点麻烦：

$$\begin{aligned}(17^2+19^2)(13^2+15^2)&=256\,100=64^2+502^2\\&=8^2+506^2.\end{aligned}$$

说这些是什么意思?

它们是一条一般性定理的两个实例. 这条定理说，整数的两个平方和之积总是能以两种不同的方式表示成两个整数的平方和. 这就是说, 已知整数 a, b, c 和 d, 我们总能找到两对正整数 u 和 v, 使得

$$(a^2+b^2)(c^2+d^2)=u^2+v^2.$$

因此, 这条定理是说, 比方说对于方程

$$(89^2+101^2)(111^2+133^2)=543\,841\,220=u^2+v^2,$$

25

它肯定会有两组整数解. 你能看出 u 和 v 是什么数吗? 大概不能吧. 然而, 利用复数, 以及共轭复数的概念, 这个问题很容易分析. 下面就是具体做法.

对上面这条待证明定理中的一般性式子进行因式分解, 我们有

$$[(a+ib)(a-ib)][(c+id)(c-id)]$$
$$=[(a+ib)(c+id)][(a-ib)(c-id)].$$

既然右边那一对方括号中的数是共轭的, 我们就可以把左边写成 $(u+iv)(u-iv)$. 这就是说

$$u+iv=(a+ib)(c+id)=(ac-bd)+i(bc+ad).$$

于是

$$u=|ac-bd|\text{ 而 }v=bc+ad.$$①

但这不是仅有的可能解. 我们还可以把这个分解成因式的表达式写成

$$[(a+ib)(c-id)][(a-ib)(c+id)]=(u+iv)(u-iv),$$

于是得到第二个解

$$u+iv=(a+ib)(c-id)=(ac+bd)+i(bc-ad),$$

即

$$u=ac+bd\text{ 而 }v=|bc-ad|.$$

这些结果实际构造出了计算 u 和 v 的公式, 从而证明了这条定理, 特别地, 它们告诉我们

$$(89^2+101^2)(111^2+133^2)=3\,554^2+23\,048^2=626^2+23\,312^2.$$

---

① 显然, 直接的结果是 $u=ac-bd$, 此处取绝对值是为了满足 u 为正整数的条件, 下同. ——译者注.

这个问题十分古老(丢番图就知道这个问题),它的一个没有用到复数的讨论,可以在1225年出版的《平方数书》(*Liberquadratorum*)[10]中找到.这本书的作者是中世纪的意大利数学家莱奥纳尔多·皮萨诺(Leonardo Pisano,约1170—1250),即比萨的莱奥纳尔多,而比萨这个城市在今天则以它那著名的斜塔而闻名天下.毫无疑问,莱布尼茨本应该发现共轭复数这个概念正是解释他所谓的“匪夷所思的事”所需要的.

正如莱布尼茨在表达他的困惑时所说的,“我不理解,一个用虚假的,或者说不可能的数表示出来的……怎么会是实数.”他觉得这种事太令人惊讶了.他死后,人们在他一些没有发表的文章中发现了好几处这样的表露,他好像没完没了地对这种式子进行计算.例如,他分别解了三次方程x^3- 26 $13x-12=0$和$x^3-48x-72=0$,这使他得到了额外的发现:

$$\sqrt[3]{6+\sqrt{-\frac{1\,225}{27}}}+\sqrt[3]{6-\sqrt{-\frac{1\,225}{27}}}=4$$

和

$$\sqrt[3]{-36+\sqrt{-2\,800}}+\sqrt[3]{-36-\sqrt{-2\,800}}=6.$$

在今天,左边那名副其实的“复(杂)数”表达式的实数性,会被一名代数成绩优秀的高中生认为是不言而喻的.这说明数学在理解$\sqrt{-1}$方面已是今非昔比.确实,利用共轭的概念,今天我们知道,任何一个函数$f(x)$的图像就在其几何形态中蕴含了方程$f(x)=0$的所有的根,包括实根和复根.我将以二次方程和三次方程的情况为例,向你显示这是怎么回事,并以此来结束本章.

1.8 怎样用一把直尺来求出复根

当一个实系数的n次多项式$y=f(x)$被画成图像后,其几何释义是:

方程 $f(x)=0$ 每有一个实根，这图像就与 x 轴相交一次. 事实上，与 x 轴相交，正是方程右边那个零的由来. 如果相交少于 n 次，比方说 $m(m<n)$次，那么其几何释义是：方程有 m 个由相交给出的实根，以及 $n-m$ 个复根. $n-m$ 的值是一个偶数，这是因为：正如附录 A 所指出的，复根总是以共轭对的形式出现. 但这并不是说，图像中不存在关于复根的具象特征. 关于实根的具象特征，即与 x 轴的相交，是简单而直接的. 但是如果你愿意多做一点儿事，那么你还能从中读出复根来.

首先，考虑二次方程 $f(x)=ax^2+bx+c=0$. 这种方程的两个根要么全是实数，要么是一对共轭复数，视 b^2-4ac 这个数的代数符号而定. 如果这个数是非负的，那么根都是实数，其图像要么与 x 轴相交两次，要么与 x 轴相切一次(即 $b^2-4ac=0$，这时给出一个二重根). 如果 b^2-4ac 是负的，那么根都是复数，图像与 x 轴不相交，即图 1.3 所示的情况. 我们假定情况正是如此，且两个根是 $p\pm \mathrm{i}q$. 这时，将 $f(x)$写成因式分解的形式：

$$f(x)=a(x-p-\mathrm{i}q)(x-p+\mathrm{i}q)=a[(x-p)^2+q^2].$$

显然有当 $a>0$ 时 $f(x)\geqslant aq^2$，而当 $a<0$ 时 $f(x)\leqslant aq^2$. 这就是说，$f(x)$在 $x=p$ 处取极小值(当 $a>0$ 时，如图 1.3 所示)或极大值(当 $a<0$ 时). 因此，我们可以把 p 作为局部极值点的 x 坐标从 $f(x)$的图像上测量出来.　27

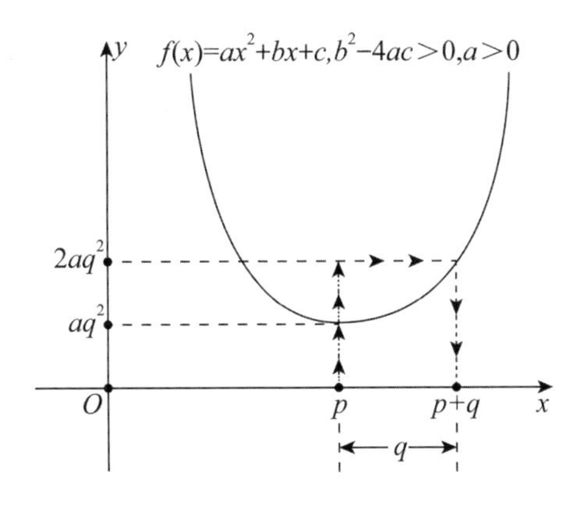

图 1.3　一个没有实根的二次方程

其次，为了从图像上测量出 q 的值，先测量出极小值点的 y 坐标(我这里假设 $a>0$，但 $a<0$ 的情况没有什么本质上的不同)，即测量出 aq^2. 接着，在 $x=p$ 处向上移动到 $2aq^2$ 处，再向右画水平线，直到与图像相交. 把这个交点的 x 坐标值(记为 $\hat{x}$)代入二次方程，得

$$f(\hat{x})=2aq^2=a[(\hat{x}-p)^2+q^2]=a(\hat{x}-p)^2+aq^2,$$

即

$$aq^2=a(\hat{x}-p)^2 \text{ 或 } q=\hat{x}-p.$$

于是，q 可从 $f(x)$的图像上直接测量出来，如图 1.3 所示.

接下来我们关注三次方程. 首先注意到，方程要么(a)有三个实根，要么(b)有一个实根和两个共轭复根. 你心里一定要明白为什么不可能三个根都是复数，以及为什么不可能是两个实根和一个复根. 如果你对此不明白，请看附录 A. 我们感兴趣的是情况(b). 记那个实根 $x=k$，记那对共轭复根 $x=p\pm \mathrm{i}q$. 于是，我们可把 $f(x)$写成因式分解的形式：

28

$$y=f(x)=(x-k)(x-p+\mathrm{i}q)(x-p-\mathrm{i}q).$$

展开，并项，得

$$f(x)=(x-k)(x^2-2px+p^2+q^2).$$

一个只有一个实根(这意味着其图像只与 x 轴相交一次)的三次方程的图像，将具有图 1.4 那样的一般形状. 作三角形 AMT，其中 A 是 $y=f(x)$与

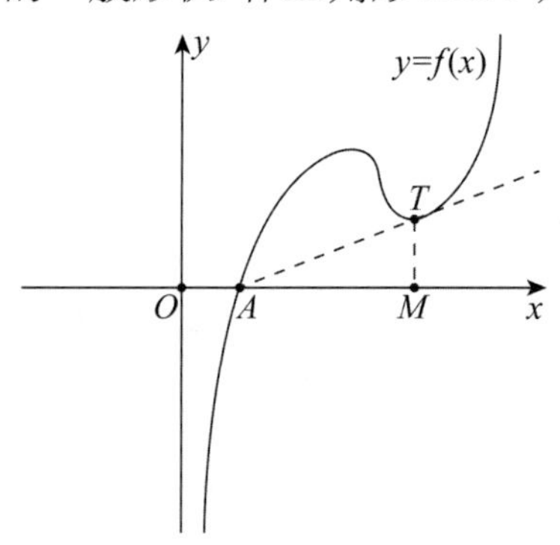

图 1.4　一个只有一个实根的三次方程

x 轴的交点，T 是过 A 的一条直线与 $y=f(x)$ 的切点，而 M 是过 T 向 x 轴所画垂线的垂足. 当然，那个实根 $k=OA$.

好，考虑直线 $y=\lambda(x-k)$，它显然经过 A，因为当 $x=k$ 时 $y=0$. 请想象我们对这条直线的斜率 λ 进行调整，直到这条直线刚好碰到 $y=f(x)$，即直到它与 $y=f(x)$ 相切. 这就使我们得到了 T. 而且，T 既在 $y=f(x)$ 上又在 $y=\lambda(x-k)$ 上，因此，如果把 T 的 x 坐标值记为 $\hat{x}$，那么有

$$\lambda(\hat{x}-k)=(\hat{x}-k)(\hat{x}^2-2p\hat{x}+p^2+q^2).$$

既然 $\hat{x}-k\neq0$，我们就可以用它除这个方程的两边，得到一个关于 $\hat{x}$ 的二次方程：

29

$$\lambda=\hat{x}^2-2p\hat{x}+p^2+q^2.$$

事实上，由于 T 是切点，因此 $\hat{x}$ 必定只有一个值. 也就是说

$$\hat{x}^2-2p\hat{x}+p^2+q^2-\lambda=0$$

必定是有两个相同的根，或者说只有一个二重根. 好，一般地说

$$\hat{x}=\frac{2p\pm\sqrt{4p^2-4(p^2+q^2-\lambda)}}{2},$$

而要有一个二重根，其中的根式就必须为零. 这就是说

$$4p^2-4(p^2+q^2-\lambda)=0.$$

即 $\lambda=q^2$. 也就是说，切线 AT 的斜率是 $q^2=\frac{TM}{AM}$. 于是根据 $\hat{x}$ 的一般表达式，$\hat{x}$ 的值就是 $\hat{x}=p=OM$.

因此，要求得这个三次方程的所有的根，你只要画出 $y=f(x)$ 的图像，然后：

1. 通过测量 $OA(=k)$ 而读出那个实根.

2. 放上一把直尺，让直尺的一条边经过 A，然后以 A 为轴心，慢慢转动直尺，直到这条边刚好碰到函数图像(从而“定出”T).

3. 测量出 TM 和 AM，然后算出

$$q=\sqrt{\frac{TM}{AM}}.$$

4. 测量出 OM，从而得到 p.

30

5. 那两个复根便是 $p+\mathrm{i}q$ 和 $p-\mathrm{i}q$.

第 2 章　$\sqrt{-1}$几何意义之初探

2.1　笛卡儿

尽管对于用卡尔丹公式求解时出现的$\sqrt{-1}$邦贝利成功地给出了形式意义，但它仍然缺乏一种物理上的解释. 16 世纪的数学家处于古希腊几何学传统的紧紧束缚之下，他们对于不能给出几何意义的概念，总是感到很不舒服. 这就是为什么在邦贝利的《代数学》问世两个世纪之后，我们发现欧拉在 1770 年出版的《代数指南》[①]中写道：

> 所有像$\sqrt{-1}$，$\sqrt{-2}$这样的表达式，结果都是不可能的数或者说虚假的数，因为它们表示了负数的平方根；而对于这样的数，我们可以确切地断定，它们既不是一无所有，也不是大于一无所有，更不是小于一无所有，这样就只能把它们定为虚假的或者说不可能的.

然而，对于正数的平方根，却没有这样的“负面”感觉. 其原因，至少是部分原因，在于人们知道可以把它们通过几何作图给出. 下面的作图就是由

① 原文为 *algebra*，实际上出现在欧拉的著作 *Elements of algebra* 中. ——译者注

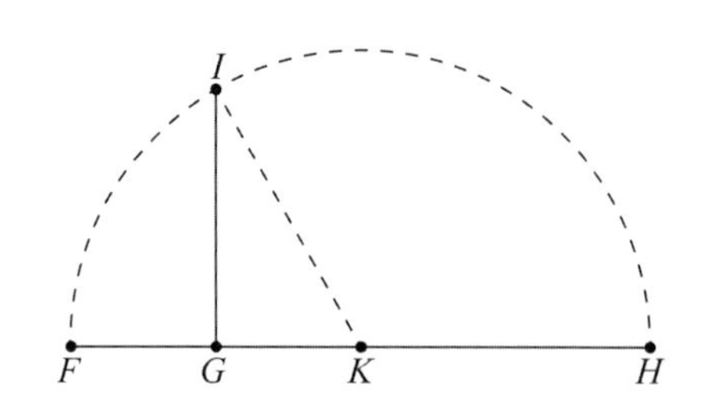

图 2.1　作出一条线段的平方根($IG=\sqrt{GH}$)

笛卡儿在他 1637 年出版的《几何学》[1] 中给出的. 如图 2.1 所示，假设 GH 是一条已知的线段，这问题要求作出另一条长度等于$\sqrt{GH}$ 的线段. 笛卡儿首先把 HG 延长到 F，其中 FG 是单位长度. FH 必定也是一个已知长度，它确定了这个作图的尺寸或者说规模. 于是，$FH=FG+GH=1+GH$. 接下来，他利用众所周知的把一条线段二等分的方法定出了 K 点，即 FH 的中点. 然后，他以 K 为圆心，作出了半径为 $KH=FK$ 的半圆. 最后，他在 G 点向上作一条垂直线，交半圆于 I 点(于是 IK 也是一条半径). 根据所有这些，我们可以写出：

$$FG+GH=2IK,$$

$$1+GH=2IK,$$

31

$$\frac{1}{2}(1+GH)=IK.$$

以及

$$FG+GK=IK,$$

$$GK=IK-FG=IK-1=\frac{1}{2}(1+GH)-1,$$

$$GK=\frac{1}{2}(GH-1).$$

好，根据毕达哥拉斯(Pythagoras)定理，我们有：

$$IG^2+GK^2=IK^2,$$

$$IG^2+\frac{1}{4}(GH-1)^2=\frac{1}{4}(1+GH)^2,$$

$$IG^2=\frac{1}{4}[(1+GH)^2-(GH-1)^2]=GH.$$

因此，$IG=\sqrt{GH}$. 笛卡儿本人根本就没有写过这些，但就在《几何学》的最后一行，他确实写了一些话，这些话表明他没写这些并非由于疏忽："我希望子孙后代能宽容地评判我，不仅关于这些我解释过的事，而且关于那些我有意省略的事，我省略这些事是为了把发现的快乐留给别人."真是一个有讽刺感的人.

把作出**任意一条**已知线段的平方根(就像笛卡儿所描述的那样)与作出长度等于某些特定平方根的线段这两件事区别开来很重要. 关于第二件事，早在笛卡儿之前很久，公元前 4 世纪的数学家，昔兰尼的西奥多鲁斯(Theodorus of Cyrene)①就整数长度的平方根(这里再次假定人们先验地知道单位长度)这一情况给出了一个优雅的几何解法. 西奥多鲁斯教过柏拉图(Plato)数学，他证明了从 3 到 17 中所有非平方数整数的平方根都是无理数——他的学生泰特托斯(Theaetetus)②把这一结果推广到所有的非平方整数. 西奥多鲁斯的著作已全部散失，人们不知道他是怎样得到他那些结果的，但是那些结果本身我们是知道的，这是因为柏拉图把这两个人写进了他的"对话"《泰特托斯篇》(*Theaetetus*)，并把他们各人的成就告诉了我们.

有人提出，西奥多鲁斯的证明方法或许是基于下面这个如图 2.2 所示的对于任意一个正整数 $n>1$ 作出$\sqrt{n}$的方法. 图中显示了一列排成螺旋状的直角三角形，它们具有一公共顶点. 在每个三角形中，公共顶点的对边长度都为 1. 于是第 n 个三角形的斜边长度即为$\sqrt{n+1}$. 柏拉图不明白为什么

32

33

① 又译狄奥多罗斯、德俄多儒等. ——译者注

② 又译泰阿泰德、泰提特斯等. ——译者注

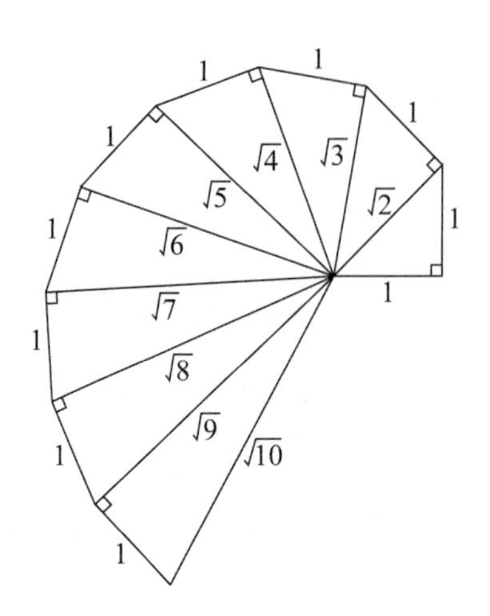

图 2.2　西奥多鲁斯的三角形螺旋

西奥多鲁斯在他对无理数的分析中进行到$\sqrt{17}$便戛然而止("他不知怎的陷入了困境"),不过图 2.2 可以提供其中的原由. 如果我们计算前 n 个三角形的顶角之和, 那么我们有

$$\arctan\frac{1}{\sqrt{1}}+\arctan\frac{1}{\sqrt{2}}+\arctan\frac{1}{\sqrt{3}}+\cdots+\arctan\frac{1}{\sqrt{n}}.$$

对于 $n=16$(这种情况给出的是$\sqrt{17}$), 这个和是 351.15°, 而对于 $n=17$, 这个和是 364.78°. 这就是说, 西奥多鲁斯止步于$\sqrt{17}$, 或许只是因为对于 $n>17$, 他的三角形螺旋开始自我重叠, 于是这图形就变得"乱七八糟"了.

这些作图解决的是*正*长度的平方根. 但是从几何上说, 一个负数的平方根能是什么呢? 按笛卡儿的看法, 这意味着相应的几何作图是完全不可能的. 说到这里, 你谅必一直在想: 这位笛卡儿何许人也? 笛卡儿出身于法国贵族中的较低阶层①, 从耶稣会会士那儿接受了良好的通识教育, 后在巴黎待了两年, 这期间他自学数学. 1617 年, 21 岁的他把这一切做了

① 确切地说, 笛卡儿出身于一个穿袍贵族家庭. 当时法国的贵族有两种: 一是佩剑贵族, 其爵位因功勋或世袭而得, 地位显赫; 另一是穿袍贵族, 其头衔靠金钱买得, 地位相对较低. ——译者注

个了结，到一位亲王[①]的军队里做了一名贵族出身的军官. 两年后，他又脱离了军旅生活. 据他后来描述，这是因为他做了几个梦，梦境向他揭示了一些颇具魅力的思想，这些思想最终导致他创立了解析几何学. 对于军人的兄弟情谊来说，这或许是一个损失，但对于数学来说，这是一个收获无可估量的决定. 1628 年，笛卡儿移居荷兰，在那里他作为一名学者，绝大部分时间过着独处一室冥思苦想的生活. 1637 年，他利用他的几何学知识，提出了关于彩虹的第一个科学解释，其根据是光线在穿过水滴时要在水滴内部经过一次(或多次)内反射. 1649 年他来到斯德哥尔摩，担任克里斯蒂娜女王(Queen Christina)的导师. 第二年，瑞典的严冬把他给毁了，他死于肺炎.

为了弄清楚笛卡儿是怎样理解虚数与几何不可能性之间的联系的，请考察他是怎样演示用几何作图来解二次方程的(以下内容取自他的《几何学》). 他从方程 $z^2=az+b^2$ 着手，其中 a 和 b^2 均为非负，而且他把它们取为两条已知线段的长度. 具体地说，如图 2.3 所示，假设 LM 等于已知数 b^2 的平方根，并假设 $LN=\frac{1}{2}a$(这对已知数 a 进行一次简单的线段二等分作图即可得)，而且 LN 垂直于 LM. 然后，以 N 为圆心、以 $\frac{1}{2}a$ 为半径作圆，连接线段 NM. 最后，延长 MN，交圆的另一侧于 O 点. 于是立刻就显然有 34

$$OM=\frac{1}{2}a+\sqrt{\left(\frac{1}{2}a\right)^2+b^2}.$$

这正是关于方程 $z^2=az+b^2$ 的正根的求解代数式. 这样，笛卡儿就在几何上作出了这个二次方程的一个解. 对于 a 和 b^2 的任何给定的正值，这个作

① 即拿骚的莫里斯(Maurice of Nassau，1567—1625)，荷兰的奥伦治亲王(Prince of Orange)，领导了荷兰脱离西班牙统治的解放战争，一般认为是近代军队的创造者. ——译者注

图求解法总是有效的. 请注意笛卡儿没有理会另一个解 $z=\frac{1}{2}a-\sqrt{\left(\frac{1}{2}a\right)^{2}+b^{2}}$, 它对于任何正的 a 和 b^2 总是负数. 他这样做的原因正如我前面强调过的, 他那个时代的数学家不接受这种**伪造的**(false)根, 笛卡儿就是这么称呼的.

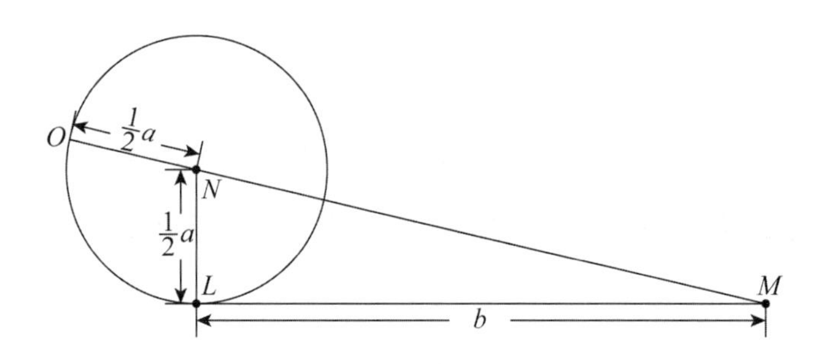

图 2.3　笛卡儿关于 $z^2=az+b^2$ 之正根的几何作图, 其中 a 和 b^2 均为正数

接下来笛卡儿考虑方程 $z^2=az-b^2$. 它的求解代数式是

$$z=\frac{1}{2}a\pm\sqrt{\frac{1}{4}a^{2}-b^{2}}.$$

于是, 现在即使把 a 和 b^2 限制为正数, 也有可能是复根了. 笛卡儿如下探索了这种可能性的几何含义. 同前面一样, 他也是从线段 $LN=\frac{1}{2}a$ 和 $LM=b$ 开始. 但是他不连接 N 和 M, 而是在 M 点向上作一条垂直线, 然后以 N 为圆心画了一个半径为$\frac{1}{2}a$ 的圆(见图 2.4). 这个圆与垂直线交于两点(如果能这样相交的话)Q 和 R. 于是笛卡儿观察到, MQ 和 MR 这两条线段就是这个二次方程的两个解(如果这两个解存在的话). 这个"观察"是一道代数和几何的好题目, 因此你应该自己动手试试, 证明 MQ 和 MR 确实等于如上给出的 z 的那两个值——但是在**试**之前不要去看提示[2]. 请注意笛卡儿现在对这**两个**由他的几何作图所给出的解都很高兴地予以认可，这是因为如果$z=\frac{1}{2}a\pm\sqrt{\frac{1}{4}a^2-b^2}$的两个值都是实数，那么它们同时也都是正数.

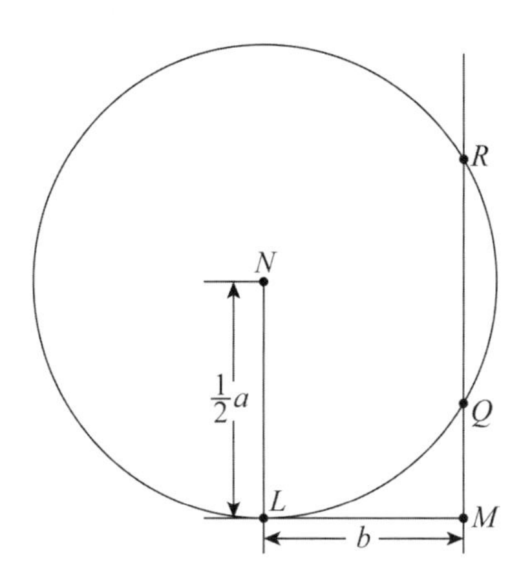

图 2.4　笛卡儿关于 $z^2=az-b^2$ 之两正根的几何作图，其中 a 和 b^2 均为正数

笛卡儿从这一切得出了什么结论呢？正如他在这个分析的最后所写，“如果这个围绕着 N 并经过 L 而描绘出来的圆与直线 MQR 既不相交也不接触，那么这个方程就没有根[实根，笛卡儿本该这样说]了. 因此**我们可以说这个问题的几何作图是不可能的**[字体变化所表示的强调是我加的].”既然笛卡儿不让这个圆正好与垂直线接触，即不让 R 和 Q 成为同一个点，那么他就排除了只有一个二重根的情况. 请注意，对于根本不相交(或不“接触”)的情况，相应的几何条件是 $b>\frac{1}{2}a$，这正是导致这个二次方程有复根的代数条件.

我没有理会笛卡儿对 $z^2+2az=b^2$ 这种情况的处理，是因为它没给这里的讨论增加什么内容. 这种二次方程，以及我在上面讨论的那两种方程，就是笛卡儿提出的所有讨论对象，因为它们至少总有一个正根. 他完全没有理会第四种可能性 $z^2+2az+b^2=0$，因为如果 a 和 b^2 都是正数，那么这种 36

方程绝不会有正根，而对于笛卡儿来说，只有正根才具有几何意义. 然而，对于现代的任何一位工程师或物理学家来说，把虚数的出现与物理上的不可能性联系起来，是一种常规性的观念，而且不难构造一个简单的物理学例子来予以说明.

设想有一个人，正以他的最大速度——v 英尺/秒奔跑，想赶上一辆遇红灯停在那儿的公共汽车. 当他离这辆汽车还有一段 d 英尺的距离的时候，交通信号灯换了绿灯，汽车开始起动，以一个恒定的加速度——a 英尺/秒^2 离这个奔跑着的人而去. 这个人将在什么时候赶上汽车？为回答这个问题，用 $x=0$ 表示交通信号灯的位置(这盏交通信号灯将作为我们坐标系的原点)，用 x_b 记汽车的位置，用 x_m 记这个人的位置. 于是，比方说在时刻$t=0$ 时，有 $x_b=0$ 和 $x_m=-d$，即 $t=0$ 是交通信号灯发生变换的那一时刻. 对于任意的 $t\geqslant 0$. 我们可以写出

$$x_b=\frac{1}{2}at^2,$$

$$x_m=-d+vt.$$

如果我们设想这个人在时刻 $t=T$ 赶上了汽车，那么根据**赶上**的含义，我们有 $x_b(T)=x_m(T)$，即

$$\frac{1}{2}aT^2=-d+vT.$$

这是一个关于 T 的二次方程，它的解是

$$T=\frac{v}{a}\pm\sqrt{\left(\frac{v}{a}\right)^2-2\frac{d}{a}}=\frac{v}{a}\pm \mathrm{i}\sqrt{2\frac{d}{a}-\left(\frac{v}{a}\right)^2}.$$

如果 $d>\frac{v^2}{2a}$，那么 T 就是一个复数时间，而把这解释到物理现象上就是指这个人不可能赶上汽车. 但这并不是指 T 在物理上没有重要意义. 为了弄明白这一点，令 $s=x_b-x_m$，即 s 是汽车与这个人的距离. 于是，

$$s=\frac{1}{2}at^2+d-vt.$$

在时刻 T **赶上**汽车意味着在这个时刻 $s=0$. 现在我们可以问一个与赶汽车相关的新问题. 我们假定这个人没有赶上汽车，但是现在我们问：这个人在什么时候与汽车**最近**？换句话说，什么时候 s 最小？令 $\frac{\mathrm{d}s}{\mathrm{d}t}=0$，得 37

$t=\frac{v}{a}$.

这就是说，在一个等于复数时间 T 之实部的时刻，这个人最接近于赶上汽车. T 的虚部也具有物理意义，尽管是另一种不同的意义. 赶上还是没赶上汽车的物理区别等价于 T 是实数还是复数. 这后一种区别由 T 的虚部所控制，即赶上汽车与没赶上汽车这两种情况之间的转移发生在条件 $\frac{2d}{a}=\left(\frac{v}{a}\right)^2$ 成立的时候. 已知 d，a 和 v 这三个数中的任意两个，我们就可以利用这个条件求出第三个数的临界值，用以判定这个人是否赶上汽车. 例如，已知 v 和 a，如果这个人将会赶上汽车，那么 d 必定不大于 $\frac{v^2}{2a}$.

最后，这里还有一个问题让你思考. 假定这个人真的赶上了汽车，这意味着 T 是实数，那么这件事是在哪一个 T 发生的？毕竟，这里用 $\pm$ 号对 T 给出了**两个**正值. 也就是说，两个实根的物理意义何在？只有对此想上一段时间，才能去看答案[3].

构造一个更为数学化的例子并不是太难. 如图 2.5 所示，设想有一个以原点为圆心的半径为 1 的圆，它由方程 $x^2+y^2=1$ 所描述. 考虑 y 轴上的点 38 $(0,b)$，其中 $b>1$，这意味着这个点位于圆外. 假定我们过这个点画一条与这个圆相切的直线，还与正 x 轴相交，如图所示. 这条切线的斜率是多少？如果我们称这个斜率为 m，那么这条切线的方程就是高中几何考试中的老对手——$y=mx+b$. 经观察，我们有 $m<0$. 由于切点既在切线上又在圆上，

因此在这个切点处有 $x^2+(mx+b)^2=1$. 这就是说, 如果 $\hat{x}$ 是这个切点的 x 坐标, 那么 $x=\hat{x}$ 就是这个二次方程的解. 我们可以把这个二次方程展开, 并利用求根公式写出它的解:

$$\hat{x}=\frac{-2mb\pm\sqrt{4m^2b^2-4(m^2+1)(b^2-1)}}{2(m^2+1)}.$$

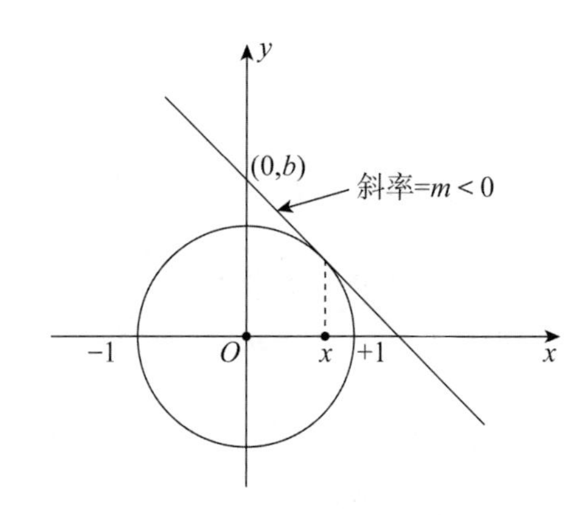

图 2.5　圆的一条切线

既然必定是只有一个根——根据定义, 切线只是与圆接触而不是与圆相交于多个点——那么平方根号下的表达式必定等于零. 解出 m, 并回想起它必定为负, 我们有

$$m=-\sqrt{b^2-1}$$

以及

$$\hat{x}=\sqrt{1-\left(\frac{1}{b}\right)^2}.$$

由于我们假设 $b>1$, 因此这些表达式都代表实数. 但如果 $0<b<1$, 即 y 轴上的那个点位于圆内, 情况又会怎样呢? 这时从图形上看很明显, 我们实际上再也不能画出一条直线与这个圆相切了, 而关于 m 和 $\hat{x}$ 的表达式现在给出了虚数值. 这里我们看到了虚数的出现与现实中几何作图上的不可行之间的直接联系[4].

最后, 既然具有虚数斜率的直线概念已经出现, 就让我来指出这种直线会有的一种奇特性质. 假设我们有两条直线，与 x 轴分别形成角α 和角β，如图 2.6 所示. 这两个角的正切当然就是相应直线的斜率. 这就是说，如果 $m=\tan\alpha$ 而 $n=\tan\beta$，那么这两条直线的方程就是 $y=nx+b_1$ 和 $y=mx+b_2$. 好，这两条直线的夹角是 $\phi=\beta-\alpha$，利用三角学的一个结果，有

$$\tan\phi=\frac{\tan\beta-\tan\alpha}{1+\tan\beta\tan\alpha}=\frac{n-m}{1+nm}.$$

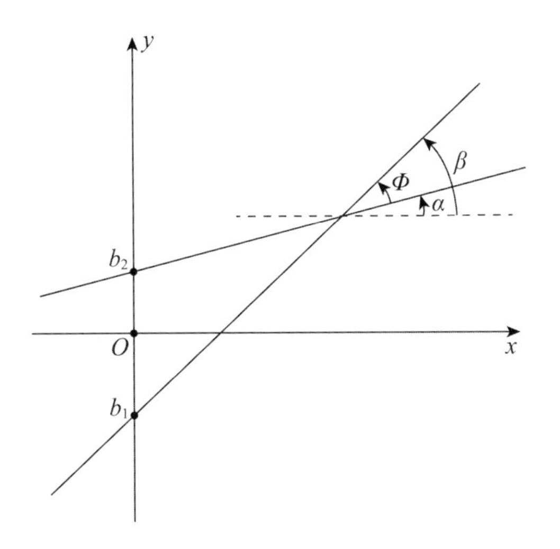

图 2.6　同一平面上两条相交的直线

例如，假定这两条直线平行，那么 $m=n$ 而 $\tan\phi=0$，从而 $\phi=0$，即平行线相互之间的相对倾斜度为零. 这一切非常显然，是不是？好，假定我们有两条直线，它们有着相同的**虚数斜率** i，那么

$$\tan\phi=\frac{\mathrm{i}-\mathrm{i}}{1+\mathrm{i}^2}=\frac{0}{0},$$

一个*不定式*. 注意，这个怪诞的结果只会对 i 这一个虚数斜率产生. 如果 $m=n=k\mathrm{i}$，其中 $k\neq1$，那么 $\tan\phi=0$，正如它"应该"的那样. 为什么偏偏对于等于 i 的斜率，情况就会如此特殊？我不知道——或许就当前来说，最好

的做法是，为欣赏而欣赏一下这个计算结果的不可思议性吧[①]！

2.2 沃利斯

尽管笛卡儿把虚数与几何作图的不可能性联系了起来，但至少有一位更年轻的数学家认为，可以构造某种东西来代表$\sqrt{-1}$. 他就是我们在上一章中提到的沃利斯. 沃利斯是一名神童，他 14 岁的时候(即 1630 年，离《几何学》出版还有 7 年)就能读和说拉丁文，还能读希腊文、希伯来文和法文. 具有讽刺意味的是，他 15 岁才开始把算术当作一种“好玩的业余消遣”来学习. 不过，此后沃利斯进步神速，到 1647 年或者 1648 年，他已经达到了很高的水平，居然能独立地重新发现卡尔丹公式. 然而，他所受的基本训练是为了当一名神职人员. 他担任了查理二世[②]的宫廷礼拜堂牧师，而且在 1692 年，女王玛丽二世[③]还有意要他当一名圣公会会吏[④]，只是被他婉拒.

---

① 实欧几里得空间中的度量(如长度和角度)是通过内积来定义的. 以二维的情况为例，两个实向量 $a=(a_1,a_2)$和 $b=(b_1,b_2)$间的夹角定义为 $\arccos\dfrac{\langle a,b\rangle}{|a||b|}$. 其中$\langle a,b\rangle=a_1b_1+a_2b_2$，即 a，b 的内积；$|a|=\sqrt{\langle a,a\rangle}$，$|b|=\sqrt{\langle b,b\rangle}$，分别为 a，b 的长度. 将实欧几里得空间推广到复数域时，复向量的内积有两种定义方法：一是仍定义为$\langle a,b\rangle=a_1b_1+a_2b_2$. 这种空间称为对称双线性度量空间；另一是定义为$\langle a,b\rangle=a_1\overline{b_1}+a_2\overline{b_2}$，其中$\overline{b_1}$和$\overline{b_2}$分别是$b_1$和$b_2$的共轭复数，这种空间称为酉空间. 在对称双线性度量空间和酉空间中，由于内积不一定是实数，一般不定义角度的概念(虽然仍有正交的概念). 在对称双线性度量空间中，还会发生非零复向量与其自身的内积为零的情况(即其“长度”为零). 这里出现的所谓“怪诞”结果，原因不但在于沿用了实欧几里得空间中的角度概念，更在于这个“角度”是用对称双线性度量空间的内积定义的. ——译者注

② 查理二世(Charles Ⅱ，1630—1685)，英国和爱尔兰国王，查理一世之子. 1649 年查理一世被议会处决后，他在苏格兰宣布继位. 后兵败流亡法国，于 1660 年返回伦敦，实现了斯图亚特王朝的复辟. 1685 年死于伦敦. ——译者注

③ 玛丽二世(Mary Ⅱ，1662—1694)，英格兰女王，1689 年与丈夫威廉三世(William Ⅲ，1650—1702)共同加冕为英格兰国王，1694 年死于天花. ——译者注

④ 英国国教的第三等级圣职. ——译者注

因此，1649 年沃利斯被任命为牛津大学的几何学萨维尔教授[①]这件事，多少有点儿让人惊奇. 几乎可以肯定，这一任命是他为议会所作贡献的回报. 在议会与国王查理一世[②]及其王党追随者们进行斗争期间，沃利斯为议会破译了许多被截获的密码信件. 但沃利斯不是谄媚小人，因为他虽然被议会所赏识，却并不受宠若惊——他在要求议会不要处决被废黜的国王查理一世的请愿书上签了名，而且是在克伦威尔[③]任命他去牛津大学之前签的名.

沃利斯是牛津的一个志同道合者团体的创始人之一，这个团体后来发展成了伦敦皇家学会，而且会长一职就是由他担任. 他 1665 年出版的《无穷算术》(*Arithmetica Infinitorum*)含有积分学的萌芽；例如，书中讨论了形式为 $y=x^m$ 的曲线下方的面积，并推出了著名的关于 π 的沃利斯乘积公式：

$$\frac{\pi}{2}=\frac{2}{1}\times\frac{2}{3}\times\frac{4}{3}\times\frac{4}{5}\times\frac{6}{5}\times\frac{6}{7}\times\frac{8}{7}\times\frac{8}{9}\cdots.$$

当这些因子一个接一个地乘上去的时候，相应的计算值交替地从上方和下方逼近 π[④]. 在第 6 章中，我将让你看这个公式是怎样推导出来的. 我们知道，沃利斯的书给青年时代的牛顿造成了巨大的影响.

许多年后，沃利斯与牛顿之间的关联有了新的内容. 当时牛顿和莱布尼茨在发明微积分的优先权上发生了争执，两人各执一词，互不相让. 沃利斯

---

① 由英国著名数学家、天文学家萨维尔(Henry Savile，1549—1622)于 1619 年针对当时英国不重视几何教育的情况而建议设立的教授席位，旨在加强古希腊传统几何学以及数学实际应用等方面的教育. 几百年来，获得这一席位的大都是首屈一指的几何学家. ——译者注

② 查理一世(Charles Ⅰ，1600—1649)，英国斯图亚特王朝国王，1625 年即位. 1642 年宣布讨伐议会，挑起内战，1648 年彻底战败，1649 年被议会判处死刑. ——译者注

③ 克伦威尔(Oliver Cromwell，1599—1658)，17 世纪英国资产阶级革命时期独立派领袖. 在 1642 年至 1648 年的内战中，统率议会方面的军队两次大胜王党军. 1649 年处死查理一世，成立共和国. 1653 年建立军事独裁，自任“护国公”. ——译者注

④ 确切地说，是逼近$\frac{\pi}{2}$. ——译者注

以皇家学会会长的身份介入，予以调停. 他死后埋葬在牛津大学教堂，附近的一道墙上刻着下述文字:“这里安睡着约翰 · 沃利斯，神学博士，几何学萨维尔教授，牛津大学档案保管人. 他留下了不朽的著作……”因此，毫不奇怪，当这样一位才华横溢的人物把自己的注意力转向$\sqrt{-1}$时，一定会产生一些有趣的结果.

有证据表明，沃利斯在他那本《论代数》(*Treatise on Algebra*，其中正式提出了他对虚数的分析)于 1685 年出版之前的年月中，苦苦思索着虚数在几何中的意义. 例如，沃利斯在与英格兰数学家柯林斯(John Collins，1625—1683)的一次通信中就探讨了这个论题. 他考虑的问题，以柯林斯(在一封日期标为 1675 年 10 月 19 日的信中)对苏格兰数学家格雷戈里(James Gregory，1638—1675)讲述的那个最为典型. 柯林斯在一封时间较早的信中写道，为了说明一名“新手”会怎样被误导[5]，沃利斯分析了一个底边长为 4、腰长为 1 和 2 的三角形. 沃利斯证明，如果只是形式地进行代数推导，那么可以算出，长为 1 和 2 的腰投射到底边上形成的两条线段长度是实数，尽管这个三角形是不可能存在的(画一下试试看!). 看来沃利斯那时没有对这个“悖论”追索下去，因为柯林斯在给格雷戈里的信中接着写道，“但是如果他继续前进，就可以发现那条垂线的长度原来是[虚数]，这已经证实了这种不可能性.”这似乎表明，沃利斯在 1675 年之前对代数上的虚数与几何之间的确切联系或许还没有把握. 然而，到 1685 年，沃利斯取得了进展.

作为对负数之平方根进行分析的前奏，沃利斯在他的《论代数》中首先就评述道：即使负数本身，也是令数学家们长期以来疑虑重重，因为它们事实上并没有一个完全清晰的物理解释. 在把读者的注意力导向一条上面有某个点被标为*零点*或称原点的直线之后，沃利斯写道，一个正数，就是指从零点出发向*右*测量出来的距离，而一个负数，就是指从零点出发向*左*测量出来的距离，用沃利斯自己的话来说，“虽然仅从‘代数符号’的角度来说，它[一个负数]意味着一个比一无所有还要小的量，然而，当它涉及某种‘物理应用'时，却代表着一个'实实在在的量'，就和'符号'是+时一样，只不过是从一种对立的意义上去解释."对于一位现代的读者来说，这一切当然是十分显然的，但是任何结论，甚至是显然的结论，也是由一些做开创性工作的天才人物通过艰苦的思索才得来的.

如此确定了这种对负数的适当的物理解释之后，沃利斯便进而把目标对准他所追逐的真正的(或许我应该说想象的①)猎物. 他让他的读者回忆起所谓的**比例中项**，即设 b 和 c 是两个已知的正数，如果 x 满足条件"b 比 x 等于 x 比 c"，那么 x 就是 b 和 c 的比例中项. 用代数式表示就是

$$\frac{b}{x}=\frac{x}{c},$$

即 $x=\sqrt{bc}$. 有时候 b、x、c 被称为成**调和比例**，因为三根长度分别为 b、x 和 c，而且绷得同样紧的弦振动起来将以间隔相等的频率发出悦耳的音调. 今天，对于 x，你们更可能遇到的术语是**几何平均**；当然，**算术平均**是指 $\frac{b+c}{2}$. 以笛卡儿的《几何学》(沃利斯研读了这本书并大加赞赏)为精神楷模，沃利斯显示了怎样在几何上作出两条已知线段的比例中项. 下面就是他的作法.

如图2.7所示，沃利斯把他的零点置于 A，并作出线段 AC. 然后他求出 AC 的中点，并以 AC 为直径作圆. 接下来，沃利斯在这条直径上的 A 与 C 之间任取一点 B，并在 B 点向上作一条垂直线交圆于 P. 显然 ABP 和 PBC 这两个三角形都是直角三角形，于是我们可以写下

$$BP^2+AB^2=AP^2,$$

$$BP^2+BC^2=PC^2.$$

同样正确的是(或许不那么显然)，APC 也是一个直角三角形[6]. 因此

① 原文是 imaginary，又意"虚数的"，从而与前面的 real(这里译为"真正的"，又意"实数的")对应. ——译者注

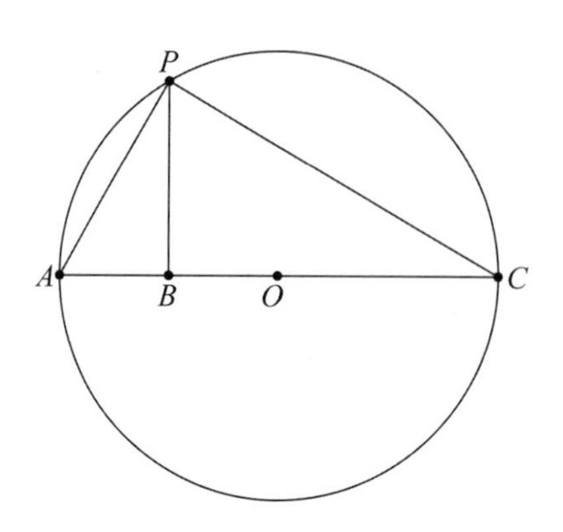

图 2.7　沃利斯关于比例中项的作图($BP=\sqrt{AB\cdot BC}$)

$$AP^2+PC^2=AC^2.$$

将前两个关于 AP^2 和 PC^2 的表达式代入第三个表达式，并把 AC 写成 $AB+BC$，于是

43

$$BP^2+AB^2+BP^2+BC^2=(AB+BC)^2.$$

将这最后一个表达式的右边展开，并项，把它化为 $BP^2=AB\cdot BC$，即

$$BP=\sqrt{AB\cdot BC},$$

这就是说，BP 是 AB 和 BC 的比例中项.

接下来，沃利斯对这个作出两条正长度线段——它们的长度为正，是因为 AB 从 A 向右伸展到 B，BC 从 B 向右伸展到 C——的比例中项的几何作图法进行修改，以将其中有一条线段代表一负值的情况包括进来. 为了做到这一点，他重新开始画图 2.7，画到取 B 点并在 B 点向上作一条垂直线交圆于 P 这一步，如图 2.8 所示. 但接着沃利斯以 P 为切点作这个圆的一条切线——这就是说，他过 P 点作了一条垂直于半径 PR(点 R 是直径 AC 的中点)的直线——并延长这条切线，直到它与直径 CA 的延长线交于 A 点左侧的一点 B'.

现在由作图可知，三角形 PRB' 是一个直角三角形，于是根据毕达哥拉斯定理，我们有

$$B'P^2+RP^2=B'R^2.$$

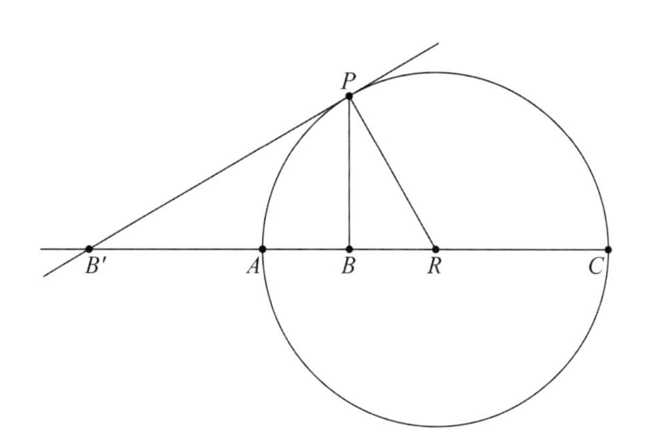

图 2.8　沃利斯关于 $B'P=\sqrt{AB'\cdot B'C}$ 的作图

既然 RP 是半径，那么 $RP=\frac{1}{2}AC$. 又注意到 $B'C=B'A+AC$，于是我们可以写 $AC=B'C-B'A$，从而

$$RP=\frac{1}{2}(B'C-B'A)=\frac{1}{2}AC.$$

同样，$B'R=B'A+AR$，而且，既然 AR 是半径，那么 $B'R=B'A+\frac{1}{2}AC$，即 $B'R=B'A+\frac{1}{2}(B'C-B'A)$，即 $B'R=\frac{1}{2}(B'A+B'C)$.

好，将这两个关于 RP 和 $B'R$ 的表达式代入为三角形 PRB' 写下的"毕达哥拉斯"方程，得

$$B'P^2+\frac{1}{4}(B'C-B'A)^2=\frac{1}{4}(B'A+B'C)^2.$$

展开，并项，即得 $B'P^2=B'A\cdot B'C$. 如果我们假定一条线段的伸展方向是无关紧要的，那么我们就可以把这个最后结果同样地写成 $B'P^2=AB'\cdot B'C$，这给出

$$B'P=\sqrt{AB'\cdot B'C}.$$

除了撇号，这个结果与用图 2.7 得出的结果一模一样. 但如果我们采用沃利斯的思想，即伸展方向**真的**很要紧，那么我们有 $B'C>0$ 和 $AB'<0$，从而

$B'P$是一个负数的平方根.

好，对这一切人们能说些什么呢？不错，这种做法很聪明，但它显然有着一种在鸡毛蒜皮上做文章的味道，这味道至少与它所具有的几何味道一样浓. 从某种角度看，用这样的论证对$\sqrt{-1}$真的说出许多(如果有什么可说的话)深刻的东西来似乎是不可能的. 正如一位 20 世纪的作家在写到沃利斯又一次试图从几何上解释$\sqrt{-1}$时所说的，它“很巧妙，但几乎不能让人信服”[7]. 值得赞赏的是，事实上沃利斯本人也没有对此觉得十分高兴. 对他来说，这只不过是一次热身而已. 是又一次完全不同的作图，才让他真正开始沿着解开$\sqrt{-1}$的几何秘密的正确方向前进.

沃利斯重新开始，他着手处理几何学中的一个经典问题，那就是已知两条边和一个不为这两条边所夹的角，作出一个三角形. 这通常被称为两可问题，因为如图 2.9 所示，一般有着两种可能. 图中那两条已知边是 AP 和 $PB(=PB')$，而$\angle PAD=\alpha$ 是那个已知角. 显然这个三角形的高(PC)已被确定，而且只要 $PB=PB'>PC$，就会有两个解，即三角形 APB 和 APB'. 但当 $PB=PB'<PC$ 时，如果我们坚持要把作为解的三角形置于底边 AD 上(即 B 和B'在 AD 上)的话，那就没有解.

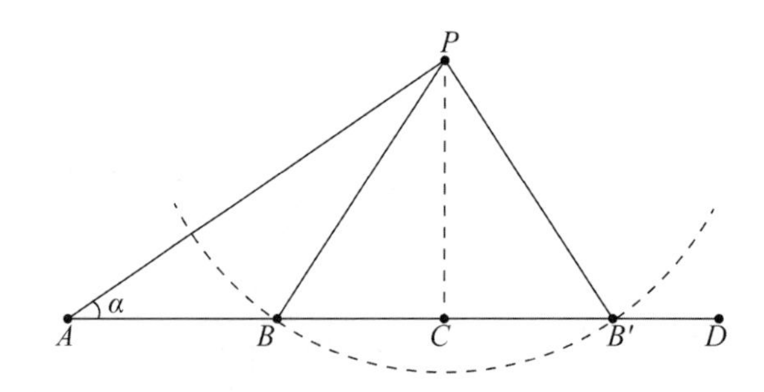

图 2.9　两个具有两条指定边和一个不为这些已知边所夹的角的三角形

从代数上看，这里所进行的事情可以用下列两个方程表示(注意$BC=CB'$)：

$$AB=AC-BC=\sqrt{AP^2-PC^2}-\sqrt{PB^2-PC^2},$$

$$AB'=AC+CB'=\sqrt{AP^2-PC^2}+\sqrt{PB^2-PC^2}.$$

这两个方程是说，如果 $PC>PB$，则我们就得到了负数的平方根. 笛卡儿会把这种情况解释为：所求三角形的几何作图是不可能的. 但或许其实并非如此.

沃利斯那伟大的洞察力在于他理解到：即使在 $PC>PB$ 的情况下，已知数据仍然确定了两个点 B 和 B' 的位置，**如果我们允许它们可以位于除底边 AD 之处的什么地方的话**. 下面就是他的做法. 请看图 2.10，他以 PC 为直径作了一个圆. 然后，沃利斯又以 P 为圆心，画过一条半径为 PB 的圆弧，交前面那个圆于 B 和 B'. 于是他坚决认为，三角形 PAB(已在图中显示)和 PAB'(没有在图中勾画出来)就是作为解的三角形，换句话说，它们是由已知边 AP 和 $PB(=PB')$以及已知角$\angle PAD=\alpha$ 所确定的. 当然，现在有一个重大的差别，即$\angle PAD$ 这个角不出现在作为解的三角形之中；但是仔细考察一下这道作图题的原始表述，这并不是其中的一个要求——它只是要求作为解的三角形由两条已知边和一个已知角所确定. 现在这个重大的差别在于点 B 和 B'不是位于底边 AD 上，而是在它的上方. 沃利斯已经偶然发现了这样一个思想：在某种意义上，虚数的几何表现是平面上的**竖直**运动. 然而，沃利斯本人并没有作出这样的表述，这其实是靠着在三个世纪后认识问题比较清楚的有利条件才作出的一种回顾性评论.

46

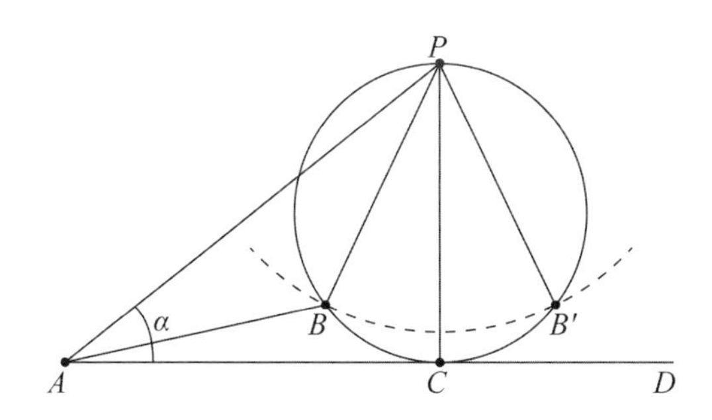

图 2.10 沃利斯的作图暗示虚数的意义在于竖直方向

还要再过一个世纪，人们才提出以水平方向和竖直方向分别为实数方向和虚数方向，从而把复数表示为平面上的点——一种今天看来“很显然”

的做法，但是沃利斯已经走得非常近了．以至于我们看到，20 世纪初的哲学家马赫①——众所周知他的观点对爱因斯坦(Albert Einstein)影响很大——在他 1906 年出版的《空间与几何》(*Space and Geometry*)一书中，把$\sqrt{-1}$写作“一种在+1 和−1 之间保持均衡的平均方向”．即使如此，错失，哪怕失之毫厘，总归是错失，沃利斯关于复数几何的工作在今天只是被历史学家所记住．

① 马赫(Ernst Mach，1838—1916)，奥地利物理学家、哲学家．在哲学上，他是经验批判主义的创始人之一．对物理学的贡献主要在力学、声学和光学方面．他提出的马赫原理——非匀速运动物体所受的惯性力仅取决于宇宙物质的数量与分布，是爱因斯坦广义相对论的基础．——译者注

第3章 迷雾渐开

3.1 韦塞尔慧眼识途

就在沃利斯勇猛无畏但不无缺憾地试图在几何上征服复数之后一百多年，这个问题突然被挪威人[1]韦塞尔(Caspar Wessel, 1745—1818)毫无悬念地解决了. 考虑到韦塞尔并不是一位职业数学家，而是一名测绘员的时候，这件事就显得既不同凡响，又令人啼笑皆非，然而合乎情理. 事实上，韦塞尔之所以能在一个令许多旷世英才百思不解的问题上取得突破，在于他每天绘制地图时所面对的实际问题，即在于他经常遇到的以平面和球面多边形的形式表现的测绘数据. 在数学方面，他没有家庭传统的指引，因为他的父亲和父亲的父亲都是神职人员. 是沃利斯①的工作激励着他在前人失败的地方取得了成功.

尽管韦塞尔加上他兄弟姐妹一共有十三个，从而家庭经济一定是十分拮据，但他还是受到了良好的高中教育，而且接着又在哥本哈根大学呆了一年. 此后他便结束求学生涯，开始了地图绘制员工作，尽管他当时还很年

① 原文是Wessel(韦塞尔)，显然有误.——译者注

轻(1764 年). 他在丹麦皇家科学院下属的丹麦测量委员会里当了一名助手, 测绘将是他的终身职业——虽然出于某种原因, 他于 1778 年还通过了哥本哈根大学的罗马法考试——而到 1798 年, 他已经晋升到一个监督管理性质的职务了. 他于 1805 年"退休", 但还是继续工作了若干年. 后来他患了风湿病, 这对任何人来说都是一种危害性较大的疾病, 对测绘员来说尤其如此, 这迫使他真正地停止了工作. 他作为一名测绘工作者受到了人们的高度评价. 由于他为法国政府所做的地图测绘工作, 丹麦皇家科学院授予他一枚银质奖章.

固然, 作为一名测绘工作者受到了人们的尊重, 但他将一篇题为《论方向的解析表示: 一个尝试》(*On the Analytic Representation*: *An Attempt*)的论文(于 1797 年 3 月 10 日, 正好是他就要过 52 岁生日的时候①)呈交给丹麦皇家科学院仍然有些出人意料. 我们知道韦塞尔写这篇论文时得到了皇家科学院科学部主任的帮助, 后者的支持当然是有益无害的, 不过其中的学术内容完全是属于韦塞尔的. 人们对这篇论文的质量和成就给予了极高的评价, 它被接收发表在这个科学院的 1799 年院刊(*Memoires*)上, 也是该院刊上的第一篇由一名非科学院院士撰写的论文.

由于韦塞尔这篇光辉的论文是用丹麦文写的, 而且发表在一份在丹麦以外很少有人看的刊物上, 因此它注定不会有影响. 直到 1895 年, 人们才重新发现了它, 韦塞尔终于被认定为当之无愧的先驱者[2]. 在韦塞尔的论文发表后的几年里, 虽然还有一些人走了他所走过的同样道路, 而且人们看到的也正是这些人的文章, 但韦塞尔无疑是第一个走过这条道路的人. 让我们来考察一下他所做的事.

与沃利斯那转弯抹角的几何作图不同, 如图 3.1 所示, 韦塞尔对复数的解释简单明了. 对于他, 以及对于我们这些现代人来说, 一个复数, 要么是

---

① 原文是 just before his fifty-second birthday. 据查, 韦塞尔生于 1745 年 6 月 8 日, 卒于 1818 年 3 月 25 日. 作者在这里很可能把他的生卒日期弄反了. ——译者注

所谓**复平面**上的点 $a+\mathrm{i}b$(a 和 b 是两个实数)，要么是从原点到这个点的有向的径向量. 复数写成这种样子，称为取**矩形**形式或**笛卡儿**形式. 另一种极其有用的形式是**极式**①，它是用这个径向量的长度和极角写成的，其中极角是指从 x 轴按逆时针方向转到这个径向量的角. 这就是说，设 $\theta=\arctan\frac{b}{a}$，则 $a+\mathrm{i}b=\sqrt{a^2+b^2}\,(\cos\theta+\mathrm{i}\sin\theta)$. $\sqrt{a^2+b^2}$ 的值，即这个径向量的长度，称为复数 $a+\mathrm{i}b$ 的**模**. 极角 $\arctan\frac{b}{a}$ 的值，称为 $a+\mathrm{i}b$ 的**辐角**，并记为 $\arg(a+\mathrm{i}b)$②. 我们可以把这些写成下面这种更紧凑的形式：

$$a+\mathrm{i}b=\sqrt{a^2+b^2}\,\angle\arctan\frac{b}{a}.$$

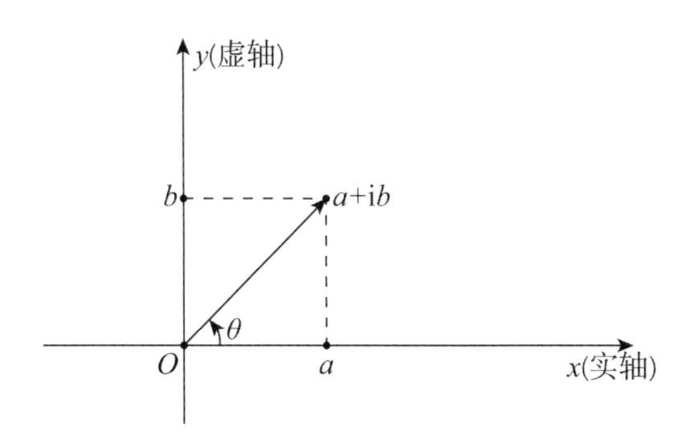

图 3.1　韦塞尔的复数几何表示

49

复数的这种∠符号表示法，在电气工程师中使用得最为普遍，但数学家也常常发现它十分有用. 我将在接下来的篇幅中好好地利用这种符号. 然而，关于表示复数的极式，有一个极其重要的告诫，应该牢记在心. 初学极

---

① 原文 polar farm，一般称为极坐标式，但此处的表达与一般数学文献中的极坐标式不同，故译为“极式”. ——译者注

② 根据上下文，$\arctan\frac{b}{a}$ 应表示 $\frac{b}{a}$ 的反正切函数的主值. 而 $\arg(a+\mathrm{i}b)$ 应表示 $a+\mathrm{i}b$ 的辐角主值，两者不是一回事，前者不能直接代替后者. 下文其实说明了这一点. 但本书后面仍有用 $\arctan\frac{b}{a}$ 直接代替 $\arg(a+\mathrm{i}b)$ 的现象，请读者阅读时注意. ——译者注

式的学生普遍会犯的一个错误是，不能充分注意到正切函数是一个周期为 180°而不是 360°的周期函数. 这就是说，当极角 θ 从 $-90°$ 变化到 $90°$ 时，正切函数值走遍其取值范围(从 $-\infty$ 到 ∞). 或者，如果我们用弧度为单位来表示角$\left(1\text{ 弧度}=\frac{180°}{\pi}\approx 57.296°\right)$，那么当极角从 $-\frac{\pi}{2}$ 弧度变化到 $\frac{\pi}{2}$ 弧度时，正切函数值走遍其取值范围. 这意味着盲目地将 a 和 b 的值塞入 $\theta=\arctan\frac{b}{a}$ 可能导致错误. 因此准确地说，我们定义：当 $a>0$ 时，即当这个复数在第一象限或者第四象限时，

$$\theta=\arctan\frac{b}{a};$$

而当 $a<0$ 时，即当这个复数在第二象限或者第三象限时，

$$\theta=180°+\arctan\frac{b}{a}①.$$

这里提醒一下，平面象限是从第一象限(其中 a 和 b 都是正数)开始按逆时针方向编号的. 当你在一个袖珍计算器上用反正切钮计算角度时，或更可能的是当你先揿 SHIFT 或 INV 钮再揿 TAN 钮计算角度时，计算器总是假定 $a>0\left(\text{如果}\frac{b}{a}<0\text{，那么计算器认为这是由于 }b<0\right)$，因此它总是返回一个介于 $-90°$ 和 $90°$ 的值. 这称为反正切函数的**主值**. 如果事实上是 $a<0$，那么你必须按上面所给的定义作适当的调整.

韦塞尔是怎么会想到这种现在成为标准的复数表示方法的？韦塞尔在他论文的开头部分描述了今天所称的向量加法. 这就是说，如果我们有两条有向线段，沿 x 轴放置(但或许方向相反)，那么我们把它们加起来的方法就是将其中一条的起点置于另一条的终点，和就是从第一条线段的起点延

---

① 这就是说，辐角主值的取值范围被规定为从 $-\frac{\pi}{2}$ 到 $\frac{3\pi}{2}$. 这种规定不太常见. ——译者注

伸到第二条线段的终点而最终得到的有向线段. 韦塞尔说, 两条非平行线段的加法应该服从同样的规则, 这一过程如图 3.2 所示. 至此并没有什么新的东西, 因为韦塞尔在怎样把有向线段加起来的问题上表达了完全相同的思想. 韦塞尔的原创性贡献在于意识到应该怎样把这种线段乘起来.

50

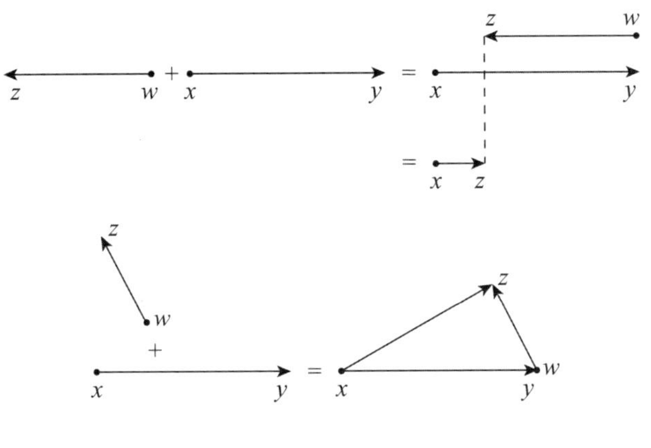

图 3.2　向量的加法

韦塞尔从实数的行为中归纳出一条巧妙的一般规律, 从而发现了怎样把有向线段乘起来. 他注意到两个数的积(比方说 3 和−2, 积是−6)对一个乘数的比等于另一个乘数对 1 的比. 即, $\frac{-6}{3}=-2=\frac{-2}{1}$, 以及$\frac{-6}{-2}=3=\frac{3}{1}$. 于是, 在假设了存在一条单位有向线段之后, 韦塞尔论述道, 两条有向线段的积应该具有两个性质. 第一个性质是对实数的直接类比: 积的长度应该是各条线段的长度之积.

但是这个积的方向又该如何呢? 这第二个性质是韦塞尔的开创性贡献: 通过类比先前所考察的一切, 他说两条线段的积在方向上与一条线段所相差的角度应该等于另一条线段在方向上与单位有向线段所相差的角度. 例如, 假设单位有向线段是从左指向右, 方向角是 0°, 即它沿着正 x 轴放置, 那么, 当我们把方向角分别为 θ 和 α 的两条线段乘起来时, 积的方向角必定是 $\theta+\alpha$, 因为 $\theta+\alpha$ 与 θ 相差 α(而 α 就是方向角为 α 的那条线段与单位有向线段所相差的角度), 而且 $\theta+\alpha$ 与 α 相差 θ(而 θ 就是方向角为 θ 的那条线段与单位有向线段所相差的角度).

在今天看来,或许这些内容初等得令人乏味,甚至可以说是不言而喻的,把它们用这么多话写出来,似乎是一种近乎幼稚的行为.但是请别搞错.如果你认为它们是"不言而喻的",那么你就是在把一些长期以来(或许是自高中以来)就知道的事与每个人天生就知道的事混淆起来了.婴儿天生就知道怎样哭,但他们并非天生就知道怎样把有向线段乘起来.这是一些必须被发现出来或者必须被发明出来的东西(至于是被发现还是被发明,那要看你对数学发展的看法),而韦塞尔就是第一个意识到应该怎样把有向线段乘起来的人.

利用韦塞尔所得到的这么一点点辉煌的深刻见解,我们就能进行一些不同寻常的计算.我只给你看三个例子.第一个,$(0.3+2.6i)^{17}$是多少?初看上去,它的样子真是可怕,但请注意

$$0.3+2.6i=\sqrt{0.3^2+2.6^2}\angle\arctan\frac{2.6}{0.3}$$
$$=2.617\,250\,5\angle 83.418\,055^\circ.$$

既然$(0.3+2.6i)^{17}$就是指把 $0.3+2.6i$ 自乘 17 次①,那么韦塞尔的规则告诉我们,应该把大小或者说模增加到它的 17 次幂,而把极角或者说辐角乘以 17.即

$$(0.3+2.6i)^{17}=(2.617\,250\,5)^{17}\angle(83.418\,055^\circ\times 17)$$
$$=12\,687\,322\angle 1\,418.106\,1^\circ.$$

这是一个位于第四象限的复数,你只要从这极角中不断地减去 360°——每一个这样的 360°表示围绕原点整整转一周——直到你得到一个小于 360°的角.于是

$$(0.3+2.6i)^{17}=12\,687\,322\angle 338.106\,1^\circ$$
$$=12\,687\,322\angle -21.893\,915^\circ$$

① 严格地说,应该是 16 次.下同.——译者注

$$
\begin{aligned}
&= 12\,687\,322[\cos(-21.893\,915^\circ) \\
&\quad + i\sin(-21.893\,915^\circ)] \\
&= 11\,772\,300 - 4\,730\,800i.
\end{aligned}
$$

在韦塞尔之前，这一计算需要把 $0.3+2.6i$ 自乘 17 次，其繁琐程度会使大多数人精神崩溃.

下面是另一个更为令人惊叹的计算例子，它也是基于韦塞尔把辐角加起来的思想. 考虑乘积 $(2+i)(3+i)=5+5i$. 用弧度作为角的单位，这个积的辐角就是 $\arctan 1=\frac{\pi}{4}$. 类似地，左边那两个乘数的辐角是 $\arctan\frac{1}{2}$ 和 $\arctan\frac{1}{3}$. 于是，我们立刻有

$$\arctan\frac{1}{2}+\arctan\frac{1}{3}=\frac{\pi}{4}.$$

这个结果你用一个计算器(设定为弧度模式而不是通常的角度模式)就能很容易地验证. 我料定你再也找不出一个能更直接地推导出这个式子的方法了. 用同样的方法，把 $(5+i)^4(-239+i)$ 乘出来，看你能不能证明

52

$$4\arctan\frac{1}{5}-\arctan\frac{1}{239}=\frac{\pi}{4}.$$

这是一个在 π 的历史上十分著名的式子，你将在第 6 章中再次看到它. 在你做完这个乘法之后，你应该发现这个积是一个位于第三象限的复数，它的辐角是 $\frac{5\pi}{4}$ 弧度而不是 $\frac{\pi}{4}$ 弧度. 这一上来可能会使你困惑，如果是这样的话，那么当你注意到乘数 $(-239+i)$ 是在第二象限因而它的辐角是 $\left(\pi-\arctan\frac{1}{239}\right)$ 之后，困惑就会消除. 经过并项，你会看到这恒等式左边的那两项反正切之差等于 $\frac{\pi}{4}$ 弧度. 你能想出一个更容易、更直接的方法来推导出这个恒等式吗？我不能！

最后，如果你把$(p+q+\mathrm{i})(p^2+pq+1+\mathrm{i}q)$(其中$p$和$q$是两个任意的实数)乘出来，那么你应该能十分容易地推导出下面这个著名的恒等式：

$$\arctan\frac{1}{p+q}+\arctan\frac{q}{p^2+pq+1}=\arctan\frac{1}{p}.$$

没有复数，没有韦塞尔把辐角加起来的思想，推导出这个恒等式将是一个十分困难的问题.

于是，自韦塞尔以后，把两条有向线段乘起来就是指这样的两步操作：一是把两个长度乘起来，而且长度总是取正值；二是把两个方向角加起来.这两步操作便决定了积的长度和方向角.正是这样一个关于积的定义，为我们阐明了$\sqrt{-1}$的几何意义.这就是说，假定*存在着*一条代表$\sqrt{-1}$的有向线段，它的长度是l，而它的方向角是θ，那么在数学形式上，我们有$\sqrt{-1}=l\angle\theta$.将这个式子自乘一下，即两边平方，我们就有$-1=l^2\angle 2\theta$；而由于$-1=1\angle 180°$，因此$l^2\angle 2\theta=1\angle 180°$.于是，$l^2=1$而$2\theta=180°$，从而$l=1$而$\theta=90°$.这说明$\sqrt{-1}$就是长度为1并沿着竖直轴指向上方的有向线段.终于，我们有

$$\boxed{\mathrm{i}=\sqrt{-1}=1\angle 90°.}$$

这个数学表达式太重要了，因此在这整本书中只有它被我用方框围起了来.

历史学家一般都把韦塞尔誉为第一个将一根垂直于实数轴的轴与虚数轴联系起来的人.然而有迹象表明，在韦塞尔之前，产生这个思想的时机就已经成熟.例如，在伟大的法国数学物理学家柯西(Augustin-Louis Cauchy)于1847年出版的一本书中，有一处轻轻带过的闲笔，说到早在1786年，有一个叫特吕埃尔(Henri Dominique Truel)的人(“一位谦逊的学者”，柯西如此写道)，已经用一根垂直于水平实数轴的轴来表示虚数值了.然而对于特吕埃尔，我们一无所知，看来他从不发表他的成果，就不管他那些成果可能是什么了.高斯(Gauss)在他的著作中暗示，早在1796年，他得到了同样的思想，但他也没有在那时发表.是韦塞尔首先在一个公开的论坛上推出了自

己的思想.

韦塞尔的思想简洁而美丽. 从几何上看, 乘以$\sqrt{-1}$, 只不过是沿逆时针方向旋转90°. 例如在图3.3中, 那个代表复数$a+ib$的向量画在复平面的第一象限中($a>0$, $b>0$). 乘以i, 就给了这个向量一个沿逆时针方向的90°旋转, 把它转到第二象限, 成为$i(a+ib)=-b+ia$. 由于这个性质, $\sqrt{-1}$除了是一个虚数外, 时常还被称为*旋转算子*.

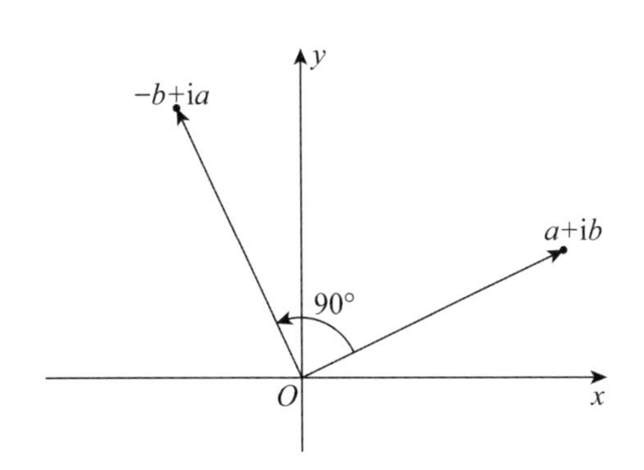

图3.3　在复平面上作为*旋转算子*的$\sqrt{-1}$

正如一位数学史家所评述的[3], 这种解释的精巧和绝对令人惊叹的简洁表明, “对任何人来说, 都没有必要让自己陷入对……‘虚数’(这种命名完全错误)的莫名惊诧之中”. 然而, 这并不是说这个几何解释不是人类理智上的一次巨大跃进. 更确切地说, 它仅仅是一个开始, 随后便是像海啸那样汹涌而来的一大批美妙精巧的计算.

54

例如, 图3.4显示了单位圆周和两个任意的径向量, 一个径向量的方向角为θ, 另一个为α. 既然每个向量都是单位长度, 那么它们的积也将是单位长度, 而方向角是$\theta+\alpha$(如图所示). 把这三个径向量用数学式子写出来, 我们有

$$1\angle\theta=\cos\theta+i\sin\theta,$$

$$1\angle\alpha=\cos\alpha+i\sin\alpha,$$

$$1\angle(\theta+\alpha)=\cos(\theta+\alpha)+i\sin(\theta+\alpha).$$

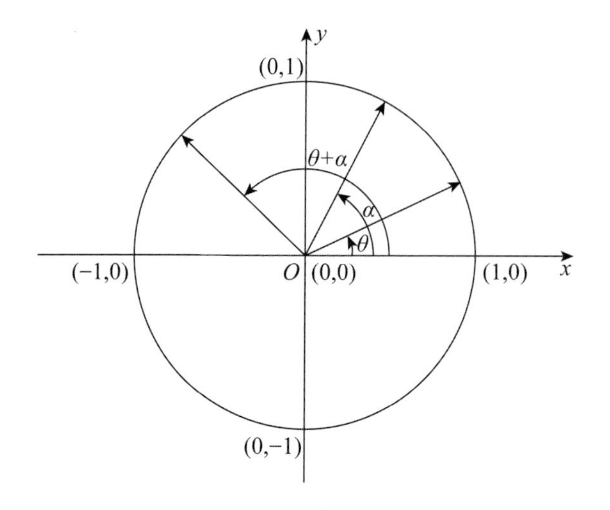

图 3.4 向量的乘法

而由于$(1\angle\theta)(1\angle\alpha)=1\angle(\theta+\alpha)$，我们一定有

$$(\cos\theta+\mathrm{i}\sin\theta)(\cos\alpha+\mathrm{i}\sin\alpha)=\cos(\theta+\alpha)+\mathrm{i}\sin(\theta+\alpha).$$

将左边展开，得

$$(\cos\theta\cos\alpha-\sin\theta\sin\alpha)+\mathrm{i}(\sin\theta\cos\alpha+\cos\theta\sin\alpha)$$

$$=\cos(\theta+\alpha)+\mathrm{i}\sin(\theta+\alpha).$$

55

两个复数，仅当它们的实部和虚部分别相等时才相等，因此我们立即得到两个三角恒等式：

$$\cos(\theta+\alpha)=\cos\theta\cos\alpha-\sin\theta\sin\alpha,$$

$$\sin(\theta+\alpha)=\sin\theta\cos\alpha+\cos\theta\sin\alpha.$$

对于$\alpha=\theta$的特殊情况，这两个表达式化为$\cos 2\alpha=\cos^2\alpha-\sin^2\alpha$和$\sin 2\alpha=2\sin\alpha\cos\alpha$. 当然，早在韦塞尔之前很久，这两个恒等式就为人们所知. 例如，它们可在亚历山大城的托勒密(Ptolemy of Alexandris)于2世纪所写的《天文学大成》(*Almagest*)一书中找到，但是在韦塞尔关于复数的新几何出现之前，它们从未能以如此简单的方式推导出来. 我用这种方式把这些恒等式推导出来，其实背离了韦塞尔当初的表述方式. 他是用这些恒等式来做一些事，这同我的表述在本质上顺序相反，但我认为以我这种方式来表现这一发展过程更令人印象深刻. 无论哪种方式, 有关的知识内容是一致的. 这两个恒等式十分有用, 例如可用来推导出在 2.1 节用到的关于 $\tan(\alpha-\beta)$的表达式. 只要写出 $\tan(\alpha-\beta)=\dfrac{\sin(\alpha-\beta)}{\cos(\alpha-\beta)}$, 并用上面的恒等式将正弦和余弦展开, 然后将各项除以 $\cos\alpha\cos\beta$ 即可.

有了关于$\sqrt{-1}$的这种令人惊叹的几何演绎, 现在没有什么能阻止韦塞尔进行更为不同寻常的计算了. 例如, 如果你从一个方向角为$\dfrac{\theta}{m}$的单位径向量着手(其中 m 为一整数), 那么立即可得到

$$\left(1\angle\frac{\theta}{m}\right)^m=\left(\cos\frac{\theta}{m}+\mathrm{i}\sin\frac{\theta}{m}\right)^m=1\angle\theta=\cos\theta+\mathrm{i}\sin\theta.$$

或者, 通过取 m 次方根, 把这个式子转个向,

$$(\cos\theta+\mathrm{i}\sin\theta)^{\frac{1}{m}}=\cos\frac{\theta}{m}+\mathrm{i}\sin\frac{\theta}{m}.$$

这个结果并不是由韦塞尔最早发现的(虽然这一精巧简洁的推导过程是由韦塞尔发现的), 通常称为"棣莫弗定理", 这个名称取自于出生在法国的数学家棣莫弗(Abraham De Moivre, 1667—1754). 棣莫弗是一名新教教徒, 他 18 岁时离开了信奉天主教的法国, 到伦敦去寻求宗教自由. 在那里, 他成为牛顿的朋友. 1698 年, 他在英国皇家学会的《哲学汇刊》(*Philosophical Transactions*)上发表了一篇文章, 其中提到, 早在 1676 年, 牛顿就知道了棣莫弗定理的一个等价表述. 牛顿用它来进行不可约情况下卡尔丹公式中出现的复数开立方运算. 棣莫弗很可能从牛顿那儿学到了这个技巧, 作为一名"数学问题解决者", 他以此谋生. 棣莫弗是一位具有非凡天才的人——特别是擅长应用于赌博的概率论, 他在 1718 年撰写了《机会的学说》(*The Doctrine of Chance*), 并发现了普遍存在的正态分布(即"钟形"曲线), 现在这种概率分布则以高斯的名字命名. 据传说, 牛顿在答复数学问题时经常会说"去问问棣莫弗先生吧, 关于这个问题他知道得比我多".

56

从棣莫弗的著作可以清楚地看到，他知道而且使用了上述结果，但实际上从未把它明明白白地写出来——这件事是欧拉在 1748 年做的. 欧拉用完全不同的方法得到了这个结果，这将在第 6 章中讨论.

棣莫弗定理使得韦塞尔可以计算复数的任何整数次方根. 例如在他的论文中，韦塞尔通过陈述下述结论来暗示他这一结果的威力：

$$\sqrt[3]{4\sqrt{3}+4\sqrt{-1}}=2\angle 10^{\circ}.$$

不错，这个结论是正确的，但是关于是怎样得到它的，他没有提供任何细节. 这里是他可能采用的推理过程. 立方根号下的那个复数，以极式表示就是

$$\begin{aligned}\sqrt{(4\sqrt{3})^2+4^2}\angle\arctan\frac{4}{4\sqrt{3}}&=\sqrt{48+16}\angle\arctan\frac{1}{\sqrt{3}}\\&=8\angle 30^{\circ}.\end{aligned}$$

于是，有

$$\sqrt[3]{4\sqrt{3}+4\sqrt{-1}}=(8\angle 30^{\circ})^{\frac{1}{3}}=8^{\frac{1}{3}}\angle\frac{30^{\circ}}{3}=2\angle 10^{\circ}.$$

把它用笛卡儿形式写出来就是

$$2\cos 10^{\circ}+\mathrm{i}2\sin 10^{\circ}=1.969\ 615\ 506+0.347\ 296\ 355\mathrm{i}.$$

这个结论的正确性，只要将它立方就可予以验证. 这件乏味的工作用一个能进行复数算术运算的袖珍计算器做起来很容易，从而看到结果确实是 $6.928\ 203\ 230+4\mathrm{i}=4\sqrt{3}+4\mathrm{i}$. 韦塞尔很清楚地知道，正像任何数的平方根都有两个，m 次方根就有 m 个，因此 $4\sqrt{3}+4\mathrm{i}$ 的立方根有三个. 韦塞尔还知道，这些立方根以相等的角度被隔开，也就是说，如果一个立方根是 $2\angle 10^{\circ}$，那么另外两个就是 $2\angle 130^{\circ}$和 $2\angle 250^{\circ}$. 为了明白这一点，假设要计算其 n 次方根的复数具有方向角 θ，那么很显然，有一个根将具有方向角 $\frac{\theta}{n}$，因为如果我们计算这个根的 n 次幂，就一定会回到原来那个方向角为

θ 的数. 而这又是因为在做乘法的时候方向角是加起来的, 于是我们有 $\frac{\theta}{n}\cdot n=\theta$. 如果根的另外一个可能的方向角是 α, 那么 $n\alpha=\theta+k\cdot 360^{\circ}$, 其中 k 是某个整数. 这就是说, 从 θ 开始再进行整数次 360°旋转, 结果与不 57 旋转没有差别, 因为这让我们又回到了 θ. 于是 $\alpha=\frac{\theta}{n}+k\cdot\frac{360^{\circ}}{n}$. 当 $k=0$ 时, 我们得到 $\alpha=\frac{\theta}{n}$, 即那个“显然的”根的方向角. 而对于 $k=1, 2, \cdots, n-1$, 我们又得到 $n-1$ 个方向角, 总共是 n 个间隔均匀的方向角. 使用 k 的其他整数值, 不管是负整数还是大于 $n-1$ 的正整数, 只不过是重复给出了由 k 取开头 n 个非负整数值而给出的根, 例如, $k=n$ 就重复给出了由 $k=0$ 给出的根.

作为这种计算的另一个例子, 请回想在第 1 章中邦贝利考虑那个不可约三次方程时用卡尔丹公式得到的解

$$x=\sqrt[3]{2+\sqrt{-121}}+\sqrt[3]{2-\sqrt{-121}}.$$

在那里我通过一种相当复杂的论述, 证明了

$$\sqrt[3]{2+\sqrt{-121}}=2+\sqrt{-1},$$

$$\sqrt[3]{2-\sqrt{-121}}=2-\sqrt{-1}.$$

因此 $x=4$. 然而, 利用棣莫弗公式, 这些结果很容易算出来. 例如, 复数 $2+\sqrt{-121}=2+11\mathrm{i}$ 的极式是

$$\sqrt{2^2+11^2}\angle\arctan\frac{11}{2}=\sqrt{125}\angle 79.695\,153\,53^{\circ}.$$

因此

$$\begin{aligned}\sqrt[3]{2+\sqrt{-121}}&=\sqrt{125}^{\frac{1}{3}}\angle\frac{79.695\,153\,53^{\circ}}{3}\\&=2.236\,067\,977\angle 26.565\,051\,17^{\circ}\\&=2.236\,067\,977(\cos 26.565\,051\,17^{\circ}\\&\quad+\mathrm{i}\sin 26.565\,051\,17^{\circ})\end{aligned}$$

$$=2+\mathrm{i}.$$

由于 $2+\sqrt{-121}$ 还有两个立方根($2-\sqrt{-121}$ 也是)，因此 x 总共有三个值，这就给出了那三次方程的三个根. 它们都是实数，而且当然等于 1.6 节中用韦达三角求根公式计算出来的根.

作为最后一个例子，请考虑求出 n 次单位根的问题，即求出所谓**分圆方程** $z^n=1$ 所有解的问题. “分圆”这个名称指出了这种方程与圆内接正 n 边形作图问题之间的紧密联系，在下一章我将再提到这个问题. 这种方程可以写成 $z^n-1=0$，而且你可以用长除法很容易地验证其左边可分解为

58

$$(z-1)(z^{n-1}+z^{n-2}+\cdots+z+1)=0.$$

它的一个显然的解是 1，来自于左边的因式，于是另外的 $n-1$ 个单位根必定是右边因式的根. 换句话说，这个样子相当可怕的方程

$$z^{n-1}+z^{n-2}+\cdots+z+1=0$$

的解只不过是由棣莫弗公式给出的下面这些 n 次方根，即

$$z=\cos\left(k\frac{2\pi}{n}\right)+\mathrm{i}\sin\left(k\frac{2\pi}{n}\right),\ k=1,\ 2,\ \cdots,\ n-1.$$

$k=0$ 的情况给出的当然是 $z=1$ 这个解，它来自因式 $(z-1)$.

例如，对于 $n=5$ 的情况，五次方程 $z^5-1=0$ 的四个根(不算那个显然的 $z=1$)给出如下：

$$k=1,\ \cos\left(\frac{2\pi}{5}\right)+\mathrm{i}\sin\left(\frac{2\pi}{5}\right)=0.309\,017+0.951\,056\,5\mathrm{i};$$

$$k=2,\ \cos\left(\frac{4\pi}{5}\right)+\mathrm{i}\sin\left(\frac{4\pi}{5}\right)=-0.809\,017+0.587\,785\,3\mathrm{i};$$

$$k=3,\ \cos\left(\frac{6\pi}{5}\right)+\mathrm{i}\sin\left(\frac{6\pi}{5}\right)=-0.809\,017-0.587\,785\,3\mathrm{i};$$

$$k=4,\ \cos\left(\frac{8\pi}{5}\right)+\mathrm{i}\sin\left(\frac{8\pi}{5}\right)=0.309\,017-0.951\,056\,5\mathrm{i}.$$

好，为了让你对这个结果更放心，同时也为了凸显用棣莫弗定理生成分圆

方程的解是多么容易，我将给你看一个对于 $n=5$ 情况的截然不同的代数解法. 就像出生于意大利的拉格朗日(Joseph Louis Lagrange, 1736—1813)所做的那样，我首先消去 $z-1$ 这个显然的因式，从而得到简化方程

$$z^4+z^3+z^2+z+1=0.$$

它可以写成

$$(z^2+z^{-2})+(z+z^{-1})+1=0.$$

令 $u=z+z^{-1}$，并注意到 $u^2=z^2+z^{-2}+2$，方程变为

$$u^2+u-1=0.$$

可迅速解出这个二次方程，得

$$u=\frac{-1\pm\sqrt{5}}{2}=0.618\,034 \text{ 和 } -1.618\,034.$$

59

接下来，根据 u 的定义，我们有 $z^2-zu+1=0$. 又是一个二次方程，同样可迅速解出，得

$$z=\frac{u\pm\sqrt{u^2-4}}{2}.$$

将上面的 u 值代入，就让我们得到了 z 的四个值，与棣莫弗定理所给出的完全相同. 复数几何、棣莫弗定理和普通代数，在这里达到了完全一致. 这应该使你更加相信这样一种说法的正确性：关于复数，根本就没有什么虚假的东西. 棣莫弗定理会迅速地为我们给出 $z^{97}-1=0$ 的解，就同它给出 $n=5$(或其他任何整数 n)情况下的解一样迅速，而拉格朗日那个聪明的代数代换法对 $n=5$ 的情况是如此有效，但对一般的情况**无效**.

用一种比这里所提供的要稍稍复杂一点的分析可以证明，即使 m 不被限制为正整数，棣莫弗定理也同样成立. 一个特别有趣的特例是 $m=-1$ 的情况，这时，

$$(\cos\theta+\mathrm{i}\sin\theta)^{-1}=\frac{1}{\cos\theta+\mathrm{i}\sin\theta}$$

$$=\cos(-\theta)+\mathrm{i}\sin(-\theta)$$
$$=\cos\theta-\mathrm{i}\sin\theta.$$

这就是说，在单位圆周上，任何复数的倒数都是这个复数的共轭复数. 回过来看，用交叉相乘①得出那个著名的恒等式，就会觉得这个结果本该如此：

$$1=(\cos\theta+\mathrm{i}\sin\theta)(\cos\theta-\mathrm{i}\sin\theta)=\cos^2\theta+\sin^2\theta.$$

3.2 用棣莫弗定理推导三角恒等式

事实上，棣莫弗定理是一架生产三角恒等式的机器. 例如，如果我们在棣莫弗定理中令 $m=3$，就会得到

$$\left[\cos\left(\frac{1}{3}\theta\right)+\mathrm{i}\sin\left(\frac{1}{3}\theta\right)\right]^3=\cos\theta+\mathrm{i}\sin\theta.$$

将左边展开，得

$$\cos^3\left(\frac{1}{3}\theta\right)-3\sin^2\left(\frac{1}{3}\theta\right)\cos\left(\frac{1}{3}\theta\right)$$
$$+\mathrm{i}\left[3\cos^2\left(\frac{1}{3}\theta\right)\sin\left(\frac{1}{3}\theta\right)-\sin^3\left(\frac{1}{3}\theta\right)\right].$$

令这个式子的实部与第一个恒等式右边的实部相等，并设 $\theta=3\alpha$，结果得

$$\cos 3\alpha=\cos^3\alpha-3\sin^2\alpha\cos\alpha.$$

好，因为有 $\sin^2\alpha+\cos^2\alpha=1$ 这个在上一节末尾得出的恒等式，我们可把上式写成

$$\cos 3\alpha=4\cos^3\alpha-3\cos\alpha$$

或者

$$\cos^3\alpha=\frac{3}{4}\cos\alpha+\frac{1}{4}\cos 3\alpha.$$

---

① 即对于恒等式 $\frac{1}{\cos\theta+\mathrm{i}\sin\theta}=\frac{\cos\theta-\mathrm{i}\sin\theta}{1}$. 将左边的分子、分母分别与右边的分母、分子相乘. 以下凡说到“交叉相乘”，意思类似. ——译者注

这就是韦达在解决三次方程不可约情况①时所用的三角恒等式. 使用棣莫弗定理中 m 的其他值，并令所得结果的实部和虚部分别相等，就可以让我们得到确确实实无穷多个三角恒等式.

用棣莫弗定理来推出三角恒等式还有一种巧妙的方法. 如果我们让 z 表示复平面中单位圆周上的一个点，那么就可以把 z 写成笛卡儿形式 $z=\cos\theta+\mathrm{i}\sin\theta$，其中 θ 是从原点指向 z 的径向量的方向角. 如上一节中所证明的，$\frac{1}{z}=\cos\theta-\mathrm{i}\sin\theta$. 根据棣莫弗定理，我们还有 $z^n=\cos n\theta+\mathrm{i}\sin n\theta$ 和 $z^{-n}=\cos n\theta-\mathrm{i}\sin n\theta$. 把所有这些式子结合起来，就可以让我们写出

$$z+z^{-1}=2\cos\theta \text{ 和 } z^n+z^{-n}=2\cos n\theta.$$

我们能用这两个结果做一些什么事呢？好，现在看一个具体例子. 让我们写出

$$(z+z^{-1})^6=2^6\cos^6\theta.$$

我们也可以把 $(z+z^{-1})^6$ 乘出来，得

$$\begin{aligned}&z^6+6z^4+15z^2+20+15z^{-2}+6z^{-4}+z^{-6}\\=&(z^6+z^{-6})+6(z^4+z^{-4})+15(z^2+z^{-2})+20.\end{aligned}$$

我们没有必要真的一项一项地乘. 利用二项式定理就能容易很多. 二项式定理是说：

$$(x+y)^n=\sum_{k=0}^{n}\binom{n}{k}x^{n-k}y^k,$$

其中的二项式系数

61

$$\binom{n}{k}=\frac{n!}{k!\ (n-k)!}.$$

(请记住 0! =1，但如果你已经忘了，我会在第 6 章中给你推导出来.)如果

① 原文为 the irreducible case of the Cardan formula，即“卡尔丹公式的不可约情况”. 这在概念上有误，故改作现译. ——译者注

$k>n$，则不言而喻地有：

$$\binom{n}{k}=0.$$

现在令 $x=z$，$y=z^{-1}$，那么你定出阶乘的值能有多快，你写出$(z+z^{-1})^6$的各项也就能有多快. 好，上面关于$(z+z^{-1})^6$ 的结果应该等于下面这个式子(这里用到了关系式 $z^n+z^{-n}=2\cos n\theta$. 我在其中相继取 $n=6, 4, 2$)：

$$2\cos 6\theta+12\cos 4\theta+30\cos 4\theta+30\cos 2\theta+20.$$

但这等于 $2^6\cos^6\theta$，于是我们就有了下面这个奇异的恒等式：

$$\cos^6\theta=\frac{1}{32}\cos 6\theta+\frac{3}{16}\cos 4\theta+\frac{15}{32}\cos 2\theta+\frac{5}{16}.$$

常数项$\frac{5}{16}$的存在是由于 $\cos^6\theta$ 绝不会为负这个事实，电气工程师会说 $\cos^6\theta$ 的平均值或*直流值*为$\frac{5}{16}$. 另一方面，$\cos^{15}\theta$ 的直流值为零，因为它关于水平轴对称，即其正的部分与负的部分相等. 要对 $\cos^{15}\theta$ 之类的余弦函数幂得到一个类似的结果，不会有更大的困难.

好，为了让你自己看到$\sqrt{-1}$的这种应用会给你增添多大的本领，你能不能验证下面这个惊人的恒等式：$\cos 11\theta=1\,024\cos^{11}\theta+2\,816\cos^9\theta-2\,816\cos^9\theta+2\,816\cos^7\theta-1\,232\cos^5\theta+220\cos^3\theta-11\cos\theta$？你能不能再推导出用 $\sin\theta$ 的幂级数表示的 $\sin 11\theta$？这是小菜一碟，但你要知道，在 1593 年，出生于比利时的数学家鲁门(Adrian van Roomen①，1561—1615)在构造一个著名的挑战问题——要求解出某个特定的 45 次方程时，对 $\sin 45\theta$ 算出了一个这样的幂级数. 而韦达利用他广博的三角学知识，仅用一天就解出了这个方程，令鲁门大为吃惊. 那可是一件比算出 $\sin 11\theta$ 要难得多的事，你难道不这样认为吗？

---

① 原文作 Roomer，经查，似误. ——译者注

棣莫弗定理看来能够做我们所需要的任何关于正弦函数和余弦函数的事，但其他三角函数的情况又如何呢？复数也能处理这些问题. 例如在第6章，你会看到一位与棣莫弗同时代的人开发了$\sqrt{-1}$的一种基于微积分的巧妙应用，从而推出了一个用 $\tan\theta$ 的幂表示 $\tan n\theta$ 的一般公式.　62

作为棣莫弗定理的一个突出的应用实例，让我给你看看怎样用它来推出我在第1章注释6提到的韦达那个关于 π 的无穷乘积公式. 从棣莫弗定理的 $m=2$ 的情况出发，我们有

$$(\cos\theta+\mathrm{i}\sin\theta)^{\frac{1}{2}}=\cos\left(\frac{1}{2}\theta\right)+\mathrm{i}\sin\left(\frac{1}{2}\theta\right).$$

将两边平方，我们得到

$$\cos\theta+\mathrm{i}\sin\theta=\cos^2\left(\frac{1}{2}\theta\right)-\sin^2\left(\frac{1}{2}\theta\right)+\mathrm{i}2\sin\left(\frac{1}{2}\theta\right)\cos\left(\frac{1}{2}\theta\right).$$

令两边的实部相等，得 $\cos\theta=\cos^2\left(\frac{1}{2}\theta\right)-\sin^2\left(\frac{1}{2}\theta\right)$. 这个结果我们曾在3.1节作为关于 $\cos(\alpha+\beta)$ 的恒等式的一个特例得到过. 利用恒等式 $\cos^2\left(\frac{1}{2}\theta\right)+\sin^2\left(\frac{1}{2}\theta\right)=1$，我们就得到所谓的半角公式

$$\cos\left(\frac{1}{2}\theta\right)=\sqrt{\frac{1+\cos\theta}{2}}$$

和

$$\sin\left(\frac{1}{2}\theta\right)=\sqrt{\frac{1-\cos\theta}{2}}.$$

然而，如果令两边的虚部相等，我们就会得到

$$\sin\theta=2\sin\left(\frac{1}{2}\theta\right)\cos\left(\frac{1}{2}\theta\right).$$

可以把这个恒等式应用于其本身，从而写出

$$\sin\theta=2\left[2\sin\left(\frac{1}{4}\theta\right)\cos\left(\frac{1}{4}\theta\right)\right]\cos\left(\frac{1}{2}\theta\right).$$

事实上，我们可以连续不断地这样做，而如果我们这样做了 n 次($n=1$ 对应于原来的恒等式)，那么

$$\sin\theta=2^n\cos\left(\frac{1}{2}\theta\right)\cos\left(\frac{1}{4}\theta\right)\cdots\cos\left(\frac{1}{2^n}\theta\right)\sin\left(\frac{1}{2^n}\theta\right).$$

两边除以 θ，得

$$\frac{\sin\theta}{\theta}=\cos\left(\frac{1}{2}\theta\right)\cos\left(\frac{1}{4}\theta\right)\cdots\cos\left(\frac{1}{2^n}\theta\right)\cdot\frac{\sin\left(\frac{1}{2^n}\theta\right)}{\frac{1}{2^n}\theta}.$$

接下来，如果我们令 n 变得任意大，而 θ 的单位用弧度表示，那么最后那个因式收敛于 1(如果你记不起为什么会这样，不必担心——我将在第 6 章给你推导出来). 于是

$$\frac{\sin\theta}{\theta}=\cos\left(\frac{1}{2}\theta\right)\cos\left(\frac{1}{4}\theta\right)\cos\left(\frac{1}{8}\theta\right)\cdots,$$

其右边将不断地延续下去，形成无穷多个因式. 好，对于 $\theta=\frac{\pi}{2}$，这个式子就化为韦达的公式

$$\frac{2}{\pi}=\cos\frac{\pi}{4}\cos\frac{\pi}{8}\cos\frac{\pi}{16}\cdots.$$

用 $\prod$ 作为乘积符号，这个式子可写成更紧凑的形式：

$$\prod_{k=2}^{\infty}\cos\frac{\pi}{2^k}=\frac{2}{\pi}.$$

既然 $\cos\frac{\pi}{4}=\frac{\sqrt{2}}{2}$，应用关于 $\cos\frac{1}{2}\theta$ 的半角公式，就给出了下面这个样子很优雅的表达式：

$$\frac{2}{\pi}=\frac{\sqrt{2}}{2}\times\frac{\sqrt{2+\sqrt{2}}}{2}\times\frac{\sqrt{2+\sqrt{2+\sqrt{2}}}}{2}\cdots.$$

我们可以利用本节和上节的结果来解一些方程，这些方程本来是很难

解的. 例如, $(z+1)^n=z^n$(其中 n 是一个正整数)的解是什么? 既然这是一个 $n-1$ 次的多项式方程(注意两边的 z^n 项将被消掉), 那么我们估计它应该有 $n-1$ 个解. 由于 $z=0$ 显然不是它的一个解, 因此我们可以在两边除以 z, 也就是说原来的方程等价于

$$\left(\frac{z+1}{z}\right)^n=1.$$

于是根据 3.1 节, 我们立即有

$$\frac{z+1}{z}=\cos\left(k\frac{2\pi}{n}\right)+\mathrm{i}\sin\left(k\frac{2\pi}{n}\right),\ k=0,1,2,\cdots,n-1.$$

交叉相乘并进行并项, 得

$$z\left[1-\cos\left(k\frac{2\pi}{n}\right)-\mathrm{i}\sin\left(k\frac{2\pi}{n}\right)\right]=-1.$$

64

根据上述半角公式之一, 我们知道 $1-\cos\left(k\frac{2\pi}{n}\right)=2\sin^2\left(k\frac{\pi}{n}\right)$. 根据 3.1 节, 我们还知道 $\sin\left(k\frac{2\pi}{n}\right)=2\sin\left(k\frac{\pi}{n}\right)\cos\left(k\frac{\pi}{n}\right)$. 因此

$$z\left[2\sin^2\left(k\frac{\pi}{n}\right)-\mathrm{i}2\sin\left(k\frac{\pi}{n}\right)\cos\left(k\frac{\pi}{n}\right)\right]=-1.$$

既然 $-\mathrm{i}^2=1$, 那么上一个式子可写成

$$-\mathrm{i}2z\sin\left(k\frac{\pi}{n}\right)\left[\cos\left(k\frac{\pi}{n}\right)+\mathrm{i}\sin\left(k\frac{\pi}{n}\right)\right]=-1,$$

或者, 解出 z, 有

$$z=\frac{1}{\mathrm{i}2\sin\left(k\frac{\pi}{n}\right)\left[\cos\left(k\frac{\pi}{n}\right)+\mathrm{i}\sin\left(k\frac{\pi}{n}\right)\right]}.$$

然而, 这里有个重要的限制条件——我们必须排除 $k=0$ 的情况, 以避免分母为零, 即避免 $\sin\left(k\frac{\pi}{n}\right)=0$ 的情况. 这就给出了我们那 $n-1$ 个解, 因为现在是 $k=1,2,\cdots,n-1$. 我们可以把这些解写成更为优雅的形式, 这就要

用到上一节最后那个结果，即

$$\frac{1}{\cos\theta+\mathrm{i}\sin\theta}=\frac{\cos\theta-\mathrm{i}\sin\theta}{1}.$$

因此，

$$z=\frac{\cos\left(k\frac{\pi}{n}\right)-\mathrm{i}\sin\left(k\frac{\pi}{n}\right)}{\mathrm{i}2\sin\left(k\frac{\pi}{n}\right)}=-\frac{1}{2}-\mathrm{i}\frac{1}{2}\cot\left(k\frac{\pi}{n}\right),$$

$$k=1, 2, \cdots, n-1.$$

这个结果令我们相当意外(我认为)：$(z+1)^n=z^n$ 的每个解竟然都位于一条与实轴相交于 $x=-\frac{1}{2}$ 的竖直线上. 没有棣莫弗定理，这会是一个非常非常困难的问题.

3.3 复数与指数

65 韦塞尔将**复平面**引入数学，大大地扩展了**数**的概念. 在韦塞尔之前，人们所知道的数只有实数，它们局限于一维的 x 轴，即所谓的实轴. 在韦塞尔之后，所有可能的数的领域扩展到了二维平面，全方位地无限延伸，并不只是向左和向右. 人类从发现正整数(用手指计数)开始，然后扩展到正有理数和正无理数，再是负数，最后是复数，这一系列发现使得全体数的集合逐步得到充实，而复数的发现则是其中的最后一个.

复数在通常的算术运算下是**完备的**，尽管我不会在这儿证明这一点. 这句话的意思是，我们对一个复数做加、减、乘、除和任意次开方，结果得到的总是复数. 举例来说，当我们要取 -1(一个实数)的平方根时，我们就突然地离开了实数. 因此实数对于开平方运算来说不是完备的. 然而，我们不必担心复数会发生同样的事情，我们也不会有必要去发明更为不同寻常的数(“真复数”!). 复数就是这个二维平面上的所有一切.

好, 在继续讲下去之前, 让我们对韦塞尔的工作再做一个最后的评注. 在发展了上述的光辉思想之后, 韦塞尔声称除了笛卡儿形式和极式外, 复数还有第三种表示方法, 即一种用到**指数**的方法. 我不打算在本书中深入探讨他在这方面的论述. 这有两个理由. 第一, 韦塞尔关于这一点的表述依赖于对二项式定理和无穷级数的一种相当成问题的混合应用, 比起他论文的第一部分来无疑要逊色得多——而且他事实上没有用他所得到的结果做任何事. 韦塞尔自己也知道事情并不清楚, 当时他写道, “我将在另外的时候[为我的说法]作出完整的证明, 如果我有幸能这样做的话”, 但他再也没有. 第二, 将指数联系到$\sqrt{-1}$上这件事在韦塞尔之前数十年已由其他人做了, 而且是以远比韦塞尔更为令人信服的方式. 我想最好是看看那些人是怎样做的, 他们的工作将出现在第 6 章中. 然而, 作为展现那段广阔历史的前奏, 接下来让我带你看一看现代的数学家可能会怎样来研究出复数的这种指数解释.

考虑单位圆周上的两个复数, 一个复数的辐角是α, 另一个是θ. 韦塞尔关于复数乘法的定义告诉我们:

$$(\cos\alpha+\mathrm{i}\sin\alpha)(\cos\theta+\mathrm{i}\sin\theta)=\cos(\alpha+\theta)+\mathrm{i}\sin(\alpha+\theta);$$

如图 3.3 所示, 棣莫弗定理告诉我们:

$$(\cos\alpha+\mathrm{i}\sin\alpha)^n=\cos n\alpha+\mathrm{i}\sin n\alpha.$$

66

令 $f(\theta)=\cos\theta+\mathrm{i}\sin\theta$, 对 $f(\alpha)$类似, 我们就可以把这两个式子写成如下的紧凑形式:

$$f(\theta)f(\alpha)=f(\theta+\alpha),$$

$$f^n(\theta)=f(n\theta).$$

好, 请试想出一个实际的函数 f, 它具有这两个性质. 不一会儿, 你会想到

$$f(\alpha)=\mathrm{e}^{K\alpha},$$

$$f(\theta)=e^{K\theta},$$

其中 K 是一个常数. 这个想法是对的, 因为

$$e^{K\alpha}\cdot e^{K\theta}=e^{K(\alpha+\theta)},$$

$$(e^{K\theta})^n=e^{nK\theta}.$$

因此, 我们可以写 $f(\theta)=\cos\theta+\mathrm{i}\sin\theta=e^{K\theta}$. 对于任意 K, 在 $\theta=0$ 这个特殊情况下, 这个等式显然都是成立的(这时化为 $1=e^0$). 但是对于 θ 为任意的一般情况, K 不能任取. 为了求出 K, 求 $f(\theta)$关于 θ 的导数, 得

$$-\sin\theta+\mathrm{i}\cos\theta=Ke^{K\theta}=\mathrm{i}(\cos\theta+\mathrm{i}\sin\theta)=\mathrm{i}e^{K\theta}.$$

于是, $K=\mathrm{i}$, 从而 $f(\theta)=\cos\theta+\mathrm{i}\sin\theta=1\angle\theta=e^{\mathrm{i}\theta}$.

这个著名的结果——它称为"欧拉公式"——将在第 6 章中得到更详细的讨论. 不过, 现在就让你欣赏几颗闪耀着光芒的小宝石. 设 $\theta=\pi$, 那么 $-1=e^{\mathrm{i}\pi}$, 即$e^{\mathrm{i}\pi}+1=0$. 单单一个式子, 就把数学中占居中心地位的**五个**数联系在了一起. 格莱克(James Gleick)撰写的美国大物理学家费曼(Richard Feynman)传记从费曼少年时代的笔记本中复制了一页, 上面就写着这个式子[4]. 这页笔记的日期注明是 1933 年 4 月(再有一个月就是费曼的 15 岁生日了), 而这个恒等式则用一种粗黑的手写体一个字母一个字母地写出, 并加有标题**"数学中最值得注意的公式"**(THE MOST REMARKABLE FORMULA IN MATH). 这是一种热情洋溢的过誉之辞, 但这个公式**确实**值得注意, 因为它是一个一般性结论的特殊情况. 这个结论不但允许我们计算负数的对数, 还允许我们计算复数的对数. 而在高中代数课程中, 学生们被告知这是不能做的. 作为说明如何能够做成这种运算的例子, 我们只要写 $e^{\mathrm{i}\pi}=-1$, 于是 $\ln(-1)=\mathrm{i}\pi$. 一个负数的对数是一个虚数.

如果在 $e^{\mathrm{i}\theta}$的表达式中令 $\theta=\frac{\pi}{2}$, 那么有 $\mathrm{i}=e^{\frac{\mathrm{i}\pi}{2}}$. 如果我们在两边取自然对数(假定这是可以做的——说到底, $\ln\mathrm{i}$ 的意思是什么呢?), 那么有 $\ln\mathrm{i}=\frac{\mathrm{i}\pi}{2}$, 或 $\pi=\frac{2}{\mathrm{i}}\ln\mathrm{i}$. 美国数学家皮尔斯(Benjamin Peirce, 1809—1880)将这个

形式上的结果称为“一个神秘的公式”. 真是一句轻描淡写的话！另一方面，如果我们在两边取 i 次幂(不管这样做意味着什么)，那么有

67

$$i^i=(e^{\frac{i\pi}{2}})^i=\sqrt{-1}^{\sqrt{-1}}=e^{\frac{i^2\pi}{2}}=e^{-\frac{\pi}{2}}=0.207\,8\cdots.$$

一个虚数的虚数次幂居然可以是实数！是谁连这样一种令人咋舌的结论都能制造出来？你将在第 6 章中看到，这件事还没完——事实上，i^i 有无穷多个实数值，$e^{-\frac{\pi}{2}}$ 仅仅是其中的一个. “神秘的公式”的提法，出现在皮尔斯 1866 年出版的《线性结合代数》(*Linear Associative Algebra*)一书中，这个公式其实被他写成了 $\sqrt{-1}^{-\sqrt{-1}}=e^{\frac{\pi}{2}}$. 有一个经常说到的故事：皮尔斯在哈佛大学向他所执教的一个班级展示了这个神秘的公式，随后便宣称：“先生们，这肯定是正确的，它绝对有悖常理；我们无法理解它，我们不知道它的意思是什么. 但是我们已经证明了它，因此我们知道它必定是正确的. ”这些话显然与《线性结合代数》的那句著名的开场白保持一致：“数学是导出必需结论的科学. ”

含有三角函数乘积的表达式，例如 $\sin\alpha\cos\beta$，经常出现在科学分析中[5]，我们可以利用复数与指数的联系来推出关于这种表达式的有用的恒等式. 所有这些推导都是基于注意到：既然 $e^{i\theta}=\cos\theta+i\sin\theta$，那么我们可以写 $e^{-i\theta}=\cos(-\theta)+i\sin(-\theta)=\cos\theta-i\sin\theta$. 如果我们把这两个关于 $e^{i\theta}$ 和 $e^{-i\theta}$ 的表达式加起来，又用其中的一个减去另一个，我们就可以解出用指数表示的 $\cos\theta$ 和 $\sin\theta$：

$$\cos\theta=\frac{e^{i\theta}+e^{-i\theta}}{2}\text{和}\sin\theta=\frac{e^{i\theta}-e^{-i\theta}}{2i}.$$

好，要看看这两个表达式是多么的有用，请考虑乘积 $\sin\alpha\cos\beta$. 我们可以把它写成

$$\begin{aligned}\sin\alpha\cos\beta&=\frac{e^{i\alpha}-e^{-i\alpha}}{2i}\,\frac{e^{i\beta}+e^{-i\beta}}{2}\\&=\frac{e^{i(\alpha+\beta)}-e^{-i(\alpha+\beta)}+e^{i(\alpha-\beta)}-e^{-i(\alpha-\beta)}}{4i}\end{aligned}$$

$$=\frac{2\mathrm{i}\sin(\alpha+\beta)+2\mathrm{i}\sin(\alpha-\beta)}{4\mathrm{i}}$$

$$=\frac{1}{2}\sin(\alpha+\beta)+\frac{1}{2}\sin(\alpha-\beta).$$

68 对于 $\alpha=\beta$ 的特殊情况，这个恒等式化为

$$\sin\alpha\cos\alpha=\frac{1}{2}\sin 2\alpha.$$

这个结果在本章较前部分曾用另一种方法得到过，即用韦塞尔线段相乘的思想. 上述方法同样可用来求关于 $\sin\alpha\cos\beta$ 和 $\cos\alpha\cos\beta$ 这些乘积表达式的恒等式.

某些常见的三角函数积分，若用复指数来进攻，马上就会缴械投降. 例如，请考虑计算下面这个定积分的问题:

$$\int_0^{\pi}\cos^n\theta\cos n\theta\,\mathrm{d}\theta,$$

其中 n 是一个任意的非负整数. 根据恒等式

$$2\cos\theta\cdot\mathrm{e}^{\mathrm{i}\theta}=1+\mathrm{e}^{\mathrm{i}2\theta},$$

即得

$$2^n\cos^n\theta\cdot\mathrm{e}^{\mathrm{i}n\theta}=(1+\mathrm{e}^{\mathrm{i}2\theta})^n.$$

由于这是一个关于 θ 的**恒等式**，因此如果我们把所有的 θ 都换成 $-\theta$，它仍然是一个恒等式. 请记住余弦函数是偶函数，即 $\cos(-\theta)=\cos\theta$，于是我们有

$$2^n\cos^n\theta\cdot\mathrm{e}^{-\mathrm{i}n\theta}=(1+\mathrm{e}^{-\mathrm{i}2\theta})^n.$$

将这两个恒等式加起来，就让我们得到

$$2^n\cos^n\theta(\mathrm{e}^{\mathrm{i}n\theta}+\mathrm{e}^{-\mathrm{i}n\theta})=2^{n+1}\cos^n\theta\cos n\theta$$
$$=(1+\mathrm{e}^{\mathrm{i}2\theta})^n+(1+\mathrm{e}^{-\mathrm{i}2\theta})^n.$$

最后这个等号的左边看上去很像我们那个积分的被积函数，但是右边的东西怎么样呢? 对你来说应该很清楚(我希望!)，如果有足够的时间，我

们可以把右边这两项乘出来，得到两个展开式：

$$(1+e^{i2\theta})^n=1+a_1e^{i2\theta}+a_2e^{i4\theta}+\cdots+a_ne^{in(2\theta)},$$

$$(1+e^{-i2\theta})^n=1+b_1e^{-i2\theta}+b_2e^{-i4\theta}+\cdots+b_ne^{-in(2\theta)},$$

其中的 a 和 b 是数值系数. 不错，我们用一下二项式定理就能较容易地计算出这些系数，但是何必这样麻烦呢？如果我们将两边积分，也就是说，如果我们写下

$$\int_0^\pi 2^{n+1}\cos^n\theta\cos n\theta\,d\theta=\int_0^\pi\{\text{这两个展开式之和}\}d\theta,$$

69

那么右边所有取下述形式的积分都为零：

$$\int_0^\pi e^{ik(2\theta)}d\theta,\ k=\pm1,\pm2,\cdots,\pm n.$$

这个重要的结果很容易予以形式上的证明，只要做一下指数函数积分，然后把积分上下限代入，并记住对于任何整数 k，$e^{ik(2\pi)}=1$ 即可. 于是展开式中只有那两个打头的 1 会导致非零的积分，这就给出了

$$2^{n+1}\int_0^\pi\cos^n\theta\cos n\theta\,d\theta=\int_0^\pi 2d\theta=2\pi.$$

这样，我们以极少的劳动，就换得了这个美妙得令人惊奇的结果：

$$\int_0^\pi\cos^n\theta\cos n\theta\,d\theta=\frac{\pi}{2^n},\ n=0,1,2,\cdots.$$

作为对你是否掌握了上述技巧的一个小测试，你能不能用它证明

$$\int_0^\pi\sin^{2n}\theta\,d\theta=\pi\frac{(2n)!}{2^{2n}(n!)^2},\ n=0,1,2,\cdots?$$

这是一个著名的结果，沃利斯曾通过其他方法而得知它. 这样的计算印证了法国数学家阿达马(Jacques Hadamard, 1865—1963)的名言：“联系两个实数域中真理的最短路径往往穿过复数域.”

我将用一道计算题来结束本节，这道计算题彰显了本章所讨论的许多内容的威力. 此外，它还将为我在第 7 章要做的分析搭建好平台，届时我们将推导出一个在数学中具有基本意义的积分. 首先，我要你考虑一般的偶数

次分圆方程，即对于任意的正整数 n，考虑方程 $z^{2n}-1=0$. 这个方程有 $2n$ 个根，它们以间隔均匀的方向角分布在单位圆周上，间隔为 $\frac{2\pi}{2n}=\frac{\pi}{n}$ 弧度. 其中有两个根是显然的，即实数 $z=\pm1$；我想同样显然的是不可能有其他的实根了. 因此，余下的 $2n-2=2(n-1)$ 个根肯定都是复数. 这些复根有一半在这圆周的上半部(它们的虚部都为正)，还有一半(它们是前面那一半复根的共轭复数)在这圆周的下半部. 将所有的复根紧凑地写成(角度均以弧度

70

为单位) $1\angle\left(\pi\pm\frac{k\pi}{n}\right)$，$k=1, 2, \cdots, n-1$. 请注意 $k=0$ 给出了实根 $1\angle\pi=-1$，而 $k=n$ 则给出了另一个实根 $1\angle 0=1\angle 2\pi=1$. 根据所有这些，可知一定可以把这个分圆方程分解为

$$
\begin{aligned}
z^{2n}-1&=(z-1)(z+1)\prod_{k=1}^{n-1}\left[z-1\angle\left(\pi+\frac{k\pi}{n}\right)\right]\left[z-1\angle\left(\pi-\frac{k\pi}{n}\right)\right]\\
&=(z-1)(z+1)\prod_{k=1}^{n-1}\left\{z^2-z\left[1\angle\left(\pi+\frac{k\pi}{n}\right)+1\angle\left(\pi-\frac{k\pi}{n}\right)\right]+1\angle 2\pi\right\}.
\end{aligned}
$$

好，$1\angle 2\pi=1$ 而且

$$
\begin{aligned}
&1\angle\left(\pi+\frac{k\pi}{n}\right)+1\angle\left(\pi-\frac{k\pi}{n}\right)\\
&=e^{i\left(\pi+\frac{k\pi}{n}\right)}+e^{i\left(\pi-\frac{k\pi}{n}\right)}=e^{i\pi}\left(e^{\frac{ik\pi}{n}}+e^{-\frac{ik\pi}{n}}\right)\\
&=-2\cos\left(k\frac{\pi}{n}\right).
\end{aligned}
$$

于是

$$
z^{2n}-1=(z-1)(z+1)\prod_{k=1}^{n-1}\left[z^2+2z\cos\left(k\frac{\pi}{n}\right)+1\right].
$$

或者，从右边那 $n-1$ 个方括号的每一个中分解出一个 z，得

$$
z^{2n}-1=(z^2-1)z^{n-1}\prod_{k=1}^{n-1}\left[z+2\cos\left(k\frac{\pi}{n}\right)+z^{-1}\right].
$$

两边除以 z^n，得

$$z^n - z^{-n} = (z - z^{-1})\prod_{k=1}^{n-1}\left[z + 2\cos\left(k\,\frac{\pi}{n}\right) + z^{-1}\right].$$

如果我们接下来设复变元 z 为单位圆周上的任意点，那么我们就可以写 $z=\cos\theta+\mathrm{i}\sin\theta$. 回想起在 3.1 节中有 $z^{-1}=\cos\theta-\mathrm{i}\sin\theta$，从而据棣莫弗定理有 $z^n=\cos n\theta+\mathrm{i}\sin n\theta$ 和 $z^{-n}=\cos n\theta-\mathrm{i}\sin n\theta$. 于是

$$2\mathrm{i}\sin n\theta = 2\mathrm{i}\sin\theta\prod_{k=1}^{n-1}\left[2\cos\theta + 2\cos\left(k\,\frac{\pi}{n}\right)\right],$$

$$\frac{\sin n\theta}{\sin\theta} = 2^{n-1}\prod_{k=1}^{n-1}\left[\cos\theta + \cos\left(k\,\frac{\pi}{n}\right)\right].$$

如果这时我们让 $\theta\to 0$，就有 $\lim\limits_{\theta\to 0}\dfrac{\sin n\theta}{\sin\theta}=n$. 当然，还有 $\lim\limits_{\theta\to 0}\cos\theta=1$. 就像我在 3.2 节推导韦达那个关于 π 的无穷乘积公式时所许诺的那样，这里的前一个式子将在第 6 章中正式推导出来. 于是我们得到

71

$$n = 2^{n-1}\prod_{k=1}^{n-1}\left[1 + \cos\left(k\,\frac{\pi}{n}\right)\right].$$

现在请回忆 3.2 节中的半角公式，即对于任意角 α，有

$$\cos\left(\frac{1}{2}\alpha\right)=\sqrt{\frac{1+\cos\alpha}{2}}.$$

这就是说，$\cos\alpha=2\cos^2\left(\dfrac{1}{2}\alpha\right)-1$. 因此

$$1+\cos\left(k\,\frac{\pi}{n}\right)=2\cos^2\left(\frac{k\pi}{2n}\right).$$

于是

$$n = 2^{n-1}\prod_{k=1}^{n-1}2\cos^2\left(\frac{k\pi}{2n}\right) = 2^{2(n-1)}\prod_{k=1}^{n-1}\cos^2\left(\frac{k\pi}{2n}\right).$$

两边取平方根——这里我们可以不用关心符号的正负，因为对于从 1 到 $n-1$ 的所有 k，都有 $\cos\left(\dfrac{k\pi}{2n}\right)>0$——我们最后得到

$$\prod_{k=1}^{n-1}\cos\left(\frac{k\pi}{2n}\right)=\frac{\sqrt{n}}{2^{n-1}}.$$

这当然是一个美妙的公式——我想分子上的$\sqrt{n}$完全出人意料——但它是否正确？好吧，我们总可以就n的任何特定值来检验这个公式. 让我们试试$n=5$的情况. 这时这个公式断言

$$\prod_{k=1}^{4}\cos\left(\frac{k\pi}{10}\right)=\frac{1}{16}\sqrt{5}=0.139\,754\,3.$$

而事实上如果你用计算器计算左边四个余弦因子的积，你就会发现那正是你确实应该得到的. 顺便说一下，你只要对这个乘积式定义一个新的指标变量$j=n-k$(于是当k从1走到$n-1$，j就从$n-1$走到1)，而且你回想起$\sin\theta=\cos\left(\frac{\pi}{2}-\theta\right)$，那么就很容易知道我们还可以有这样一个结果：

$$\prod_{k=1}^{n-1}\sin\left(\frac{k\pi}{2n}\right)=\frac{\sqrt{n}}{2^{n-1}}.$$

在这些最后的公式中，并没有留下$\sqrt{-1}$项，但你能不能设想，哪怕是稍稍设想一下，怎样才能*不用*$\sqrt{-1}$就把它们推导出来？我不能.

72

3.4 阿尔冈

我前面说过，虽然韦塞尔的贡献十分辉煌，但在一个世纪后才被人们从尘封的文献中发掘出来. 在这之前，它根本不为人所知——也不会为人所知. 然而，韦塞尔的思想“在空中传播”. 就在他的论文呈交给丹麦科学院后不到十年，这些思想被人们重新发现了. 事实上，1806 年有两份出版物问世，它们或多或少地提出了韦塞尔的复平面以及把竖直轴与虚数轴联系起来的思想.

这两位作者中的第一位，就是出生在瑞士的阿尔冈(Jean-Robert Argand, 1768—1822). 与韦塞尔一样，他的出身没有太多数学背景. 实际上人们对他的早年生活什么也不知道，但他很可能没有受过数学方面的正规

训练——1806 年，当快四十岁的时候，他还默默无闻地在巴黎的一个簿记员岗位上工作. 1876 年，法国数学家韦尔(Guillaume-Jules Hoüel, 1823—1886)重印了阿尔冈的小册子，并在其介绍性的前言中讲述了他设法查寻阿尔冈生平细节的结果. 通过韦尔的努力，阿尔冈的出生登记簿被找到了. 不过除此之外，他几乎什么都没找到. 韦尔用下面这段酸楚的话结束了他这篇简短的报告："如果我们把这条信息也算上——根据阿尔冈留在[他的一本小册子]封面上的手迹，1813 年前后他住在巴黎的让蒂利大街(rue de Gentilly)12 号——那么我们应该宣称，关于这位具有独创性的人，我们能知道的全在这儿了. 他那谦恭的一生将继续不为人知，但是他对科学的贡献，哈密顿和柯西都认为值得子孙后代感激不尽."

尽管阿尔冈出身卑微，但他还是在 1806 年将他关于复数的著作——其中第一次引入了模的概念——请一家私人出版社以少量印数出版. 或许他打算把这些书免费散发给朋友们以及与他有通信联系的人，而他们当然知道作者是谁，因此标题页上他连自己的名字都没有放. 要不是随后发生了一些带有某种传奇色彩的事，这本题为《试论虚数的几何解释》(*Essay on the Geometrical Interpretation of Imaginary Quantities*)的著作几乎注定很快就变成过眼烟云，甚至比韦塞尔的那篇论文还要快.

在收到阿尔冈这本著作的人当中，有一个人是伟大的法国数学家勒让德(Adrien-Marie Legendre, 1752—1833)，他随后在给弗朗索瓦·法兰西(Francois Francais, 1768—1810)的一封信中提到了这件事. 弗朗索瓦是一位数学教授，他的军界背景使他自然而然地关注与火炮有关的数学问题，例如微积分在研究空气中抛射体运动中的应用. 他死后，他的弟弟雅克·法兰西 (Jacques Francais, 1775—1833)接下了哥哥的书信文件. 雅克也是长期在军界服务的人士，从 1811 年到他去世，他一直在梅斯的帝国工兵和炮兵军事学校(Ecole Impériale d'Application du Génie et de l'Artillerie)任军事技术教授. 同他哥哥一样，雅克也是一位数学家. 在查阅他亡兄的书信时，他发现了勒让德 1806 年的来信，信中描述了阿尔冈那本小册子中的数学——但雅克不知道阿尔冈，因为勒让德在信中没有提到阿尔冈这个名字.

看了信中的这些思想，雅克很兴奋，便在《数学年刊》(*Annales de Mathématiques*)1813 年的一期上发表了一篇文章，给出了复数几何的基本原则. 不过，在这篇文章的最后一段，雅克·法兰西承认自己受惠于勒让德的那封信，而且，他恳请那位不知名的作者(勒让德在信中谈论了他的著作)站出来亮相. 幸运的是，阿尔冈得悉了这个请求，他的回应性文章就刊在那本杂志接下来的一期上. 伴随着这篇文章一起发表的是雅克·法兰西的一个简短注记，其中他宣布是阿尔冈首先研究出了虚数的几何，而且他表示很高兴以此方式将这个领先权公之于众(当然，他们俩都不知道有韦塞尔这个人). 这真是一个令人愉快的故事，特别是与这样一种可悲的混乱局面相比：围绕着塔尔塔利亚和卡尔丹是谁先发现了三次方程求根公式的争执，至今仍众说纷纭，纠缠不清.

阿尔冈的思想发表在一份人们认可的杂志上，却引起了某种争论，争论的一方是阿尔冈和雅克·法兰西，另一方是法国数学家塞尔瓦(Francois-Joseph Servois, 1767—1847). 塞尔瓦也是一位军界人士，他同雅克·法兰西一样，在梅斯的炮兵学校做过一段时间教师. 塞尔瓦觉得，不管怎么说，给代数概念作出一种几何上的解释，使得这些概念不纯洁了. 例如，他在给《数学年刊》的一封信中写道："我承认，除了罩在解析形式上的一张几何面具外，我还没从这种记号中看出什么东西来，而对我来说，直接使用解析形式显得十分简单而且更为迅速. "[6]奇怪的是，这场辩论进行得多少有点温文尔雅，如果说有什么影响的话，那就是它很可能帮着引来了人们对阿尔冈思想的一些关注. 更为奇怪的是，韦塞尔(他当时还健在)对在法国发生的这些事完全没有听说，而且也没有人回想起(如果他们曾经得知的话)早在 20 年前韦塞尔就把这些事全做了. 韦塞尔和阿尔冈先后进了坟墓，其间只相隔 4 年. 他们两人都不知道对方，而世界上的大多数人也不知道他们.

在韦尔1876年的阿尔冈著作重印本中，下面这段具有讽刺意味的鉴定性文字被收入其介绍性的前言，那是引述此前不久逝世的德国青年数学家汉克尔(Hermann Hankel, 1839—1873)的话："首先证明怎样用一个平面上的点表示虚数形式 $A+iB$ 的，并为它们在几何上的加法和乘法给出规则的，是阿尔冈……除非某种更早的工作被发现，阿尔冈必须被视为平面上复数理论的真正创始人."当然，20年后，韦塞尔的"更早的工作"被发现了.

74

3.5 比埃

1806年另一个重新发现韦塞尔思想的人，是一位比阿尔冈还要没有名气的作者，法国神父比埃(Adrien-Quentin Buée, 1748—1826). 他用法文在伦敦皇家学会的《哲学汇刊》(*Philosophical Transactions*)上发表了一篇非常长的论文. 与韦塞尔和阿尔冈的精工细作式风格不同，比埃的工作带有一种明显的神秘气氛. 这对所有勉力啃完这65页论文的人来说，必定显得非常奇怪. 在其表述"$\sqrt{-1}$是代表竖直方向的符号"时，他对$\sqrt{-1}$的几何理解是清晰的，然而，在错误地定义线段的乘法(这是韦塞尔的主要贡献)后，比埃接着说道，如果 t 代表**将来的**时间，而 $-t$ 代表**过去的**时间，那么**现在的**时间就由 $t\cdot\frac{1}{2}\sqrt{-1}$ 和 $-t\cdot\frac{1}{2}\sqrt{-1}$ 组成. 这时，情况就变得有点靠不住了.

一个世纪后，哈佛大学的一位数学家对此写道，"在时光如此流逝之后，推测这样一篇报告为什么会被皇家学会接受是徒劳的. 是不是因为这一年英国在特拉法尔加打败了这位好神父没有移居英国的同胞[①]，使他成了

① 1805年10月21日，英国海军与法国、西班牙海军在直布罗陀海峡附近的特拉法尔加角交战，英军大胜. 从此，英国的海上霸权地位完全确立. ——译者注

英国人乐意礼待的一位法国移民？一定是有着诸如此类的原因，因为这篇报告本身的价值绝不会使它有资格发表”[7]. 5年后，一位英格兰数学家提出了一个刻毒程度多少轻一点的评价，他写道，“必须声明，这篇论文只不过是表明了这样一个事实：这位法国神父关于虚数的想法绝对是一种异端邪说”[8]. 这两个评论大体上是正确的，但爱尔兰数学天才哈密顿(William Rowan Hamilton, 1805—1865)在他的通信中好像对比埃的论文持一种赞许的，或至少是宽容的看法，这也是事实.

其实，虽然比埃的论文的确带有一点神秘的风格，但他写这篇论文并不仅仅是为了说服人们接受他这种怪异的思想. 确切点说，他是为了试图回答三年前出版的一本书中所提的问题. 这本书是由令人敬重的法国数学家和政治家拉扎尔·卡诺(Lazare Carnot, 1753—1823)撰写的. [拉扎尔·卡诺——他的儿子就是如今被人们誉为“现代热力学之父”的萨迪·卡诺(Sadi Carnot)——被$\sqrt{-1}$的神秘性搅得坐立不安，在他1803年出版的《位置的几何》(*Géométrie de Position*)一书中，提出了许多有趣的问题，其中的一个在参考阅读3.1中予以讨论.]不错，比埃的论文是猜测性的，甚至是“另类的”，但它肯定是以一种学者对真理的探索精神写成的. 我认为比埃不是江湖郎中(在这个词的任何意义上)，他当然不应该受到嘲笑.

事实上，比埃的论文在那时至少令一位颇有名望的法国数学家大为赞赏，他[9]甚至提出阿尔冈的著作可能是阿尔冈看了比埃的论文之后才写成的. 对此阿尔冈愤怒地予以否认. 他据理争辩道，一本杂志上印着的出版日期与它实际的出版日期之间一般有着一个显著的间隔，而他的小册子是在1806年出版的，因此他不可能在写自己这本小册子之前看到比埃的工作. 这样一个明白无误地暗示剽窃的评论显然让阿尔冈受到了侮辱，他说道，“这充分证明，如果比埃的贡献完全是他自己做出的，这是十分可能的，那么同样十分肯定的是，当我的专著问世时，我根本就不会知道他的论文.”不管怎样，这两个工作在表述上显著不同，而阿尔冈的工作显然胜出一筹.

*　　　*　　　*

参考阅读 3.1

卡诺的分线段问题

拉扎尔·卡诺在他 1803 年出版的《位置的几何》一书问了下面这个问题：已知一条线段 AB，长度为 a，怎样才能把它分为两条较短的线段，使得它们长度的积等于原来线段长度的平方的一半*？卡诺的解决办法是：把这两个新长度记为 x 和 $a-x$，于是

$$x(a-x)=\frac{1}{2}a^2.$$

容易解得

$$x=\frac{1}{2}a\pm \mathrm{i}\,\frac{1}{2}a.$$

正如在前面 2.1 节中所讨论的那样，对于复数解的出现，卡诺的解释是，这意味着由 x 在这条线段上所规定的点（x 是从 A 到这个点的距离）不在 A 与 B 之间. 也就是说，将 AB 按照题目要求一分为二实际上是不可能的.

另一方面，比埃也同意分点不可能在 A 与 B 之间，但他设想 x 的虚部意味着这个点不在 AB 上，而是位于 AB 的一侧，即与 AB 中点的距离为 $\frac{1}{2}a$ 的地方$\left(\text{因为 } x \text{ 的实部是} \frac{1}{2}a\right)$. 因此比埃对 $\mathrm{i}=\sqrt{-1}$ 的解释就是它意味着竖直方向. 然而，比埃提供不出任何理由来支持这个思想. 这不同于韦塞尔的分析，在韦塞尔的分析中，这个结论是逻辑地推导出来的.

*　　　*　　　*

---

* 我一直未能找到卡诺的这本书，因此参考阅读 3.1 中的讨论是基于这篇指导性的随笔：Alexander MacFarlane, "On the Imaginary of Algebra", *Proceedings of the Association for the Advancement of Science* 41 (1892) 33—35. ——原注

但这并不是说阿尔冈在对复数的认识上没有问题. 例如，他起先确信$(\sqrt{-1})^{\sqrt{-1}}$不可能写成二维的形式$a+\mathrm{i}b$，而是需要有一个三维空间. 在《数学年刊》上的一场交锋中，雅克·法兰西指出阿尔冈错了，或如他用外交辞令所说的，阿尔冈的断言“只是一个容易受到严肃反对的猜测”. 事实上，他接下来推出了这个更为一般的公式：

$$(c\sqrt{-1})^{d\sqrt{-1}}=\mathrm{e}^{-\frac{d\pi}{2}}[\cos(d\ln c)+\sqrt{-1}\sin(d\ln c)].$$

对于$c=d=1$，这个公式化为$\mathrm{i}^{\mathrm{i}}=\mathrm{e}^{-\frac{\pi}{2}}$，这显然是个纯粹的实数，因而$(\sqrt{-1})^{\sqrt{-1}}$只需要有一维的实轴即可找到它的安身之处——连二维复平面都完全不需要，当然不需要三维空间了. 参考阅读 3.2 显示了雅克·法兰西的一般公式可以怎样被推广为更一般的公式，而参考阅读 3.3 应该能让你几个晚上都不能入眠！

*　　*　　*

参考阅读 3.2

复数的复数幂

雅克·法兰西对阿尔冈断言i^{i}不能写成一个复数的反驳本来可以从一个比原来更为一般的情况入手. 他可以计算

$$(a+b\sqrt{-1})^{c+d\sqrt{-1}},$$

并证明，即使这个更为“复(杂)的”表达式，也可以写成一个实部与一个虚部的和. 欧拉在 1749 年就做了这件事，那时韦塞尔 4 岁(而阿尔冈是 −19 岁). 法国数学家和哲学家达朗贝尔(Jean le Rond d’Alembert，1717—1783)则称自己在还要早的时候就做过了. 这样一来，阿尔冈的i^{i}只不过是$a=c=0$且$b=d=1$时的特殊情况. 你会做吗？作为一个提示，我来计算$(1+\mathrm{i})^{1+\mathrm{i}}$，这应该会提供足够多的线索让你去寻找一般的计算方法. 首先，写出$1+\mathrm{i}=\sqrt{2}\angle\left(\frac{\pi}{4}+2\pi k\right)$，其中$k$是任意整数. 然后，利用恒等式$x=\mathrm{e}^{\ln x}$，有

$$
\begin{aligned}
(1+\mathrm{i})^{1+\mathrm{i}} &= \mathrm{e}^{\ln(1+\mathrm{i})^{1+\mathrm{i}}} = \mathrm{e}^{(1+\mathrm{i})\ln(1+\mathrm{i})} \\
&= \mathrm{e}^{(1+\mathrm{i})\ln\left[\sqrt{2}\angle\left(\frac{\pi}{4}+2\pi k\right)\right]} \\
&= \mathrm{e}^{(1+\mathrm{i})\ln\left[\sqrt{2}\mathrm{e}^{\mathrm{i}\left(\frac{\pi}{4}+2\pi k\right)}\right]} \\
&= \mathrm{e}^{(1+\mathrm{i})\left[\ln\sqrt{2}+\mathrm{i}\pi\left(\frac{1}{4}+2k\right)\right]} \\
&= \mathrm{e}^{\left[\ln\sqrt{2}-\pi\left(\frac{1}{4}+2k\right)\right]}\mathrm{e}^{\mathrm{i}\left[\ln\sqrt{2}+\pi\left(\frac{1}{4}+2k\right)\right]}.
\end{aligned}
$$

$(1+\mathrm{i})^{1+\mathrm{i}}$的所谓主值就是 $k=0$ 的情况，这就给出

$$
\begin{aligned}
\mathrm{e}^{\ln\sqrt{2}-\frac{\pi}{4}}\mathrm{e}^{\mathrm{i}\left(\ln\sqrt{2}+\frac{\pi}{4}\right)} &= \mathrm{e}^{-\frac{\pi}{4}}\sqrt{2}\left[\cos\left(\ln\sqrt{2}+\frac{\pi}{4}\right)+\mathrm{i}\sin\left(\ln\sqrt{2}+\frac{\pi}{4}\right)\right] \\
&= 0.273\,9\cdots+\mathrm{i}0.583\,7\cdots.
\end{aligned}
$$

你能不能用同样的方法证明 $1^{\mathrm{i}}=\mathrm{e}^{-2\pi k}$？由此可见，虽然 1^{i} 的主值等于 1，但“1 的任何次幂总是 1”这个常见的说法一般是不对的.

3.6　回头再发现

1814 年之后，与韦塞尔曾经的遭遇一样，阿尔冈的工作也渐渐地从人们的脑海中消失了，于是事情还得再次被重新发掘出来. 正如 1806 年是阿尔冈和比埃同时作出发现的一年，1828 年也同时出版了两本有关的书. 一本在英格兰的剑桥出版，一本在巴黎出版. 后者是由穆雷(C. V. Mourey)撰写的，这本书我没能找到[10]，但另外那本由剑桥大学耶稣学院的研究员约翰·沃伦牧师(the Reverend John Warren，1796—1852)撰写的书，则是一本扎实的、完全用式子严格推导的关于复数的论著[《论负数平方根的几何表示》(*A Treatise on the Geometrical of the Square Roots of Negative Quantities*)]. 沃伦的书最大的影响，或许不是这本书说了什么，而是在于它是怎样说的，更在于书中的几何方法是怎样被哈密顿所拒绝接受的. 哈密顿受到沃伦这本书的激励，认为自己能做得更好. 可想而知，作为一个已经很

有名的人，他的著作不会被人们所遗忘.

哈密顿出生于爱尔兰的都柏林，当他在离他生命起点不远的地方逝世时，已经在数学物理中到处留下了印迹. 然而，他的人生道路一开始有点奇特. 几乎令人难以置信，这个早熟的孩子，他的聪明才智竟曾被用错了地方. 他把自己童年的许多岁月花在努力掌握多种语言上——他 5 岁就精通拉丁语、希腊语和希伯来语，到 9 岁又加上波斯语、阿拉伯语和梵语，等等，等等. 对于这些成就，数学史家贝尔(E. T. Bell)写道，"天哪！这一切又有什么意思呢?"[11] 不过，到 1824 年年末，事情上了轨道，数学成了他的至爱——那年他向爱尔兰皇家科学院递交了一篇光学方面的论文. 对于还是一名青少年的哈密顿，科学院方面要理解他所说的全部内容，还真有点儿麻烦. 但是到 1836 年，他已经学会了怎样很好地表达自己的意思，以至于那年英国皇家学会把这个学会的皇家奖章授予了他，以表彰他在光学方面所做的一些重要研究.

* * *

参考阅读 3.3

指数也疯狂

看到这里，如果你认为指数计算是十分简单明了的话，那么请考虑下面这道恼人的小题目. 它是在 1827 年由一位曾经的牧牛工人、自学成才的丹麦数学家克劳森(Thomas Clausen，1801—1885)提出的. 高斯称克劳森"才华出众"，而且正如这道难题所表明的，或许甚至可以说他是个魔鬼式的人物. 克劳森是把这道题目作为一个挑战写出来的，直到今天，它的各种变化还不时出现在数学杂志的问题栏中.

$$e^{i2\pi n}=1,\ n=0,\ \pm1,\ \pm2,\ \cdots,$$

$$e\cdot e^{i2\pi n}=e=e^{1+i2\pi n},$$

$$e^{1+i2\pi n}=(e^{1+i2\pi n})^{1+i2\pi n},$$

$$e = e^{(1+i2\pi n)^2} = e^{1+i4\pi n-4\pi^2 n^2} = e^{1+i4\pi n} e^{-4\pi^2 n^2},$$

$$e^{1+i4\pi n} = e,$$

$$e = e e^{-4\pi^2 n^2},$$

$$1 = e^{-4\pi^2 n^2}.$$

这最后一个式子只有当 $n=0$ 时才成立. 然而，我们是从一个对所有整数都成立的式子开始的，随后进行的运算显然都是成立的. 这是怎么回事呢[1]?

* * *

然而，尽管他的名字仍以被称为哈密顿量的物理量(这是每一位物理学本科生在学到动力学理论时都要学习的概念)存在于今天的物理学中，但人们对其人已几乎淡忘了. 当人们认识到一个世纪后诞生的量子-波动力学原来是以哈密顿的思想为重要基础时，他早年在光学和波动理论方面的工作(正是这些工作导出了哈密顿量)也就带上了一种特别的讽刺意味. 说这是讽刺，是因为与波动力学联系在一起的是一些其他人的名字，特别是德布罗意(Louis de Broglie)和薛定谔(Erwin Schrödinger)，而不是哈密顿. 79

在数学方面，哈密顿一生中也干了一些颇为轰动的事情，但结果只是让他的鬼魂眼瞧着他与这些事情的联系从当初的光芒四射消退得只剩下一个暗淡的影子[2]. 哈密顿在复数上的工作就是这种命运的典型表现. 1829 年，一位朋友竭力劝他去看看沃伦在前一年出版的书. 他看了，但他觉得代数——包括其中的$\sqrt{-1}$——与几何应各有范围而且是截然不同的，因此他拒绝接受这本书对复数的几何解释. 相反，他觉得$\sqrt{-1}$应该有个纯代数的解释. 正如他在此后很久的 1853 年所写的，“我……当时对于任何从一开始就不会给[虚数]一种清晰的解释和**意义**的观点都觉得不满意；我希望对于负数的平方根来说，不需要引入带有**纯几何**因素(例如角度的概念)的考虑

---

① 提示：问题显然出在$(e^{1+i2\pi n})^{1+i2\pi n} = e^{(1+i2\pi n)^2}$这一步上. 请参见附录 D. ——译者注

② 作者的这种说法似可商榷. 事实上，在数学中，以哈密顿的名字命名的定理和术语并不少见，如“哈密顿圆”“哈密顿算子”“哈密顿原理”等等. ——译者注

就可以做到”[12].

哈密顿觉得，正如几何是关于空间的科学，而且正如科学在欧几里得的《几何原本》中发现了它的数学表示，代数也应该是关于我们现实存在的某种东西的科学. 他断定这“某种东西”一定是时间，这个思想他是从康德①的哲学中取来的. 他宣称代数——包括$\sqrt{-1}$——必定是全都关于时间的. 说到把$\sqrt{-1}$与时间联系起来，哈密顿当然不是第一人. 请回想一下比埃，而且哈密顿读过他 1806 年的那篇论文. 如果哈密顿知道关于几何的科学并不是只有**一种**，即欧几里得几何只不过是许多可能的自相容的几何之一，那么他对这条推理思路的自信心肯定会动摇. 欧几里得几何看来是很好地描述了我们周围的局部空间，但是在一种宇宙的尺度上，物理学家改用非欧几何来描述今天几乎每个看过《星际旅行》②的人都听说过的东西——**弯曲时空**. 因此，正如关于空间的科学不是只有一种，关于代数③的科学也不是只有一种——如今另一种普遍用到的代数是布尔代数，即关于集合的逻辑代数，可用于设计数字设备(如计算机)——而它们不可能**全**是关于时间的!

然而，哈密顿对这些一无所知，于是在 1835 年的 6 月，他向爱尔兰科学院提交了一篇论文，题为“共轭函数或代数数偶的理论：并初论代数是一种关于纯时间的科学”(*Theory of Conjugate Functions or Algebraic Couples: with a Preliminary Essay on Algebra as the a Science of Pure Time*). 我将跳过关于代数是一种时间科学的形而上学，就给你讲讲有关的

① 康德(Immanuel Kant，1724—1804)，德国哲学家，德国古典唯心主义的创始人. 认为空间和时间是感性的先天形式. ——译者注

② 《星际旅行》(*Star Trek*)，又译《星际争霸战》《星舰迷航记》《星际奇旅》《星舰奇航记》《星空奇遇记》等，由罗登贝里(Eugene Wesley Roddenberry，昵称 Gene Roddenberry，1921—1991)始创，是一个包括六代电视剧(计 700 多集)、十几部电影、上百部小说、众多的电脑和电视游戏及其他形式的科学幻想系列作品. ——译者注

③ 原文如此. ——译者注

数学. 哈密顿把写作(a,b)的实数**有序对**定义为数偶(couple). 他又对两个数偶的加法和乘法定义如下:

$$(a,b)+(c,d)=(a+c,\ b+d),$$
$$(a,b)(c,d)=(ac-bd,bc+ad).$$

必须十分小心地注意到, 这些式子是**定义**, 它们是不需要作进一步解释的. 然而有一件显然得不能再显然的事实: 哈密顿是受到某种启发才作出这些定义的——他已经知道复数就是这样"运作"的. 也就是说, 他那在数学上"纯粹而且抽象"的数偶(a,b)只是 $a+\mathrm{i}b$ 的另一种写法. 不过, 哈密顿总觉得他的记号更好, 因为它避免用到"荒唐的"$\sqrt{-1}$. 然而, 正如一位智者曾经说过的,"一朵玫瑰总是玫瑰, 而一头猪, 不管叫什么其他名字, 仍然是猪". 事实上他的这些抽象定义根本不是随意作出的, 对此哈密顿自己有一段让人感到好笑的评论:"凡用心读过这个理论的前述文字的人……将看到这些定义真的不是随意挑选的. "确实不是. 80

不管怎么说, 哈密顿继续着他对复数的模拟. 他把纯实数 a 作为数偶$(a,0)$写出来, 这种做法当然与你把 a 作为$a+0\sqrt{-1}$的简略形式写出来完全一样. 于是, 根据乘法的定义, 我们在形式上有

$$a(c,d)=(a,0)(c,d)=(ac,ad),$$

特别是, 如果 $a=-1$, 则

$$-1(c,d)=-(c,d)=(-1,0)(c,d)=(-c,-d).$$

好,

$$(0,1)^2(c,d)=(0,1)(0,1)(c,d)=(0,1)(-d,c)$$
$$=(-c,-d)=-(c,d).$$

因此, $(0,1)^2=-1$, 或者说, 正如人们所期望的, 我们有$(0,1)=\sqrt{-1}$. 这里对$(0,1)=\mathrm{i}=\sqrt{-1}$完全不应该感到意外, 因为我们是从$(a,b)=a+\mathrm{i}b$ 开始的.

哈密顿讨厌关于复数的几何观点，这里面的讽刺意味不是只有一点点. 我这样说是因为哈密顿当然知道$\sqrt{-1}$具有旋转向量的性能. 实际上，正是这种**几何上的**认识引领他投身于他的下一个数学追求，一个将令他余生痴迷的追求. 正如$\sqrt{-1}$是在复平面上旋转向量，哈密顿想知道什么东西会在三维空间中旋转向量. 这导致他发现了四元数，或称**超复数**. 这个故事我在这儿就不说了[13].

3.7 高斯

在哈密顿发表他关于数偶的工作之前，关于复数的几何解释已经被数坛巨匠高斯(Carl Friedrich Gauss, 1777—1855)盖上了批准的印章. 1831 年 4 月，即比哈密顿早 4 年，高斯就把自己关于复数的思想写在一篇科研报告中提交给格廷根的皇家学会. 事实上，高斯在 1796 年(早于韦塞尔)就掌握了这些概念，而且用它们重复得出了(高斯本人并不知情)韦塞尔的结果. 但就像他那么多其他的天才工作一样，他总是把它们放在一旁，直到他觉得他已经把所有事情都弄得“很好”的时候，才予以发表. 例如，在 1812 年给法国数学家拉普拉斯(Pierre Laplace)的一封信中，高斯写道，“我的文稿中有许多内容，我对它们恐怕已失去了发表上的领先权，但是你知道，我宁可让事情成熟了再发表”[14].

1813 年，他终于在复数上达到了一种足够成熟的状态(**复数**这个术语就是他的发明)，而且最后是高斯的显赫名声战胜了一切非议. 高斯对复数的理解其实是经年累月逐步演进的. 例如，在他写博士论文的那个时候，他相信复数可以有无穷多个等级，即复数可能不是完备的. 他把那些比复数还要复数的数称为“vera umbrae umbra”，即“十足的影子之影子”. 当然，他后来认识到情况并非如此. 为了纪念他，复平面有时被称为“高斯平面”，但法国例外，那里的人们同样有可能把它叫成"阿尔冈平面". 形式为 $a+ib$ 且其中 a，b 为整数的复数，被称为高斯整数. 高斯之后，$\sqrt{-1}$ 被承认是一个合法的符号，而且在纪念高斯获博士学位 50 周年(1849 年)的庆典上，人们在祝辞中向他说道，"您使不可能成为可能".

正如高斯在 1831 年所写的，"如果说这个问题到今天一直是从错误的角度予以考虑，从而被神秘的迷雾所包围，被黑暗的夜幕所笼罩，那么这在很大程度上应当归咎于一种不恰当的术语. 如果 $+1$、-1 和 $\sqrt{-1}$ 不是被称为正数单位、负数单位和虚数(或者更糟糕地，不可能的数)单位，而是被命名为——比方说——顺数(direct)单位、逆数(inverse)单位和侧数(lateral)单位，那么这种纠缠不清的情况几乎不会有什么存身之处". 让人哭笑不得的是，就在同一年，哈密顿的朋友德摩根(Augustus De Morgen)在他的《论数学的研究与困难》(*On the Study and Difficulties of Mathematics*)一书中写道，"我们已经证明，$\sqrt{-1}$ 这个符号毫无意义，或更准确地说，它自相矛盾而且荒庸". 过了几年，德摩根仍然是个怀疑者；在他 1840 年出版的《三角学和二重代数学①》(*Trigonometry and Double Algebra*)一书中，他写道，"如果哪位学生今后将去探究各种各样作者为他们各人所认为的这种对 $\sqrt{-1}$ 的解释(*the* explanation of $\sqrt{-1}$)的主张，那么最好用不定冠词去代替这里的 *the*". 德摩根是一个太过分的怀疑者，但他并不是一个无知者——就在这本书中，他勉力克服了对 $\sqrt{-1}$ 的厌恶，在实质上进行了参考阅读 3.2 中给出的那个一般计算. 正如一位现代作者所说的，"在复数的历史上，最初 $a+b\sqrt{-1}$ 被认为是'不可能的数'，只是因为它们在解三次方程中看来还有用，才在一个有限的代数领域中被勉强接纳. **但是它们的意义原来是在几何上**[字体变化所表示的强调是我加的]，而且最终导致了代数函数与共 82

① 所谓"二重代数学"，按现在的术语，就是"二维代数学"或"向量代数学". ——译者注

形映射、位势论，以及另一个‘不可能的’领域非欧几何的统一. 关于$\sqrt{-1}$的悖论的这种[几何]解决方式，是如此的有力、如此的意外、如此的美丽，以至于看来只有‘奇迹’这个词才能恰当地描述它”[15].

我应该告诉你，当时还是有那么一些人冥顽不化. 例如，1835 年至 1881 年任英国皇家天文学家的英格兰数学家艾里(George Airy, 1801—1892)在写给剑桥哲学学会的《汇刊》(*Transactions*)的信中宣称，“我对于任何实质上是通过使用虚数符号而得到的结果一点儿信心也没有.”高斯获博士学位 50 周年庆典之后又过 5 年，英格兰逻辑学家布尔(George Boole, 1815—1864)在他 1845 年出版的名著《思维规律的研究》(*An Investigation of the Law of Thought*)中还称$\sqrt{-1}$是一个“不可解释的符号”. 最后，迟至 19 世纪 80 年代，当时的情况正如英格兰的一位数学顶尖学生在几十年后所回想的：“这是一个甚至在三角学公式中使用$\sqrt{-1}$也会在剑桥遭到怀疑的时代……虚数 i 被人们满腹狐疑地看作是一个不值得信任的不速之客.”[16]哪怕对于数学家，改变也并不容易.

83

第 4 章　使用复数

4.1　作为向量的复数

在本章和下一章中，我将给你看一些运用复数来解决数学和应用科学中有趣问题的特定实例或个案研究. 本章中的大多数背景理论基于复数可以代表复平面上的向量(既有大小又有方向的量)这一基本思想. 事实上，复数运算可以解释为按一定顺序操作向量.

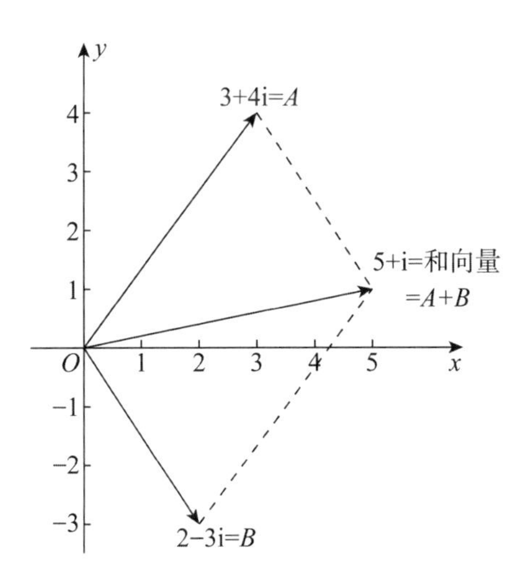

图 4.1　向量的加法

向量的加法和减法通常是在高中物理中讲授的，其基本思想很简单. 如图 4.1 所示，复数 $2-3i$ 和 $3+4i$ 被表示为向量，运用众所周知的平行四边形法则进行“头对尾”加法，算得它们的和为 $5+i$. 要做减法，比方说要从 $3+4i$ 减去 $2-3i$，我们首先构造 $-(2-3i)=-2+3i$（这可看作是 $(2-3i)$ 乘以 $-1=1\angle 180°$，因此只不过是将 $2-3i$ 逆时针旋转 180°），然后如同上面那样做加法，得到 $1+7i$. 这一过程如图 4.2 所示. 注意这个 180°旋转相当于将 $2-3i$ 逆着自己的方向过原点伸展.

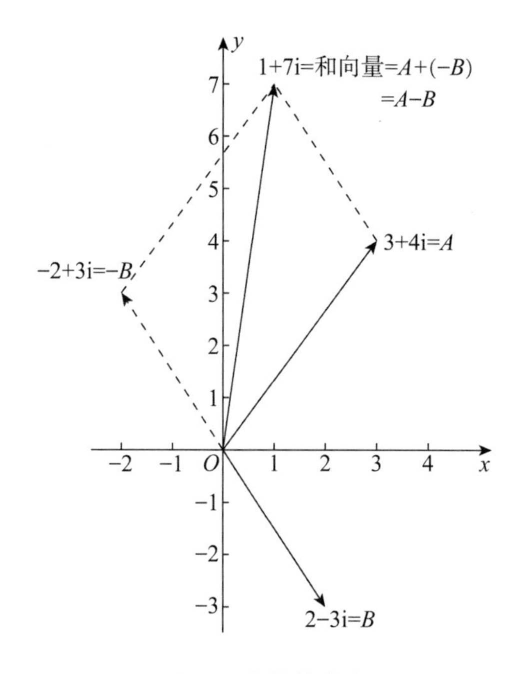

图 4.2　向量的减法

相比于加法和减法，人们对于复数的几何向量乘法和除法或许不那么熟悉，但事实上它们也没什么难的[1]. 要明白这种乘法是怎样进行的，你只要还记得乘法就是连加就行了. 例如对于实数来说，$3\times5=3+3+3+3+3=5+5+5$. 也就是说，我们可以把 5 连加三次①，也可以把 3 连加五次. 这个初步的观察结果也可以很容易地扩展到复数/向量的乘法上. 好，假定我

① 其实只做两次加法，但我们可以把这句话理解为对 0 连加三次 5. 以下同. ——译者注

们要计算(2－3i)(3＋2i). 要在几何上做这个计算，请任取其中的一个乘数，比方说 3＋2i，并把 3＋2i 连加 2－3i 次. 这听起来或许像是胡说八道，其实不是！请注意(2－3i) (3＋2i) ＝2(3＋2i)－3i(3＋2i). 这告诉我们，首先画出向量 3＋2i，然后把它的长度加倍. 称所得结果为 $V1$，意思是“第一个向量”. 再把向量 3＋2i 的长度增加到三倍，然后将这个结果旋转－90°，这是因为－i＝1∠－90°. 称这些操作的结果为 $V2$. 我们所需要的答案就是 $V1+V2$，这种向量加法我们已经知道怎样做了. 整个过程如图 4.3 所示，其中对 3＋2i 的旋转操作可被认为是定义了一组新的坐标轴 x' 和 y'，最后的加法操作就是在这组坐标轴下进行的. 同样，复数向量的除法可被解释为连减①. 84

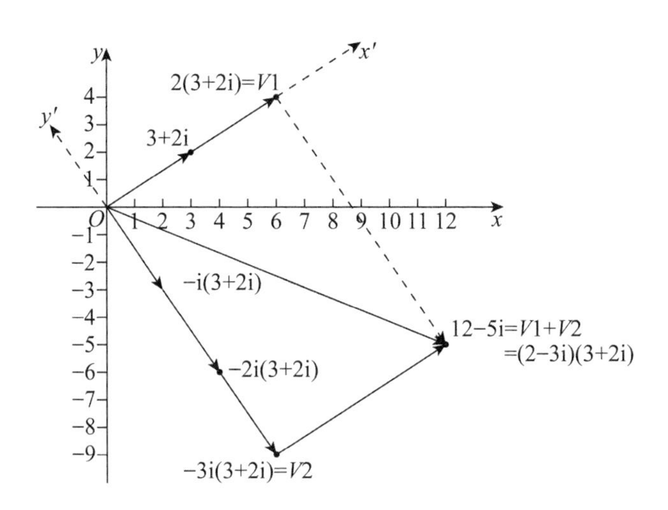

图 4.3　向量的乘法

4.2　用复向量代数做几何

将复数处理为向量的一种初等但有效的应用是证明几何定理. 为了说明这一点，首先我将通过证明一条初等欧氏几何的定理来演示一下有关的 85

① 读者若有兴趣试做一下这种除法，请注意前面那句话中提到的“一组新的坐标”. ——译者注

技巧，这条定理用传统的公理方法没那么容易证明. 然而，我想你会发现这种复向量证明方法几乎是一目了然的. 做了这件事之后，我将展示优雅的科茨(Roger Cotes)定理的一个简单情形的漂亮简短的复向量证明. 关于科茨，第 6 章中将有更多的介绍.

首先，请你考虑下面这个基本断言，我将马上给出证明. 我称之为断言 86 1，因为最终还有个断言 2. 好，断言 1：假定在复平面上有两个已知点 P_1 和 P_2，它们的坐标分别是 $z_1=x_1+iy_1$ 和 $z_2=x_2+iy_2$，如图 4.4 所示. 此外，令 P 为连接 P_1 和 P_2 的线段上的任一点. 如果 P 把线段 P_1P_2 分为两条(显然较短的)线段 P_1P 和 PP_2，而且 $\frac{P_1P}{PP_2}=\lambda$，那么我们可以把 P 的位置写成

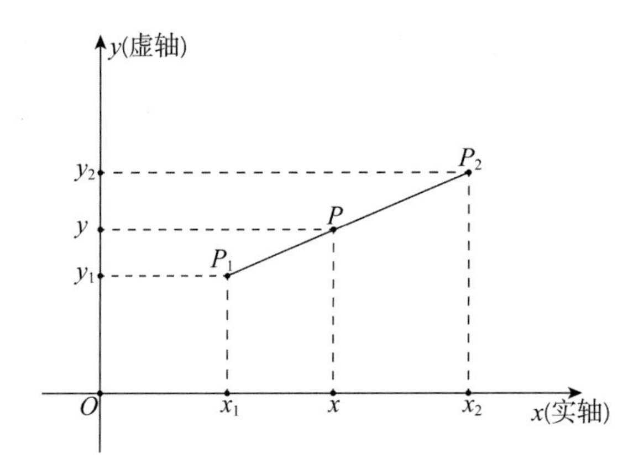

图 4.4　断言 1 的几何图像

$$z=\frac{z_1+\lambda z_2}{1+\lambda}.$$

特别是，如果 $\lambda=1$，那么 P 就是 P_1P_2 的中点，而且

87

$$z=\frac{z_1+z_2}{2},$$

即 z 是 z_1 和 z_2 的平均数，且 P 平分 P_1P_2；而如果 $\lambda=2$，那么 P 是 P_1P_2 的一个三等分点，而且

$$z=\frac{z_1+2z_2}{3}.$$

请注意这个三等分点距 P_2 较近而距 P_1 较远. 另一个三等分点, 即距 P_1 较近而距 P_2 较远的那个三等分点, 在 $\lambda=\frac{1}{2}$ 的情况下现身, 这时

$$z=\frac{2z_1+z_2}{3}.$$

断言 1 用图 4.4 其实很容易证明. 只要注意到, 由于 P_1 和 P_2 是在同一条线段上, 而且根据 λ 的定义, 我们就可以写出

$$\frac{x-x_1}{y-y_1}=\frac{x_2-x}{y_2-y},\ \frac{x-x_1}{x_2-x}=\lambda,\ \frac{y-y_1}{y_2-y}=\lambda.$$

用这三个表达式进行推演, 很容易得出

$$x=\frac{x_1+\lambda x_2}{1+\lambda} \text{ 和 } y=\frac{y_1+\lambda y_2}{1+\lambda}.$$

令 $z=x+\mathrm{i}y$, 这就是断言 1.

88

现在我们要用断言 1 来证明下述说法: 任意三角形的中线交于一点 P, 这点位于各个顶点到其对边的三分之二处, 如图 4.5 所示. 下面是证明. 根据定义, 每条中线都是从一个顶点出发到这个顶点所对边的中点终止. 由断言 1(用 $\lambda=1$ 这种二等分点的情况), 这三条中线终点的位置如图 4.5 所示, 其中三个顶点 A, B, C 的位置分别是 z_1, z_2, z_3. 好, 对于每条中线, 我们可以计算距相应顶点为三分之二中线长的那个点的位置. 仍然是用断言 1, 但这次是用 $\lambda=2$ 的情况. 这给出了距中线终点较近的三等分点, 这正是我们所需要的. 让我们称这三个点为 P_A, P_B 和 P_C, 然后证明它们就是这定理所说的同一个点. 于是,

$$P_A=\frac{1}{3}\left[z_1+2\cdot\frac{1}{2}(z_2+z_3)\right]=\frac{1}{3}(z_1+z_2+z_3),$$

$$P_B=\frac{1}{3}\left[z_2+2\cdot\frac{1}{2}(z_1+z_3)\right]=\frac{1}{3}(z_1+z_2+z_3),$$

$$P_C=\frac{1}{3}\left[z_3+2\cdot\frac{1}{2}(z_1+z_2)\right]=\frac{1}{3}(z_1+z_2+z_3).$$

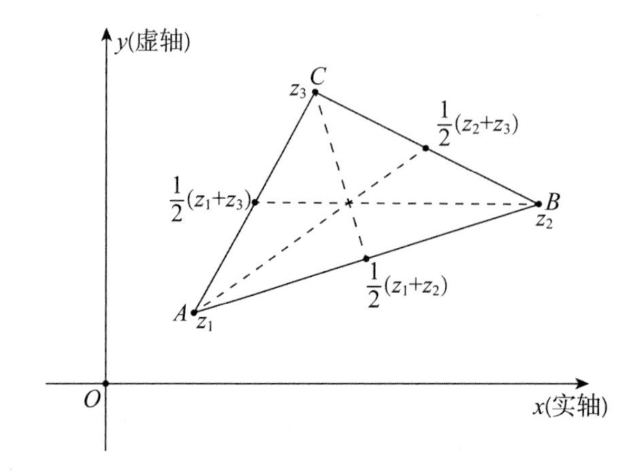

89

图 4.5　一条几何定理

因此显然有 $P_A=P_B=P_C$. 好，我们做完了！这难道不容易吗？你用传统的高中几何证证看，我想你会发现那可是难多了.

在转向科茨定理之前，先说说断言 2. 复平面上任意两点 z_1 和 z_2 的距离是 $|z_1-z_2|=\sqrt{(x_1-x_2)^2+(y_1-y_2)^2}$. 要证明这一点，只要还记得毕达哥拉斯定理就行了. 现在就让我们用它来讨论科茨定理.

科茨定理：如果一个正 n 边形内接于一个半径为 r 的圆，点 P 位于一条从圆心(即这个正 n 边形的中心)到正 n 边形一个顶点的半径上，与圆心的距离为 a，那么 P 与所有这些顶点的距离之积为 r^n-a^n 或 a^n-r^n，到底是前者还是后者，要看 P 是在圆内($a<r$)还是在圆外($a>r$).

图 4.6 对于 $n=4$ 且 P 在圆内的情况显示了有关的几何图形.

把科茨引到这条定理上来的，是莱布尼茨 1702 年在他主编的《学识学报》(*Acta Eruditorum*)上的一个说法. 莱布尼茨说积分

90

$$\int\frac{\mathrm{d}x}{x+a}\quad 和\quad\int\frac{\mathrm{d}x}{x^2+a^2}$$

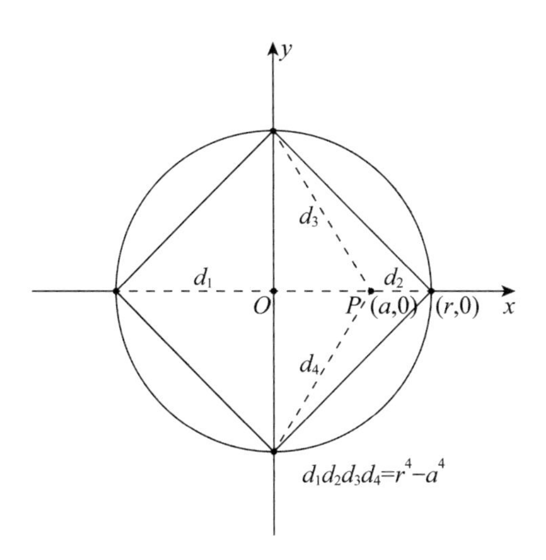

图 4.6　正四边形情况下的科茨定理

分别可以用对数函数和三角函数①表示出来，但是接下来像

$$\int \frac{\mathrm{d}x}{x^4+a^4} \quad 和 \quad \int \frac{\mathrm{d}x}{x^8+a^8}$$

这样的积分却不能如此表示. 为了回应这种(不正确的②)说法，科茨研究了怎样对 $x^n \pm a^n$ 进行因式分解，确切地说，是怎样用几何作图的方法把这些因式作出来. 于是就有了他的这条定理，但他只是予以叙述而没有给出证明. 直到 1722 年，终于由彭伯顿(Henry Pemberton, 1694—1771)，这位牛顿《原理》(*Principia*)第三版的编辑发表了一个证明. 约翰 · 伯努利(John Bernoulli)把彭伯顿的证明描述为"冗长、乏味而且繁琐"，然而这正是因为彭伯顿没有使用复数！我们今天知道有科茨定理，多亏了他的表弟、物理学家史密斯(Robert Smith, 1689—1768)将这条定理收入了《度量的和谐性》(*Harmonia Mensurarum*)一书，这本书是史密斯对科茨突然逝世后留下的一大堆乱七八糟的粗略笔记进行了复原整理后出版的.

---

① 确切地说，是反三角函数. ——译者注

② 因为上面这两个不定积分显然可通过部分分式展开的方法求出来，而且原函数必定可表示成一些对数函数与反三角函数的和. ——译者注

对于图 4.6 所示的简单情形，通过直接计算有关的距离即可很容易地验证科茨定理. 但如果 n 非常大(比方说 924)那又怎么办呢？我们不想计算 924 个距离！我们想要的是一个**一般性的**证明，它对所有的 n 都有效. 这里就是证明过程. 首先，不失一般性，我们总可以将圆心放在坐标轴的原点，并设想 P 位于实轴上 $z=a$ 处，如图 4.6 所示. 然后，只要注意到正 n 边形顶点的位置就是上一章中讨论的分圆方程 $z^n-r^n=0$ 的解. 于是，用 z_k 表示第 k 个顶点的位置，我们就可以把这个方程左边写成因式分解的形式：

$$(z-z_1)(z-z_2)(z-z_3)\cdots(z-z_n)=z^n-r^n.$$

如果我们在这个表达式的两边取绝对值，并且利用积的绝对值等于绝对值的积这个事实——这一事实很容易通过直接计值予以验证——那么有

$$|z-z_1||z-z_2||z-z_3|\cdots|z-z_n|=|z^n-r^n|.$$

根据断言 2，其左边正是从一个在任意位置 z 的点到所有顶点的距离的积. 好，让我们特别地取 $z=a$，即点 P 的位置. 既然 P 在实轴上，那么 z 就是实数，而且 $z^n=a^n$. 同样，r 作为半径的值，我们根据定义就知道它是实数，因此 z^n-r^n 也是实数. 于是，既然绝对值总是正的，那么我们就有

91

$$|a-z_1||a-z_2||a-z_3|\cdots|a-z_n|=\begin{cases}a^n-r^n, & \text{如果 } a>r;\\ r^n-a^n, & \text{如果 } a<r.\end{cases}$$

我们又做完了，而且所有的动作发生得如此之快，我们差不多要看上两遍才能理解.

4.3 伽莫夫的问题

作为我们接下来的一个应用实例，请考虑下面这个问题，它引自伽莫夫(George Gamow)那本神奇的科普著作《从一到无穷大》(*One Two Three ... Infinity*). 这本书于 1947 年初版，至今仍然是这类书中最好的作品之一，或许可以说**就是**最好的作品. 伽莫夫作为一名物理学家，对数学采

取了一种实用的态度，这种态度更像是工程师的而不是数学家的. 书中有一节他讨论了复数. 特别是，他创作了一个很有魅力的问题来说明$\sqrt{-1}$的旋转性能. 伽莫夫的问题是作为关于一个“敢于冒险的年轻人”的故事提出来的. 这名年轻人从他已故曾祖父的书信文稿中发现了一张古老的羊皮纸，上面写着：

> 航行到北纬________西经________的地方，你会发现一个荒岛. 岛的北岸有一大片草地，无遮无拦，只立着一棵孤零零的橡树和一棵孤零零的松树. 在那儿你还会看到一座破旧的绞架，我们过去通常在那上面吊死叛变者. 你从这座绞架出发，向橡树走去，边走边数步子. 到达橡树后你得**向右**转过一个直角，然后走过同样数目的步子. 在走到的地方放一枚铁钉. 现在你得回到绞架那儿，再向松树走去，边走边数步子. 到达松树后你得**向左**转过一个直角，然后注意着走过同样数目的步子，并且再在地上放一枚铁钉. 在这两枚铁钉之间的中点挖下去；财宝就在那儿.

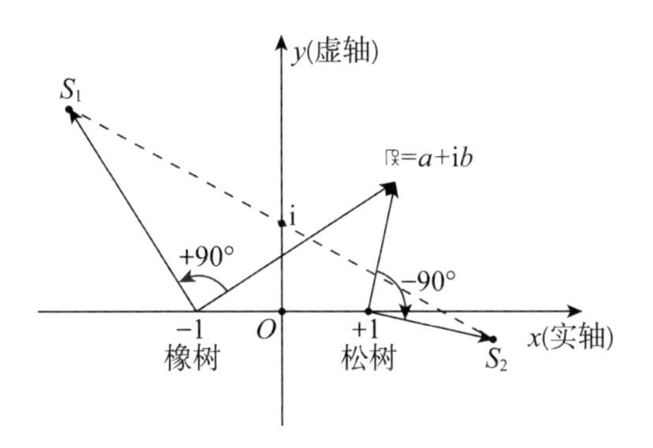

图 4.7　伽莫夫的地图

所有这一切都显示在图 4.7 中. 对于这份编造得十分精彩的寻宝秘笈，伽莫夫又加上了两条很好玩的脚注：一条是让我们知道，他当然得把经纬度的具体数值隐去，以防止我们当中有什么人会把他的书往旁边一扔，跳起来就去挖财宝了；另一条是让我们明白，他当然知道荒岛上不长橡树和松树，但他把树的真正种类改变了，这也是为了让这座实际存在的岛屿不为人知. 伽莫夫一定是个在派对上很搞笑的家伙.

这位年轻人遵照秘笈上的指示，总算找到了这座岛，上岛后他看见了那棵橡树和那棵松树. 但是，哎呀，哪儿有绞架啊！绞架与活树不同，经多年风吹雨打日晒，早已化为齑粉. 无论是绞架本身还是它的位置，一点儿痕迹也没留下. 这位年轻人无法按余下的指示行动(或者说他自己这样认为)，只得驾船离去. 费尽心力却没有一枚金币，也没有一串钻石项链. 这件事实在是太糟糕了，因为正如伽莫夫所说，如果这年轻人懂得复数，他本可以毫无困难地找出埋藏财宝的地点. 好，虽然我发觉伽莫夫的问题很有魅力，但我对他给出的解答却不怎么感冒. 这是一个很少有的机会，可以让我胆敢向一位具有伽莫夫这样才智的思想家挑战，因为我还是认为我的解答要清晰得多. 如果你想把我的解答与伽莫夫的比较一下，就去买他的那本书吧——作为一本真正的科普经典，五十年来它仍在不断重印出版. 这里是我的解答.

既然我们不知道绞架在哪儿，那么就让我们在复平面上把它的位置写成一般的 $a+ib$. 我们使用的坐标系，实轴画过连接那两棵树的线段，虚轴则设立得使那两棵树对称地位于 ± 1(不管我们想取什么距离单位)，如图 4.7 所示. 结果是，财宝的位置与 a 和 b 都没有关系. 这是一件令人惊奇的，而且我想是完全出乎意料的事情，它可以如下确证.

首先，设想把坐标系的原点暂时移到橡树那儿，于是从橡树指向绞架的向量就是 $(a+1)+ib$. 接下来，要确定放第一枚铁钉的位置，我们得把这个向量旋转 $+90°$，即把它乘以 i. 于是 $S1$ 在新坐标系中的位置就是 $-b+i(1+a)$. 回到原来的坐标系，我们得到 $S1$ 的位置是 $-b-1+i(1+a)$.

其次，设想再把坐标系的原点暂时移到松树那儿，于是从松树指向绞架的向量就是 $(a-1)+ib$. 接下来，要确定放第二枚铁钉的位置，我们得把这个向量旋转 $-90°$，即把它乘以 $-i$. 于是 $S2$ 在新坐标系中的位置就是 $b-$

$\mathrm{i}(a-1)$. 回到原来的坐标系，我们得到 $S2$ 的位置是 $b+1-\mathrm{i}(a-1)$.

财宝的位置是连接 $S1$ 和 $S2$ 的线段的中点，或者如在上一个应用实例中所说的，是 $S1$ 和 $S2$ 的坐标的平均数，也就是说，财宝位于

$$\frac{-(b+1)+\mathrm{i}(a+1)+(b+1)-\mathrm{i}(a-1)}{2}=\mathrm{i}.$$

我们不必理会 a 和 b 的值，因为所有的 a 和 b 都消掉了. 财宝就位于虚轴上，它到原点的距离就等于那两棵树到原点的距离. 真是没想到！

4.4 求解莱奥纳尔多的递归方程

请回忆第 1 章注释 10 中的广义斐波那契递归方程，即 $u_{n+2}=pu_{n+1}+qu_n$(假设 u_0 和 u_1 已知). 对于斐波那契的那个特定问题，$p=q=1$，但我们可以对 p 和 q 的任何值解出这个递归方程(即求得一个表示 u_n 的公式，它只是 n 的函数)，所需要的只是一两个技巧，或许还有一点点复数运算. 例如，让我们假设 $p=4$，$q=-8$，而 $u_0=u_1=1$，那么只要用简单的算术就能生成序列：

$$1,1,-4,-24,-64,-64,\cdots$$

现在我要给你看的是怎样求得一个 u_n 的表达式，它可以让你算出任何指定项(已知 n)，而不用一项一项地算到你想求的那一项.

94

我首先猜想 $u_n=kz^n$，其中 k 和 z 都是常数. 我怎么知道这样做会有效？因为我以前见过这样做是有效的，就那么回事儿！你可能会认为这是一个轻率的回答，不是，真的完全不是，因为我将实际算出 k 和 z 的值，以证实我的“猜想”，也就是说，我将证明给你看我的猜想是正确的. 猜出正确的解答，这没有什么不光彩——事实上，伟大的数学家和科学家无一不是伟大的猜想家——只要这猜想最终被证实是正确的. 你下次再遇到递归式，你也可以猜想答案，因为到那时你已经见过这样做是有效的了.

为了求出 z 的值，我把我对 u_n 的猜想代入这个递归方程. 于是

$$kz^{n+2}=4kz^{n+1}-8kz^n.$$

或者，考虑到可用 kz^n 遍除各项(注意每项中的 k 都消除了)，我们直接得到二次方程 $z^2=4z-8$. 很容易解得

$$z=\frac{4\pm\sqrt{16-32}}{2}=2\pm 2\mathrm{i}=2^{\frac{3}{2}}\mathrm{e}^{\pm\mathrm{i}\frac{\pi}{4}}.$$

请小心注意，我们得到了 z 的两个值. 即

$$u_{n1}=k_1 2^{\frac{3n}{2}}\mathrm{e}^{\mathrm{i}\frac{n\pi}{4}}$$

和

$$u_{n2}=k_2 2^{\frac{3n}{2}}\mathrm{e}^{-\mathrm{i}\frac{n\pi}{4}}$$

都满足那个递归方程. 请同样小心注意，我没有对每个 z 值都假设有同样的 k 值，所以我对 k 用了下标，以把它们区别开来. 那么，我们应该采用哪个 u_n 呢？最一般的解应该两个都用，即采用它们的和. 因此我要写

$$u_n=u_{n1}+u_{n2}=k_1 2^{\frac{3n}{2}}\mathrm{e}^{\mathrm{i}\frac{n\pi}{4}}+k_2 2^{\frac{3n}{2}}\mathrm{e}^{-\mathrm{i}\frac{n\pi}{4}}.$$

为了求得 k_1 和 k_2 这两个常数，接下来我将利用所谓的*初始条件*，即那两个已知值 $u_0=u_1=1$，这个递归序列的开头两项. 于是

$$n=0:\ k_1+k_2=1,$$

$$n=1:\ k_1 2^{\frac{3}{2}}\mathrm{e}^{\mathrm{i}\frac{\pi}{4}}+k_2 2^{\frac{3}{2}}\mathrm{e}^{-\mathrm{i}\frac{\pi}{4}}=1.$$

这两个联立的二元方程可以用通常的代数方法解出，从而得到

$$k_1=\frac{1}{2}+\frac{1}{4}\mathrm{i}=\frac{1}{4}\sqrt{5}\,\mathrm{e}^{\mathrm{i}\arctan\frac{1}{2}},$$

$$k_2=\frac{1}{2}-\frac{1}{4}\mathrm{i}=\frac{1}{4}\sqrt{5}\,\mathrm{e}^{-\mathrm{i}\arctan\frac{1}{2}}.$$

于是我们有了这个看上去相当复杂的结果：

$$u_n=2^{\frac{3n}{2}-2}\sqrt{5}\left[\mathrm{e}^{\mathrm{i}\left(\frac{n\pi}{4}+\arctan\frac{1}{2}\right)}+\mathrm{e}^{-\mathrm{i}\left(\frac{n\pi}{4}+\arctan\frac{1}{2}\right)}\right].$$

但这个式子可以大大化简. 利用欧拉恒等式，我们有

$$u_n=2^{\frac{3n}{2}-2}\sqrt{5}\cdot 2\cos\left(\frac{n\pi}{4}+\arctan\frac{1}{2}\right).$$

好，请回忆在第 3.1 节中得到的式子 $\cos(\theta+\alpha)=\cos\theta\cos\alpha-\sin\theta\sin\alpha$，并注意到

$$\cos\left(\arctan\frac{1}{2}\right)=\frac{2}{\sqrt{5}},$$

$$\sin\left(\arctan\frac{1}{2}\right)=\frac{1}{\sqrt{5}},$$

马上推出

$$u_n=2^{\frac{3n}{2}-1}\left(2\cos\frac{n\pi}{4}-\sin\frac{n\pi}{4}\right),\ n=0,\ 1,\ 2,\ \cdots.$$

很容易看出，对于 $n=0$ 和 $n=1$ 的情况，这个式子确实化为 $u_0=u_1=1$，但它对于 $n>1$ 的其余 u_n 是不是都给出正确的值呢？好，把直接由递归式生成的一些 u_n 值与由上述公式生成的 u_n 值进行比较，这件事很简单. 但用不了多久，你就会感到厌倦，因为它们总是相互一致. 例如，如果你采用递归方程本身，你可以根据它算出 $u_{11}=-98\ 304$. 而上述公式给出

$$\begin{aligned}u_{11}&=2^{\frac{33}{2}-1}\left(2\cos\frac{11\pi}{4}-\sin\frac{11\pi}{4}\right)\\&=2^{15}\sqrt{2}\left(2\cos\frac{3\pi}{4}-\sin\frac{3\pi}{4}\right)\\&=2^{15}\sqrt{2}\left(-\frac{2}{\sqrt{2}}-\frac{1}{\sqrt{2}}\right)\\&=-3\cdot 2^{15}=-98\ 304.\end{aligned}$$

这个公式是有效的.

如果你让 p 和 q 保持为字母，对这个广义递归方程重复上述分析，那么你会发现 z 为复数的必要条件是 $p^2+4q<0$. 于是对于莱奥纳尔多问题中 $p=q=1$ 的情况，上述不等式不能被满足，因而 z 将是实数. 不过，此时的解答过程与 z 为复数时同样容易(或许更为容易). 如果你自己来解，那么你

96

应该能证明 $u_{n+2}=u_{n+1}+u_n(u_0=u_1=1)$的解是

$$u_n=\frac{1}{\sqrt{5}}\left[\left(\frac{1+\sqrt{5}}{2}\right)^{n+1}-\left(\frac{1-\sqrt{5}}{2}\right)^{n+1}\right],\ n=0,\ 1,\ 2,\ \cdots.$$

这种递归式经常出现在工程和科学中(它们在经典的组合概率论中很常见),但是在莱奥纳尔多的时代,它们是全新的事物.的确,莱奥纳尔多的递归式是那种前所未见的东西,因此与他同时代的许多人很想知道他到底在干什么.这或许解释了他为什么一辈子都背着 Bigollo 这个绰号("斐波那契"是他死后好几百年人们才用的).这个词来自意大利语 bighellone,意思是"游手好闲者"或"从不干正事的人".这种贬损是不是因为人们认为莱奥纳尔多所研究的数学——比如说他的递归式——没有实用价值?如果是这样,倒不会对莱奥纳尔多造成多大烦恼,因为他在谈到自己时,也用了这个绰号.

4.5 时空物理中的虚时间

在本章最后这个例子中,我要向你展示某些内容,其中$\sqrt{-1}$以一种与纯数学颇为不同的方式在应用中占据着中心地位.不过,要读通这些内容,你必须承认两三个来自物理学的方程,但我将引用非常权威的说法,你几乎肯定愿意接受这些说法.

好,这儿就是权威说法.据爱因斯坦(谁想对他表示异议?)的观点,两个以匀速做相对运动的人对时间和空间的测量都会不同.只是转述这个来自狭义相对论的陈述肯定会让人迷惑不解,因此我将采用比较具体的形式来表述.假定有一个人,我们都同意他处于"不动"的状态,或者没有**加速**."不动"是一种不严格的说法,因为我们必须说相对于什么不动.但这样一来,如果我们指定什么是我们关于不动的标准,那么我们实际上又回到了起点,因为有人会问我们:这个不动是相对于什么而言的?然而,说某人不处于加速状态，就不会有这样的疑问了. 这时没有力作用在这个人身上，而力是可以用就装在这个人身上的仪器测量的——物理学家会说这仪器是**本地的**. 这是根据著名的牛顿第二运动定律，而你也无法与牛顿争辩. 97

好，既然这个人不处于加速状态，那就让我们把他放在三维空间中一个标准的 x，y，z 坐标系的原点上，并说他测量了所观察到的事物(称为一个**事件**)相对于这三根坐标轴的空间位置. 如果这个人实际上在空间中(x_1，y_1，z_1)处和(x_2，y_2，z_2)处观察到了两个事件，那么利用毕达哥拉斯定理，他会算出这两个事件的空间距离的平方：

$$s^2=(x_1-x_2)^2+(y_1-y_2)^2+(z_1-z_2)^2.$$

进一步说，如果这两个事件相互非常靠近，那么我们可以写成距离微分的平方：

$$(\mathrm{d}s)^2=(\mathrm{d}x)^2+(\mathrm{d}y)^2+(\mathrm{d}z)^2.$$

这个表达式称为我们这个三维空间的**距离度量**.

这种毕达哥拉斯函数或称欧几里得函数是通常的距离函数或称距离度量，有时就直接称为距离，但这不是唯一可能的距离. 数学家如下定义了**所有**距离的一般性质：如果 A 和 B 是任意两点，且 $d(A,B)$ 表示 A 与 B 之间的距离，那么(1) $d(A,B)=d(B,A)$；(2) $d(A,B)=0$ 的充要条件是 $A=B$；(3)如果 C 是另外的任意一点，那么 $d(A,B)\leqslant d(A,C)+d(C,B)$. 毕达哥拉斯距离函数具有这三条性质，其他的距离函数也是这样[2].

在这个个案研究中我要重点讨论 $(\mathrm{d}s)^2$ 的一条物理性质，那就是它在坐标系的某几种变化下的**不变性**. 假定我们在一张平坦的纸上画一条直线，并测量了这条直线上两点(称它们 A 和 B)间的距离. 这个距离显然与我们怎样画坐标轴无关，也就是说，如果我们任意地平移和/或旋转坐标轴，A 和 B 之间的这个距离不会发生变化，如图 4.8 所示. 在这样的坐标系变换下，A 和 B 的各个坐标当然**会**发生变化，但是它们以一种**不**让 $(\mathrm{d}s)^2$ 这个量发生变化的方式发生变化. 因此，如果我们用 x' 和 y' 表示这种被移动(平移)

98

了和/或被旋转了的坐标系的两根轴，那么不管 A 和 B 在 x，y 坐标系中的坐标是什么，我们必定有

$$(\mathrm{d}s)^2=(\mathrm{d}s')^2=(\mathrm{d}x')^2+(\mathrm{d}y')^2+(\mathrm{d}z')^2.$$

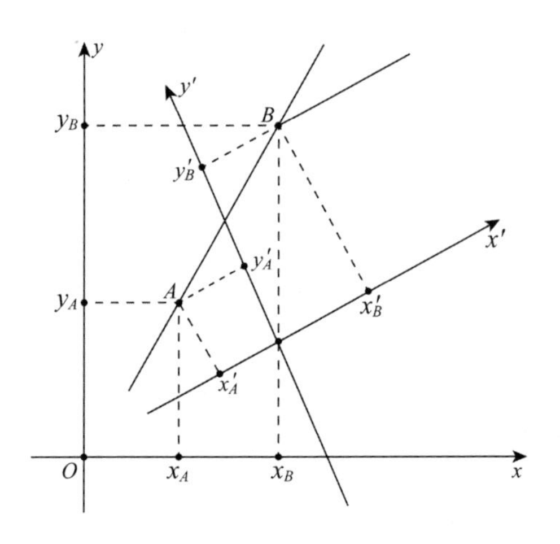

图 4.8　两点间的距离不依赖于坐标轴

好，让我把事情稍稍复杂化一点. 请设想我们那位不在加速状态的人不但记录一个事件的空间位置——即它是在那儿发生的，还记录时间——即这个事件是在什么时候发生的. 于是他有了四个数，(x,y,z,t)，它们确定了这个事件在四维时空中的位置.

这很容易理解，因此让我把情况稍稍扩展一下. 假定我们还有一个人，他以相对于那个不在加速状态的人的恒定速度 v 沿着 x 轴的正方向运动，如图 4.9 所示. 这第二个人在另外两个空间方向上没有运动. 这当然不是两人做匀速相对运动最一般的情况，但是我在这里要让事情保持简单！好，

99

这第二个人可以被理所当然地认为是第二个坐标系的原点，这个坐标系我用 x'，y'，z'表示. 显然，$y=y'$，$z=z'$，而且我想大多数人会同意 $t=t'$，即时间对这两个人来说“流逝”得完全一样. 但是 x 与 x'之间的关系是什么呢？为了回答这个问题，让我们都同意从图 4.9 中的两个原点重合的那一刻开始计时. 也就是说，在那一刻，$t=t'=0$. 我认为，这样显然就有 $x'=$

$x-vt$，这是因为：如果这两个人在同一时刻 $t_0>0$ 看到同一事件在(比方说)$x=x_0>0$ 处发生，那么运动的人将以 vt_0 的距离更靠近这个事件.

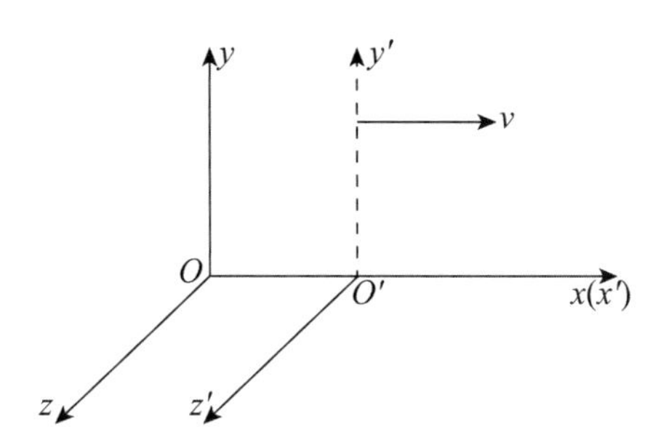

图 4.9　以匀速做相对运动的两个坐标系

总而言之，这些基本的考虑使我们得到

$$x'=x-vt,$$

$$y'=y,$$

$$z'=z,$$

$$t'=t.$$

这些方程称为从“静止的”或不带撇号的坐标系到“运动的”或带撇号的坐标系的**伽利略变换**.这样命名是为了纪念伟大的意大利数学物理学家伽利略(Galileo Galilei，1564—1642). 不过，它们是不正确的.

事实上，这就是 20 世纪初相对论给人们带来的巨大震动. 时间对每个人都是同样的，而空间至多是在坐标上做平凡的一致变动，这种“显然的”观念完全是不对的.不过，这不是一本关于相对论的书，因此如果你感兴趣的话，请到其他地方去研读物理[3]，但对于我们这里的目的来说，现在你只需要知道正确的变换方程组. 它们是：

100

$$x'=\frac{x-vt}{\sqrt{1-\left(\frac{v}{c}\right)^2}},$$

$$y'=y,$$

$$z'=z,$$

$$t'=\frac{t-\frac{vx}{c^2}}{\sqrt{1-\left(\frac{v}{c}\right)^2}}.$$

其中 c 是光速，大约是每秒 186 000 英里①. 请注意如果 c 是无穷大，那么这个正确的变换方程组将化归为伽利略变换，这就是说，对于伽利略来说，光走得无限快，而这一点在大多数日常生活的情形中是一个非常好的近似.

这个正确的方程组称为洛伦兹(而不是爱因斯坦)变换，以荷兰物理学家洛伦兹(Hendrik Antoon Lorentz, 1835—1928)命名，他于 1904 年通过对麦克斯韦(James Clerk Maxwell)关于电磁场的方程组进行直接数学推算，发现了这种变换. 然而，是爱因斯坦于 1905 年阐明了怎样根据对空间和时间的一种根本性的重新审视来获得这个变换方程组，他并没有在任何具体物理定律的细节上忙乎. 事实上，这就是爱因斯坦的试金石，(基于)这样一个信念：所有的物理定律必须服从同样的坐标变换方程组——在非常一般的条件下，这种方程组只能是洛伦兹方程组.

有了所有这些背景材料作为我们的后盾，你就可以进入这个应用实例的真正议题了. 物理学家现在不谈论三维空间中事件间的距离，而是讨论四维时空中事件间的**间隔**. 间隔应该怎样定义呢？显而易见的回答是：就增加一个时间变量，将三维空间中距离的定义加以扩展. 也就是说，如果我们把 $c(\mathrm{d}t)$ 当作一种自然而然的“时间”变量写出来——我们必须将 $\mathrm{d}t$ 乘以一个速度来获得一个具有空间单位的量，以与 $\mathrm{d}x$，$\mathrm{d}y$ 和 $\mathrm{d}x$ 的单位匹配，而 c 是物理学中的一个“自然而然的”速度——那么我们就可以合理地预期间隔 $\mathrm{d}s$ 由下述关系式确定：

$$(\mathrm{d}s)^2=(c\mathrm{d}t)^2+(\mathrm{d}x)^2+(\mathrm{d}y)^2+(\mathrm{d}z)^2.$$

这个关于间隔的所谓**时空度量**看起来可能很自然，但它是**错的**.

---

① 约合 3×10^8 米每秒. ——译者注

说它是错的，是因为：既然距离在平移或旋转的坐标变换下保持不变，那么间隔也应该在洛伦兹时空变换下保持不变. 然而，正如我马上就要展示的，上述度量并没有保持不变. 为了计算$(\mathrm{d}s')^2$，我们首先需要计算$(c\,\mathrm{d}t')^2$，$(\mathrm{d}x')^2$，$(\mathrm{d}y')^2$ 和$(\mathrm{d}z')^2$. 由于我们在这个应用实例中假设 $y'=y$ 和 $z'=z$，这种情形下的几何使得后两个微分的计算特别容易. 即，$\mathrm{d}y'=\mathrm{d}y$ 和 $\mathrm{d}z'=\mathrm{d}z$. 然而，对于前两个微分，我们就得多做一点事了. 对于 $c\,\mathrm{d}t'$，用心考虑一下 $\mathrm{d}t'$到底是什么，是极有助益的. 它是关于带撇号坐标系中时间的全微分，而且它依赖于两个不带撇号的变量，x 和 t，这是因为

101

$$t'=\frac{t-\frac{vx}{c^2}}{\sqrt{1-\left(\frac{v}{c}\right)^2}}.$$

根据微积分，我们有一个欧拉于 1734 年得到的结果：

$$\mathrm{d}t'=\frac{\partial t'}{\partial x}\mathrm{d}x+\frac{\partial t'}{\partial t}\mathrm{d}t.$$

这就是说，t'的全微分是关于 x 和 t 的偏微分之和，而计算每个偏微分时要把另一个变量固定. 于是

$$\mathrm{d}t'=\frac{-\frac{v}{c^2}}{\sqrt{1-\left(\frac{v}{c}\right)^2}}\mathrm{d}x+\frac{1}{\sqrt{1-\left(\frac{v}{c}\right)^2}}\mathrm{d}t.$$

类似地，有

$$\mathrm{d}x'=\frac{\partial x'}{\partial x}\mathrm{d}x+\frac{\partial x'}{\partial t}\mathrm{d}t,$$

而且，既然

$$x'=\frac{x-vt}{\sqrt{1-\left(\frac{v}{c}\right)^2}},$$

那么我们有

$$dx'=\frac{1}{\sqrt{1-\left(\frac{v}{c}\right)^2}}dx-\frac{v}{\sqrt{1-\left(\frac{v}{c}\right)^2}}dt.$$

从这两个结果马上可推出

$$(dt')^2=\frac{\frac{v^2}{c^4}(dx)^2-2\frac{v}{c^2}(dx)(dt)+(dt)^2}{1-\left(\frac{v}{c}\right)^2},$$

$$(dx')^2=\frac{(dx)^2-2v(dx)(dt)+v^2(dt)^2}{1-\left(\frac{v}{c}\right)^2}.$$

102

好，假设(你很快会看到，这个假设是错误的)$(ds)^2=(c\,dt)^2+(dx)^2+(dy)^2+(dz)^2$ 是时空度量. 为了检验它的不变性，我接下来计算$(ds')^2=(c\,dt')^2+(dx')^2+(dy')^2+(dz')^2$. 这就给出

$$(ds')^2=\frac{\frac{v^2}{c^2}(dx)^2-2v(dx)(dt)+c^2(dt)^2}{1-\left(\frac{v}{c}\right)^2}+\frac{(dx)^2-2v(dx)(dt)+v^2(dt)^2}{1-\left(\frac{v}{c}\right)^2}+(dy)^2+(dz)^2.$$

这个关于$(ds')^2$ 的表达式显然不等于$(ds)^2$.

那么我们**应该**怎样定义$(ds)^2$ 以使它具有不变性呢？爱因斯坦的发现是，我们应该用$\sqrt{-1}c(dt)$，而不是 $c(dt)$. 也就是说

$$(ds)^2=-c^2(dt)^2+(dx)^2+(dy)^2+(dz)^2$$

在洛伦兹变换下是不变的[4]. 这意味着，如果我们计算$(ds')^2$，我们将得到完全同样的结果，即

$$(ds)^2=(ds')^2=-c^2(dt')^2+(dx')^2+(dy')^2+(dz')^2.$$

你可能奇怪，为什么这个关于$(ds')^2$ 的表达式在每一项上都有撇号，唯独 c 没有？也就是说，为什么我们不把带撇号坐标系中的光速也写成 c'？回答

是，你这样写就是了，但是实际上 $c'=c$，也就是说，正如间隔那样，光速在洛伦兹变换下也是不变的. 事实上，光速的不变性是爱因斯坦构筑在他狭义相对论里的假设之一[5].

要看出这个$(\mathrm{d}s)^2$ 是不变的，请把这最后一个表达式如下写出来：

$$(\mathrm{d}s')^2=\frac{(\mathrm{d}x)^2\left(1-\frac{v^2}{c^2}\right)+(\mathrm{d}t)^2(v^2-c^2)}{1-\left(\frac{v}{c}\right)^2}+(\mathrm{d}y)^2+(\mathrm{d}z)^2$$

$$=\frac{(\mathrm{d}x)^2\left(1-\frac{v^2}{c^2}\right)-c^2(\mathrm{d}t)^2\left(1-\frac{v^2}{c^2}\right)}{1-\left(\frac{v}{c}\right)^2}+(\mathrm{d}y)^2+(\mathrm{d}z)^2$$

$$=(\mathrm{d}x)^2-c^2(\mathrm{d}t)^2+(\mathrm{d}y)^2+(\mathrm{d}z)^2,$$

它**确实**等于$(\mathrm{d}s)^2$. 这就是说，要在四维时空中实现间隔的不变性，我们必须用$-(c\mathrm{d}t)^2=(c\sqrt{-1}\,\mathrm{d}t)^2$，而不是$(c\mathrm{d}t)^2$. 使用$\sqrt{-1}\,c(\mathrm{d}t)=c(\sqrt{-1}\,\mathrm{d}t)$，如果愿意，使用“虚时间”(比埃的影子！)[6]，给了我们所需要的间隔不变性，还使得这一点相当清楚：时间确实与空间在根本上是不同的. 今天的许多科学作家在对相对论进行过分简单化的普及时，把这一点给弄混了.

103

我在第 3 章结尾时评说道，19 世纪的数学家往往觉得很难接受$\sqrt{-1}$. 我必须告诉你，在某些情况中，20 世纪的一些物理学家甚至更为坐立不安. 美国国家标准局的一位物理学家在一篇评论爱因斯坦和闵可夫斯基的$c\sqrt{-1}$的文章中吐露了真情. 他承认：

> $\sqrt{-1}$在纯粹数学中存在合法的应用，在那里，它是各种巧妙手段的一部分，用来把握没有它就难以驾驭的情况. 在数学物理中，它也有一定限度的价值，例如在流体运动的理论中，但是在这里，它也只是作为数学技术中的一颗不可缺少的螺丝钉. 在这些合法应用的情况中，它完成了自己的任务后，就得体地退到幕后.

但是接下来，当这位物理学家用下述讽刺性话语来结束他这篇文章时，就显露了他对$\sqrt{-1}$的真正看法，即认为它本质上没有任何物理意义：

区别正经话与胡说八道的标准已经失去；我们的心智可以容忍任何东西，只要它来自一位有名望的人士，而且伴有一连串的克拉伦登(Clarendon)字体①符号.

然而我们不应该对$\sqrt{-1}$感到太难忍受，它有时可能对我们有用，这可用国家标准局的一个传统做法所引出的例子来说明.

国家标准局成立初期，人手比较少，面对一批批的参观者，没有正式的向导，工作人员只好轮流上阵，引领他们参观各个实验室.就有那么一次，在向参观者展示了某种液态气后，他们问道，“这有什么用处?”在那个年月，液态气还没有什么实际的应用，它仅仅是一种科学奇观.这位向导……一时有点困窘，但她很快就恢复了镇定，答道，“用它来润滑－1 的平方根”[7].

这件怪怪的轶事完全不能说明问题，因为$\sqrt{-1}$的物理意义一点儿也不小于 0.107，2，$\sqrt{10}$或其他任何单个数字(对于这些数字，物理学家通常不会写讽刺性文章).当然，有些数字确实有着明显的物理纽带，例如 π，它是一个圆的周长与直径之比.事实上，当人们想起第 3 章中讨论的$\sqrt{-1}$的旋转性质时，或许$\sqrt{-1}$至少有着与 π 同样程度的物理意义.

104

① 一种外文字体，其笔画较粗而字身略长，常用于词典等，作为一般性强调.这里暗喻出现在经典学术性图书上的内容.顺便说一下，“克拉伦登”这个名称来自“克拉伦登出版社”(Clarendon Press)，又译“牛津大学印刷所”，系牛津大学出版社专门出版学术性图书的分部. 1702 年，该出版社出版了英国政治家克拉伦登(Edward Hyde Clarendon，1609—1674)的《英国叛乱和内战史》(*History of the Great Rebellion*)，获得一笔巨额利润，用以建造了出版社的永久处所——克拉伦登大楼.此后，该出版社就用“克拉伦登出版社”的名义出版一些书籍，直到如今.——译者注

第 5 章　复数的进一步应用

5.1　用复值函数取一条穿过超空间的捷径

我以时空结束上一章，而接下来这个运用复数的实例与那部分数学物理至少仍保持着一点点联系. 科幻电影的观众很了解**超空间虫洞**的概念，它们是从一点到另一点的时空捷径，走这种路径所花的时间比用光速走直线还要少，例如 1994 年的《星际之门》(*Stargate*)[1]①. 作为本章的第一个应用实例，我要向你表明，数学家在很久以前就对怎么会发生这种事给出了提示，而且事实上是在爱因斯坦发表他的广义相对论之前，而关于虫洞的物理学预言正是出自广义相对论.

如在任何一本微积分入门教科书上所表述的，沿一条曲线 $y=y(x)$ 的弧长微分 $\mathrm{d}s$ 是

$$\mathrm{d}s=\sqrt{(\mathrm{d}x)^2+(\mathrm{d}y)^2}=\mathrm{d}x\sqrt{1+\left(\frac{\mathrm{d}y}{\mathrm{d}x}\right)^2}.$$

---

① 美国米高梅/联美家庭娱乐公司出品的科幻电影. 埃梅里希(Ro-land Emmerich, 1955—　)导演. 德夫林(Dean Devlin, 1962—　)和埃梅里希编剧. 电影描写一位埃及学家破译了一块古埃及石盖上的神秘符号，从而发现了通向一遥远星球的“星际之门”. 他与一支军方小分队通过此门来到这个星球，演绎了一个惊心动魄的故事. ——译者注

这样，从 $x=0$ 到 $x=\hat{x}$ 的弧长就是

$$s=\int_0^{\hat{x}}\sqrt{1+y'^2}\,\mathrm{d}x.$$

1914 年，美国数学家卡斯纳(Edward Kasner，1878—1955)让我们看到，如果 $f(x)$是复值函数而不是简单的纯实值函数，那么这个式子是如何导致一个完全出乎意料的、非直觉的、实际上彻头彻尾古怪的结果的.

卡斯纳这样开始他的分析[2]：他注意到，如果我们在曲线 $y=y(x)$上有两点 P 和Q，那么存在两种显然的方式从 P 走到Q. 第一种方式，就沿着这条曲线本身行进，走过的弧长为 s，这里，让我们说 P 对应于 $x=0$ 而 Q 对应于$x=\hat{x}$. 另一种方式是，你可以用一条直线把 P 和Q 连接起来，即在 P 与Q 之间连一条**弦**，然后沿着这条线段行进，走过的距离为 c. 从直观上看，显然有 $c<s$. 有点不那么直观的是，$\lim\limits_{\hat{x}\to 0}\dfrac{s}{c}\geqslant 1$. 大多数人会奇怪这个**极限**怎么有可能不等于 1. 然而，正如卡斯纳所写的，“很容易……在实值函数的范围内构造一些例外的情况[相对于比值等于 1 的情况而言]：把这条曲线弄得足够蜿蜒曲折，这个极限就会变成，比方说 2，或者任何事先指定的大于 1 的数”. 接着，卡斯纳就扔下了他的炸弹.

卡斯纳写道，如果人们允许 $y(x)$是复值函数，那么弧长与弦长之比的极限可以**小于** 1！“直线是两点间最短路径”这种古老的格言对于复值曲线来说不一定正确. 当然，我不可能给你在纸上画出一条复值曲线——打个比方,你能画 $y=x^2+\mathrm{i}x$ 吗？——但是我们仍然可以做形式上的计算. 这与理论物理学家很相似,他们不能描绘(哪怕是简略地)一个超空间虫洞是怎样穿透时空，从地球到达冥王星，形成一条只有 100 英尺长的路径的，但他们仍然认真地对待这种事情，至少在纸上. 不要把 $y=x^2+\mathrm{i}x$ 的本质与 $z=x+\mathrm{i}y$ 混淆起来. 在后一种情况中，只有 z 是复数，而 y 是标在竖直轴上的实数，也就是说，我们用 y 轴标记 z 的虚部. 对于 $y=x^2+\mathrm{i}x$，竖直轴上的这个量是复数，我完全不知道怎样画它！下面是卡斯纳所构造的一个简

单例子.

从 $y=x^2+\mathrm{i}x$ 着手，从(0, 0)到$(\hat{x}, \hat{y})$的弦长是

$$c=\sqrt{\hat{x}^2+\hat{y}^2}=\sqrt{\hat{x}^2+\hat{x}^4+\mathrm{i}2\hat{x}^3-\hat{x}^2}=\hat{x}\sqrt{\hat{x}^2+\mathrm{i}2\hat{x}}.①$$

于是，当 $\hat{x}\to 0$ 时，我们可以把 c 近似为

$$c=\hat{x}^{\frac{3}{2}}\sqrt{2\mathrm{i}},\ \hat{x}\approx 0.$$

这里，我用到了 $\hat{x}^2$ 比 $\hat{x}$ 更快地趋近于零这个事实.

(0, 0)与$(\hat{x}, \hat{y})$之间的弧长是

$$s=\int_0^{\hat{x}}\sqrt{1+[y'(u)]^2}\,\mathrm{d}u=\int_0^{\hat{x}}\sqrt{1+(2u+\mathrm{i})^2}\,\mathrm{d}u$$

$$=\int_0^{\hat{x}}\sqrt{4u^2+\mathrm{i}4u}\,\mathrm{d}u.$$

同样，当于 $\hat{x}\to 0$ 时，我们可以把 s 近似为

$$s=\int_0^{\hat{x}}\sqrt{\mathrm{i}4u}\,\mathrm{d}u=\sqrt{2}\sqrt{2\mathrm{i}}\int_0^{\hat{x}}\sqrt{u}\,\mathrm{d}u=\sqrt{2}\ \frac{2}{3}\sqrt{2\mathrm{i}}\,\hat{x}^{\frac{3}{2}},\ \hat{x}\approx 0.$$

这两个结果告诉我们，　106

$$\lim_{\hat{x}\to 0}\frac{s}{c}=\left(\sqrt{2}\frac{2}{3}\sqrt{2\mathrm{i}}\,\hat{x}^{\frac{3}{2}}\right)\left(\frac{1}{\hat{x}^{\frac{3}{2}}\sqrt{2\mathrm{i}}}\right)=\frac{2}{3}\sqrt{2}=0.9428\cdots.$$

这就是说，弧长比直线距离差不多短 6%.

卡斯纳给我们看的实际上还不止这些，他证明了一个更为一般的结果：如果 $y(x)=m_k x^k+\mathrm{i}x$，其中 m_k 是任意值(在我刚才给出的例子中，$k=2$，我取 $m_2=1$)，那么

$$\lim_{\hat{x}\to 0}\frac{s}{c}=\frac{2\sqrt{k}}{k+1},\ k=1, 2, 3, \cdots.$$

对于 $k=1$，这个值是 1，但当 k 增加时，我们喜欢多小就可以把这个值变得多小.

---

① 注意这里用的其实是对称双线性度量空间的度量(参见 2.1 节末尾的译者注). ——译者注

这对你来说是个很好的练习，你可以着手试一下——它真的不是很难. 我想，*真正*难的，是“看出”这个惊人的结果. 祝你好运气，如果你求出了解答，让我知道！

5.2 复平面上的最大行走距离

在接下来的这个个案研究中，我们将告别时空物理和超空间捷径，去比较普通的二维复平面，但即使在那儿，你也会发现许多令人兴奋的事. 为了开启我们的分析，让我先请你回顾一下高中代数中一个关于几何级数求和的标准问题，以及引出这个问题的一种好玩的方式. 我想起，我第一次通过这种方式得知这个问题，是 1955 年我还是一名高二学生的时候.

一名男孩和一名女孩面对面地站着，相隔距离 2 英尺. 女孩保持不动，而男孩一步一步地走向女孩. 第一步是 1 英尺. 第二步是 1 英尺的一半. 第三步是 1 英尺的四分之一. 如此走下去. 老师带着一种微笑向他班上那些纯真的 15 岁少男少女进行着解说，这名男孩一直未能真正走到女孩处，但只是走了几步，“对于所有现实的目的来说”，他就已经足够靠近了. 看到这一景象，我们都——或者说，至少是我——不由得脸红了，因为我们想象到一次羞涩的初吻就要发生了.

假设我们现在对这个老掉牙的问题作一个名副其实的歪曲. 我们把这位少年伙伴放在复平面的原点上，让他沿着正实轴向前走一个单位距离. 然后他支着脚后跟按逆时针方向转过一个角度 θ，再向前走二分之一单位距离. 然后他又按逆时针方向转过 θ，再向前走四分之一单位距离. 他就这样不停地走下去，转了无穷多次，每一次转过的角度都相等，但走的距离不断减小，每一次都是前一次距离的二分之一. 他最后终止在什么地方？要使他最终离实轴最远，每次转过的角度 θ 应该是多少？图 5.1 是这一过程的草图，其中我把 θ 的值设为小于 $90°$，目的只是为了画出一幅清晰的图.

107

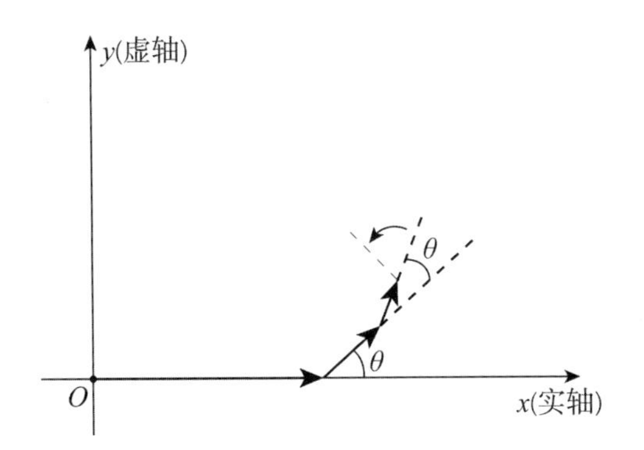

图 5.1　复平面上的一次散步

这个“漫步复平面”问题在数学上可以用向量和来描述，也就是说，在走了第 $n+1$ 步之后，向量和 $S(n+1)$ 指出了这名男孩在复平面上的位置：

$$S(n+1)=1+\frac{1}{2}e^{i\theta}+\frac{1}{4}e^{i2\theta}+\cdots+\frac{1}{2^n}e^{in\theta}.$$

男孩与实轴的距离就是 $S(n+1)$ 的虚部，因此我们要计算的是使 $S(\infty)$ 达到最大的 θ 值. 可以认出，$S(n+1)$ 的表达式是一个几何级数①，而且任意相邻两项的公比是 $\frac{1}{2}e^{i\theta}$，因此我们可以用这个公因式遍乘级数的各项，得

$$\frac{1}{2}e^{i\theta}S(n+1)=\frac{1}{2}e^{i\theta}+\frac{1}{4}e^{i2\theta}+\cdots+\frac{1}{2^{n+1}}e^{i(n+1)\theta}.$$

于是，从原来的级数减去这个式子，我们得到

$$S(n+1)-\frac{1}{2}e^{i\theta}S(n+1)=1-\frac{1}{2^{n+1}}e^{i(n+1)\theta},$$

108

即

$$S(n+1)=\frac{1-\frac{1}{2^{n+1}}e^{i(n+1)\theta}}{1-\frac{1}{2}e^{i\theta}}.$$

令 $n\to\infty$，

① 原文如此. 事实上，级数一般指无穷项的数列求和. ——译者注

$$S(\infty)=\frac{1}{1-\frac{1}{2}e^{i\theta}}=S_r+iS_i,$$

其中 S_r 和 S_i 分别是 $S(\infty)$的实部和虚部. 不难通过演算得出

$$S(\infty)=S_r+iS_i=\frac{1-\frac{1}{2}\cos\theta}{\frac{5}{4}-\cos\theta}+i\frac{\frac{1}{2}\sin\theta}{\frac{5}{4}-\cos\theta}.$$

好, 要使得与实轴的距离达到最大, 我们例行公事, 令$\frac{dS_i}{d\theta}=0$. 如果你这样做了, 你就会求得 $\cos\theta=0.8$, 即 $\theta=36.87°$, 因此 S_i 达到最大值$\frac{2}{3}$, 即 $S(\infty)=\frac{4}{3}+\frac{2}{3}i$.

接下来, 假定我们不是让男孩与实轴的距离达到最大, 而是让他与**原点**的距离达到最大. 那么我们必须更准确一些, 规定一下**距离**是指什么. 例如, 我们是指毕达哥拉斯距离, 还是指我在上一章中谈到的城市街区距离? 这是有区别的! (不过, 对于我刚说的这个问题, 在这两个距离函数中随便取哪一个, 答案都是一样的——你能看出这是为什么吗?)也就是说, 我们既可以求使得毕达哥拉斯距离$\sqrt{S_r^2+S_i^2}$达到最大的 θ, 也可以求使得城市街区距离$|S_r|+|S_i|$达到最大的 θ, 得到的结果分别是 $\theta=0°$和 $\theta=15.72°$. 你应该动手完成这个计算, 并检验这些值——不采用复指数, 我想这些问题分析起来是十分棘手的. 在下一个应用实例中, 我将给你看一个源头在古代、意义在现代的问题. 如果不用复指数, 这个问题研究起来困难非凡, 但如果采用复指数, 它却是美妙非凡.

5.3 开普勒定律与卫星轨道

一个最古老的科学问题是所谓的 N 体问题. 它出自孤独寂寞的牧羊人

在深夜凝望星空时突发的灵感，也源于以算命为生的占星家对星象的神秘 109
诠释. 这两种人，成了最早的天文学家. 他们观察到在黑暗的天空中，某些光点(行星)在一个布满无数光点(恒星)的静止背景上运动，怎样解释甚至怎样预言这种运动的问题便自然而然地产生了. 在近现代，对天体力学产生兴趣的一个正当理由则是解决预报潮汐或确定发射行星际火箭航天器的恰当时间这类的实际问题. 人们早就知道，月球的位置可用潮汐的变化予以校正，而且太阳的位置也可在一种较小的程度上如此校正. 因此一个在地球上的现象，一个在天空中的现象，这两种现象之间有一种自然的联系. 举个例子，军队就发现潮汐具有极大的用处——当欧拉于 1772 年出版他的专著《月球运动论》(*Theory of the Moon's Motion*)后，俄国和英国的海军航海专家把它认真地从头读到了尾.

正如我将在这个应用实例中详细讨论的，牛顿对微积分和引力平方反比定律的发现，使得两个相互作用的质量体的运动能以一种科学的、合理的方法得到解释. 牛顿早在 1665 年就开始联系月球的运动思考引力，那时他只有 22 岁. 在他关于引力平方反比定律(一个将在本章稍后予以一定详细讨论的定律)的推导中，他只用了几何，而没有用微积分. 对于微积分，他还在发明的过程中[3]. 后来他在 1687 年出版的《自然哲学的数学原理》(*Mathematical Principles of Natural Philosophy*，一般简称为《原理》)一书中公开他对引力的研究时，他仍然把他的数学表述限制在几何上. 当时关于微积分的哲学争论正处于白热化状态，牛顿这样做是为了避免这种争论给物理学带来不利的影响.

当然，宇宙中不是只有两个不同的质量体. 计算 N 个有引力相互作用的质量体的运动的问题就称为天体力学的 N 体问题，而且在大多数物理学家当中，已经流传着当 $N\geqslant 3$ 时这个问题一直没有解决的说法. 但是这种说法仅当人们要求具有封闭形式的准确等式时才成立. 事实上，荷兰的数学天文学家松德曼(Karl F. Sundman, 1873—1949)在 1907 年至 1909 年期间解决了三体问题；而在1991年，一位中国学生汪秋栋对任意的N解决了N体问题. 然而不幸的是，这些解的形式是收敛的无穷级数，它们收敛得太过缓慢，以致没有任何实际应用. 当然，随着超级计算机的发展，物理学家现在已能运用牛顿的运动和引力方程直接计算几百个甚至几千个相互作用的质量体的未来运动情况，向着未来要多远就可以计算到多远. 解析地解决N体问题再也没有实际上的重要性了.

然而，对于$N=2$个质量体的情况，关于运动的准确解析公式早已为人所知. 这些推导用两三个近似就可以大大简化. 例如，对于太阳系中任何一颗特定的行星，一个很好的近似是将它看作太阳周围唯一存在的星体. 既然太阳的质量比任何行星的质量都大得多——就是木星，它的质量也小于太阳质量的0.1%——那么一个非常好的近似是，与由太阳引起的行星运动状况相比，由行星引起的太阳运动状况就忽略不计了. 然而，要对此说得更多，就需要一些有趣的数学，一些由于使用复数而如虎添翼的数学. 在稍许谈论一点历史之后，我将给你看牛顿是怎样确确实实地解释天空中的奥秘的.

110

对于太阳系结构的最早观点是地心说，即地球是一切物体的固定中心，天文空间中每一个运动着的物体都以圆形轨道围绕着我们这个静止的地球转动. 这种观点的支持者们论证，说到底，地球怎么可以运动？——每一样东西都会被一种可怕的狂风吹走的！这种反诘实际上并不该为人嗤笑——至少初看上去，事情确实是这样. 例如，极有影响的亚里士多德(Aristotle)就持这种地心说. 他是一位伟大的哲学家，同时又是一名差劲的科学家. 举例来说，亚里士多德对重物比轻物下落得快这种错误观念给予支持，就可以受到指摘. 他是通过纯粹的思考得到这个结论的，显然他从未费心去观察真实的物体实际上怎样下落. 有些人不同意亚里士多德的地心说，著名的有古希腊天文学家阿里斯塔克(Aristarchus)，他大约在公元前260年陈述太阳是所有天体运动的中心. 但是这些人的观点被认为是“显然的”异想天开而遭到摒弃.

地心说是托勒密在《天文学大成》(*Almagest*)中予以支持的观点，它注定要在一千多年中占据统治地位. 这种思想牢牢地攫住了人类的心智，这在今天看来有点难以理解，因为实际观察结果给地心说造成了那么多的困难. 最显著的问题是，行星看来时不时地会暂时停止它们在夜空中那平稳的向东运动，改变它们的行进路线，调转头往回走. 早在公元前 4 世纪，希腊的天文学家就能够“解释”这种令人困惑的逆行运动，而且始终保持着亚里士多德圆形轨道的“完美性”，办法是引进这样一种结构：一些看不见的透明球面，一个套着一个，以地球为中心旋转着. 也就是说，设想每一个观察到的天体分别被固定在这些天球的各个内表面上，而这些球面以各种不同的倾角围绕地球旋转着. 通过调整这些球面的个数以及哪个天体被固定在哪个球面、球面旋转倾角和球面旋转速率，观察到的运动就可以得到解释. 当然，随着观察到的天体越来越多，观察的精度越来越高，所需要的球面也就越来越多. 曾有一度，至少引进了 57 个一个套着一个的球面. 希腊的天文学家是怎样解释彗星的，这在更大程度上是一个谜. 他们似乎没有被这样一个问题所困扰：彗星从遥远的太空猛扑过来，随即又消失在夜空中——为什么这种彗星没有把那些天球冲撞成碎片呢？

111

这种情况渐渐开始显得更为滑稽了——难道有一个神经错乱的上帝，制造出这样一个恶梦般的宇宙？——于是开始有人反对盲目地把托勒密的话当作定论接受下来. 1543 年，波兰天文学家哥白尼(Nicolaus Copernicus, 1473—1543)在他就要谢世的时候出版了他支持日心说的《天体运行论》(*On the Revolutions of the Heavenly Bodies*). 过去一般认为，他犹豫着一直不肯出版这本著作的原因是怕遭受宗教迫害，因为日心说是如此地离经叛道. 例如，圣经上说(《约书亚记》第 10 章第 12—13 节)约书亚[①]祈祷太阳停下，

① 约书亚(Yoshua)，圣经人物. 以色列将军. 领导了征服巴勒斯坦的战争. ——译者注

而不是要地球停下. 这一点曾被马丁·路德[1]用来作为反驳哥白尼的一个论据. 然而, 对于哥白尼逝世那个年代教会对天文学的态度, 现代思想界抱着一种比较温和的观点. 在宗教改革运动[2]的早期, 教会还没有觉得有足够大的威胁, 以致有必要摧毁所有违背其教义的思想. 事实上, 哥白尼害怕的是来自天文学同行(他们仍把亚里士多德的说法当作信条)的嘲笑, 这种害怕可能不亚于他对教会的害怕. 然而, 哥白尼对宗教狂热保持着起码的小心谨慎, 这种做法几乎肯定是对的. 这种小心谨慎或许反映在这样一件事上: 这本书仅把以太阳为中心的圆形轨道作为计算行星未来位置的一种简便方式, 而不是物理现实.

然而, 这一点儿处世上的圆滑行为并非哥白尼所为. 这本书的前言实际上是另一个人写的[3], 他对哥白尼的工作如此写道: "可以肯定, [作者的]假设不一定是成立的; 它们甚至不一定是可能成立的. 它们导致了一种与天文观察相一致的计算, 这就完全足够了." 哥白尼的读者们认为这些就是他的话, 但直到 1854 年才发现这是另一个人趁着这位伟大的天文学家处于弥留之际写的——哥白尼专门就这一问题同这个人进行过争辩. 而另外有一个微妙的小小圆滑行为, 如果算的话, 则应归咎于哥白尼——那就是他这本书的名称.《天体运行论》可以被理解为暗示只有**其他**行星在运行, 即在运动. 人们会认为, 这样的一个书名保留着地球静止的思想.

哥白尼本人当然根本不持有这种观点, 但是他可能试图在万一受到宗教裁判所那些知识分子恶棍的威胁时给自己留下某种"回旋余地". 尽管有这种处世方面的迂回躲闪, 并在序言中说把这本论著敬献给教皇保罗三世

---

① 马丁·路德(Martin Luther, 1483—1546), 16 世纪欧洲宗教改革运动的发起人, 基督教新教的创始人. 基督教历史和西方文化史上的重要人物. ——译者注

② 16 世纪欧洲新兴资产阶级以宗教改革为旗号发动的一次大规模反封建的社会政治运动. ——译者注

③ 这个人就是奥西安德尔(Andreas Osiander, 1498—1552), 牧师, 神学教授. 哥白尼委托他安排《天体运行论》的出版. ——译者注

(Pope Paul Ⅲ)，但当伽利略因赞同哥白尼的观点而引起轩然大波后，这本书就被列进了天主教会的禁书目录，从 1616 年直到 1757 年. 因为 1615 年，宗教改革运动的发展导致了教会的分裂(以及新教的形成)，所有与教会教义不符的说法都被看作是威胁. 哥白尼的书对科学没有直接的影响，但它确实标志着托勒密的地心说开始走向终结.

112

就在哥白尼逝世后三年，丹麦天文学家第谷 · 布拉赫(Tycho Brahe, 1546—1601)出生了. 在他的生命旅程中，他一直在用裸眼对行星轨道进行极其精确的观测——望远镜是在他逝世六年后才发明的. 然而，第谷(像伽利略一样，出于某种原因，他总是被人们用名而不是用姓称呼)倒退了一大步，因为他支持地心说. 他晚年有一名助手，即德国天文学家开普勒(Johann Kepler, 1571—1630). 他继承了由第谷如此辛苦地积聚下来的大批观测数据. 正是开普勒，在对第谷的数据进行了数年研究之后，终于发现了关于行星(包括地球)围绕太阳运动的规律.

1609 年，开普勒在他的《新天文学》(*New Astronomy*)一书中宣布了他关于行星运动的前两条定律. 定律 1：每颗行星都沿着一条椭圆轨道而不是圆形轨道运动，太阳则位于这轨道的一个焦点. 定律 2：连接太阳和任何一颗行星的线段在相等的时间间隔内扫过相等的面积. 例如，这第二条定律告诉我们，一颗行星越靠近太阳——从而连接两者的线段变得越短——这颗行星就运行得越快. 1619 年，开普勒在他的《宇宙和谐论》(*The Harmony of Worlds*)一书中给出了他的第三条定律. 定律 3：椭圆轨道半长轴的立方与轨道周期的平方之比对所有行星都一样.

虽然所有的行星轨道都是椭圆，但有些轨道比另一些更为椭圆. 请回忆一下，设 $2a$ 和 $2b$ 分别是一个椭圆的长轴和短轴，并设 $2c=2\sqrt{a^2-b^2}$ 是两个焦点的间隔距离，那么 $E=\frac{c}{a}=\sqrt{1-\left(\frac{b}{a}\right)^2}$ 就称为这个椭圆的**离心率**. 显然，如果 $c=0$ 则 $E=0$，两个焦点同时位于一个直径为 $2a=2b$ 的圆的圆心. 地球轨道的离心率为 0.016 7，这就是说$\frac{b}{a}=0.99986$. 另一方面，水星轨道的离心率为 0.205 6，这就是说$\frac{b}{a}=0.9786$. 这些轨道“差不多”就是哥白尼所说的圆.

牛顿根据开普勒的第二定律和第三定律推导出了关于引力的平方反比律和这种力的方向. 然后，他利用这个推导过程证明了关于椭圆轨道的第一定律并不是一个独立的陈述，而可以作为(其他两个定律的)推论. 只用几何来导出开普勒的椭圆轨道定律并非易事. 事实上，诺贝尔物理学奖获得者费曼在试图为加利福尼亚理工学院的本科生准备一次关于开普勒定律的讲课时，发现他无法理解牛顿的全部论证过程，那个论证是以晦涩难懂的二次曲线性质为基础的. 于是费曼想出了他自己的只用到几何的证明[4]，而这个证明也不容易. 正如费曼本人所说，你需要的只是“无限的智慧”. 有了这三条定律，天文科学才可以说已经起步. 好，让我给你看上述一切怎样可以用牛顿物理学和复指数来予以解释(这并不是在开普勒逝世 12 年后出生的牛顿的做法). 我还将在下一节用复数让你明白为什么行星可以看上去在倒退.

113

请参看图 5.2，从原点到运动质量体 m 的复数**位置向量** z 具有瞬时长度 r，并与实轴形成瞬时角 θ. “瞬时”是间接地说明 r 和 θ 是时间的函数，即 $r=r(t)$，$\theta=\theta(t)$. 也就是说

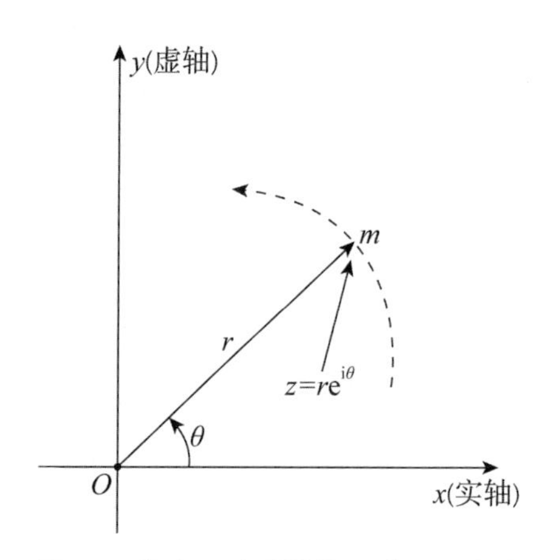

图 5.2　指向运动质量体 m 的位置向量

$$|z|=r \text{ 和 } z=re^{i\theta}.$$

如果我们把质量体 m 的速度和加速度分别记作 $v=v(t)$ 和 $a=a(t)$，那么

$$v=\frac{dz}{dt}=\frac{d}{dt}(re^{i\theta})=\left(\frac{dr}{dt}+ir\frac{d\theta}{dt}\right)e^{i\theta},$$

$$a=\frac{d^2z}{dt^2}=\frac{dv}{dt}=\left[\frac{d^2r}{dt^2}-r\left(\frac{d\theta}{dt}\right)^2+i2\frac{d\theta}{dt}\frac{dr}{dt}+ir\frac{d^2\theta}{dt^2}\right]e^{i\theta}.$$

请仔细注意，z，v 和 a 都是向量，即都是复数，因此都有**分量**，即在实轴和虚轴上的投影. 还请注意，我没有必要定义和引进单位向量(这个使事情复杂化的概念让那么多的物理专业一年级大学生头晕目眩)，因为复指数自动为我们承担了它们的职能，照管着它们的正确指向. 114

好，请设想有两个质量体 M 和 m，它们按照牛顿的平方反比定律以引力相互作用. 也就是说，每个质量体经受着同样的力 F，它的大小由下式给出：

$$|F|=G\frac{Mm}{r^2},$$

其中 G 是所谓的宇宙引力常量[由英国化学家和物理学家卡文迪许(Henry Cavendish)于 1798 年首先测定]，而 r 是质量体之间的距离. 如果质量体的物理大小与它们相互间的最近距离相比很小，那么我们一般可以假设这些质量体是**质点**. 如果 M 和 m 是密度呈径向对称的**球形**质量体(太阳和行星大致上就是这样)，那么我们可以说 r 就是 M 和 m 的球心间距离，即使 r 很小. 可以这样处理是牛顿利用他新发明的微积分所获得的第一批结果之一. 让我们同意将 M 放在我们坐标系的原点，并假设 $M \gg m$；例如，太阳与任何一颗行星相比，或者地球与任何一颗人造卫星相比，都是这样. 这最后一个假设使得 M 的运动与 m 的运动相比可以被我们忽略. 最后，让我们假设 M 和 m 都是密度均匀的球.

好，实际上牛顿的引力定律告诉我们的并不仅仅是 $|F|$. 它还说这是一种**径向力**或称**有心力**，即它沿着连接 M 和 m 的直线作用. 而且，这是一种**吸引力**，因此，既然 M 位于原点，那么作用在 m 上的力总是指向原点. 这些

事实立即让我们可以把作用在 m 上的力向量写作

$$F=-G\frac{Mm}{r^2}e^{i\theta}.$$

加入 $-e^{i\theta}$ 这个具有单位大小的因子，既给了我们正确的 $|F|$ 值，又给出了正确的方向，即 F 沿着位置向量 z 放置，但方向与之相反，这正是我们所要的，因为它是吸引力.

牛顿的引力理论告诉我们，这个力是由 M 作用在 m 上的. 牛顿的运动定律告诉我们 m 将对这个力作出怎样的反应. 具体地说，$F=ma$，其中 a 正如在前面所定义的，是 m 的加速度向量.也就是说

115

$$a=\frac{d^2z}{dt^2}=\frac{F}{m}=-G\frac{M}{r^2}e^{i\theta}.$$

$F=ma$ 只有当 $m\neq m(t)$ ①时才成立. 更一般地，正如牛顿本人在《原理》中对这条运动定律的陈述，力是动量(用牛顿的术语说，是**运动**)对时间的导数，对于 m 为常量这种特殊情况，这就导出 $F=ma$. 质量随时间变化并非罕事，例如，火箭在发射过程中就不断地失去质量. 当然，对于在围绕太阳的轨道上运行的行星来说，假设 m 不变是一个非常好的近似.

把每一样东西都以 M 的表面为基准，我们就能简化许多关于引力的数值计算工作. 在那个表面上，作用在一个质量体 m 上的引力正是这个质量体的所谓**重力**. 由牛顿的运动定律可知这个力为 mg，其中 g 是重力加速度；举例来说，如果 M 是地球，那么 g 大约是 32 英尺/秒^2. 但是牛顿的引力定律还告诉我们这个力是什么，于是，如果 R 是从 M 的中心到 M 表面的距离(在 M 是地球的情况下，这个距离大约是 3 960 英里 $=2.1\times10^7$ 英尺)，那么

$$mg=G\frac{Mm}{R^2},$$

---

① 这个记号 $m\neq m(t)$ 表示 m 不是时间 t 的函数，即 m 和 t 无关.——译者注

于是

$$G=\frac{gR^2}{M},$$

所以

$$a=-\frac{gR^2M}{M\ r^2}\mathrm{e}^{\mathrm{i}\theta}=-g\ \frac{R^2}{r^2}\mathrm{e}^{\mathrm{i}\theta}.$$

这里不言自明地当然有 $r>R$，即质量体 m 不在质量体 M 的内部. 如果我们就令 $k=gR^2$，那么有

$$a=-\frac{k}{r^2}\mathrm{e}^{\mathrm{i}\theta},\ k=gR^2.$$

但是由我们先前的工作，我们对质量体 m 的加速度向量 a 是熟悉的，于是我们有关于质量体 m 的运动微分方程：

$$\frac{\mathrm{d}^2 r}{\mathrm{d}t^2}-r\left(\frac{\mathrm{d}\theta}{\mathrm{d}t}\right)^2+\mathrm{i}2\ \frac{\mathrm{d}\theta}{\mathrm{d}t}\frac{\mathrm{d}r}{\mathrm{d}t}+\mathrm{i}r\ \frac{\mathrm{d}^2\theta}{\mathrm{d}t^2}=-\frac{k}{r^2}.$$

116

这个微分方程或许有点吓人，但实际上它根本不难解出. 首先，令两边的实部和虚部分别相等，它就分成两个较简单的微分方程：

$$2\ \frac{\mathrm{d}\theta}{\mathrm{d}t}\frac{\mathrm{d}r}{\mathrm{d}t}+r\ \frac{\mathrm{d}^2\theta}{\mathrm{d}t^2}=0$$

和

$$\frac{\mathrm{d}^2 r}{\mathrm{d}t^2}-r\left(\frac{\mathrm{d}\theta}{\mathrm{d}t}\right)^2=-\frac{k}{r^2}.$$

把你的注意力集中在这两个方程的第一个上. 首先遍乘以 r，得

$$2r\ \frac{\mathrm{d}\theta}{\mathrm{d}t}\frac{\mathrm{d}r}{\mathrm{d}t}+r^2\ \frac{\mathrm{d}^2\theta}{\mathrm{d}t^2}=0,$$

然后注意它可以写成

$$\frac{\mathrm{d}}{\mathrm{d}t}\left(r^2\ \frac{\mathrm{d}\theta}{\mathrm{d}t}\right)=0.$$

你只要做一下微分，就可以验证这个方程. 这个方程当然是可积的，观察

得到

$$r^2\frac{\mathrm{d}\theta}{\mathrm{d}t}=c_1,$$

其中 c_1 是任意的不定积分常数. 这个结果就是开普勒的定律 2, 即连接 M 和 m 的线段在相等的时间间隔内扫过相等的面积. 你可以看出之所以如此, 是因为如果质量体 m 在时间微分 $\mathrm{d}t$ 内转过角度微分 $\mathrm{d}\theta$, 那么 m 走过的弧长就是 $r\mathrm{d}\theta$. r 的值在时间微分 $\mathrm{d}t$ 内基本上是不变的, 所以从 M 到 m 长度为 r 的线段扫过的面积微分 $\mathrm{d}A$ 其形状是一个狭长的三角形:

$$\mathrm{d}A=\frac{1}{2}r(r\mathrm{d}\theta)=\frac{1}{2}r^2\mathrm{d}\theta.$$

遍除以 $\mathrm{d}t$, 得

$$\frac{\mathrm{d}A}{\mathrm{d}t}=\frac{1}{2}r^2\frac{\mathrm{d}\theta}{\mathrm{d}t}=\frac{1}{2}c_1(=\text{常数}).$$

因此, 在相等的时间间隔内将扫过相等的面积. 如果我们假设质量体 m 在自己的轨道上以逆时针方向运行, 那么$\frac{\mathrm{d}\theta}{\mathrm{d}t}>0$, 于是 $c_1>0$. 从现在开始我将假定总是这种情况.

好, 将上一个方程与先前关于质量体 m 的加速度的方程结合起来, 我们有

117

$$a=\frac{\mathrm{d}^2z}{\mathrm{d}t^2}=-\frac{k}{r^2}\mathrm{e}^{\mathrm{i}\theta}=-k\left(\frac{1}{c_1}\frac{\mathrm{d}\theta}{\mathrm{d}t}\right)\mathrm{e}^{\mathrm{i}\theta},$$

它可以被再一次积分——还是通过观察——得到

$$\frac{\mathrm{d}z}{\mathrm{d}t}=\mathrm{i}\frac{k}{c_1}\mathrm{e}^{\mathrm{i}\theta}+C,$$

其中 C 是任意的不定积分常数. 你很快会意识到, 将 C 写成 $\mathrm{i}c_2\mathrm{e}^{\mathrm{i}\theta_0}$ 会很方便, 其中 c_2 和 θ_0 都是实的非负常数, 即

$$\frac{\mathrm{d}z}{\mathrm{d}t}=\mathrm{i}\frac{k}{c_1}\mathrm{e}^{\mathrm{i}\theta}+\mathrm{i}c_2\mathrm{e}^{\mathrm{i}\theta_0}.$$

令这个关于$\frac{\mathrm{d}z}{\mathrm{d}t}$的表达式与我在这段数学分析开头所写的那个式子相等, 那

么我们有

$$\left(\frac{\mathrm{d}r}{\mathrm{d}t}+\mathrm{i}r\frac{\mathrm{d}\theta}{\mathrm{d}t}\right)\mathrm{e}^{\mathrm{i}\theta}=\mathrm{i}\frac{k}{c_1}\mathrm{e}^{\mathrm{i}\theta}+\mathrm{i}c_2\mathrm{e}^{\mathrm{i}\theta_0}.$$

遍除以永不为零的 $\mathrm{e}^{\mathrm{i}\theta}$，得

$$\frac{\mathrm{d}r}{\mathrm{d}t}+\mathrm{i}r\frac{\mathrm{d}\theta}{\mathrm{d}t}=\mathrm{i}\frac{k}{c_1}+\mathrm{i}c_2\mathrm{e}^{-\mathrm{i}(\theta-\theta_0)}.$$

同前面一样，请注意这实际上是两个微分方程，也就是说，令两边的实部和虚部分别相等，得

$$\frac{\mathrm{d}r}{\mathrm{d}t}=c_2\sin(\theta-\theta_0)$$

和

$$r\frac{\mathrm{d}\theta}{\mathrm{d}t}=\frac{k}{c_1}+c_2\cos(\theta-\theta_0).$$

请回忆先前得到的开普勒面积定律的数学叙述，我们有$\frac{\mathrm{d}\theta}{\mathrm{d}t}=\frac{c_1}{r^2}$，于是这两个方程中的第二个变成

$$\frac{c_1}{r}=\frac{k}{c_1}+c_2\cos(\theta-\theta_0).$$

这样，我们最后得到了用极坐标形式写出的关于质量体 m 的轨道方程： 118

$$r=\frac{\frac{c_1^2}{k}}{1+\frac{c_1c_2}{k}\cos(\theta-\theta_0)}.$$

这个方程代表了一条封闭的、不断重复的，即周期性的椭圆轨道，而且 M 所在的原点是它的一个焦点. 这就是说，如果某些条件得到满足，我们就有了开普勒的定律 1. 首先，作为弄清楚这些条件的第一步，我要指出 θ_0 在物理上的意义：当 $\theta=\theta_0$ 时，余弦函数处于其**最大值**，因此 r 处于其**最小值**$\left(假定\frac{c_1c_2}{k}\geqslant 0，这意味着 c_2\geqslant 0\right)$，即这时 m 与 M 最接近. 这个最接近的距

离，如果 M 是地球则称为**近地点距离**，如果 M 是太阳则称为**近日点距离**，它的大小是

$$r_P=\frac{\frac{c_1^2}{k}}{1+\frac{c_1c_2}{k}}.$$

当 $\theta=\theta_0+\pi$ 时，余弦函数处于其**最小**值，因此 r 处于其**最大**值，即 m 与 M 处于**最大**距离. 这个距离，如果 M 是地球则称为**远地点距离**，如果 M 是太阳则称为**远日点距离**，它的大小是

$$r_A=\frac{\frac{c_1^2}{k}}{1-\frac{c_1c_2}{k}}.$$

我们总可以调整坐标系的方向，使得这个最接近距离发生在运行轨道与实轴相交的时候，即我们可以不失一般性地假设 $\theta_0=0$. 从现在开始我就这样假设.

请注意，如果我们要有一条封闭的、不断重复的轨道，那么我们必须总让 r 为有限值，从而 $\frac{c_1c_2}{k}<1$. 否则，当 θ 为某些值时，r 会变得任意大，或者成为负数. $\frac{c_1c_2}{k}=E$ 的值称为这条椭圆轨道的离心率，而且很显然，如果 $E=0$，那么这个椭圆退化为一个圆. 更准确地说，这条轨道是一条离心率为 E 的**圆锥曲线**：如果 $0<E<1$，那么它是椭圆；如果 $E=1$，那么它是抛物线；如果 $E>1$，那么它是双曲线的一支. 我们知道 $c_1>0$，因此对于离心率为零的情况，我们必须有 $c_2=0$. 根据 c_1 的单位(距离^2/时间)，以及 c_2 和 k 的单位(距离/时间和距离^3/时间^2)，显然 E 无量纲，而 c_1^2/k 是一个距离. 要知道我是怎样求得这些单位的，只要回头看看 c_1，c_2 和 k 第一次出现的方程，并令等号两边的量纲相同即可. 这是**量纲分析**的基本思想，是工程师和科学家的有

力工具. 我们可以把所有这些论述结合起来，并把我们已有的结果概括地写成

$$r=\frac{r_0}{1+E\cos\theta},\ r_0=\frac{c_1^2}{k},\ c_2\geqslant 0,\ 0\leqslant E=\frac{c_1c_2}{k}<1.$$

现在我们可以导出开普勒的定律 3 了. 为了让事情尽量简单，让我们假设 $E=0$，因此我们有一条圆形轨道. 于是 $r=r_0$，并且

$$\frac{\mathrm{d}\theta}{\mathrm{d}t}=\frac{c_1}{r^2}=\frac{c_1}{r_0^2}.$$

如果 T 是 m 的轨道周期，即 T 是 θ 从 0 变到 2π 所需要的时间，那么

$$T=\int_0^T\mathrm{d}t=\int_0^{2\pi}\frac{r_0^2}{c_1}\mathrm{d}\theta=2\pi\frac{r_0^2}{c_1},$$

即

$$T^2=4\pi^2\frac{r_0^4}{c_1^2}=4\pi^2\frac{r_0^4}{r_0k}=\frac{4\pi^2}{k}r_0^3,\ k=gR^2.$$

也就是说，对于一条圆形轨道来说，轨道周期的平方正比于轨道半径的立方，这个关于 T^2 的等式中的比例常数 k 仅依赖于质量体 M（请回忆 g 和 R 的定义），因此在半径为 r_0 的轨道上运行的任何一个质量体 m，都具有相同的轨道周期. 例如，当一名宇航员在围绕地球的轨道上进行太空行走时，他的运动恰恰与宇宙飞船同步，虽然他的质量远小于宇宙飞船. 即使 $E\neq 0$，这个结果也是成立的，但这个更为一般的推导需要计算下面这个多少有点儿难的积分的值：

$$\int_0^{2\pi}\frac{\mathrm{d}\theta}{(1+E\cos\theta)^2}.$$

我将在第 7 章中向你展示怎样利用柯西关于复平面上**围道积分**的理论来计算这个积分的值. 不过，如果你实在不能等到那个时候来验证 $E\neq 0$ 时的开普勒的第三定律，那么这里就给出这个积分的值，让你赏玩一下：$\dfrac{2\pi}{(1-E^2)^{\frac{3}{2}}}$.

120

5.4 为什么其他行星有时看上去在倒退以及什么时候会这样

从地球上观察，在夜空中运行的其他行星(古希腊天文学家认识其中的五颗：水星、金星、火星、木星和土星)会在不同的时候周期性地暂时逆转它们的运动方向. 古代天文学家可以用托勒密的透明球面来“解释”这些神秘的逆行运动，但是实际上这些运动只不过是由于在一个运动物体(地球)上观察另一个运动物体(某一颗行星)而导致的错觉. 开普勒知道这一点，而且用图说明他的定性推理，首先解释了这种错觉. 然而，复指数使得这种现象的数学解释同样很容易理解. 下面就说一说[5].

根据定义，地球的轨道周期是一年. 同样根据定义，地球到太阳的平均距离 93 000 000 英里①是一个天文单位(A.U.). 因此，以太阳作为我们坐标系的中心，并取圆形轨道作为一个很好的近似，我们就可以把地球的位置向量写成

$$z_{SE}=e^{i2\pi t}.$$

请仔细注意，这个表达式还包含了这样的假设：我们在建立这个坐标系时把地球轨道与正实轴相交的一个瞬间规定为时刻 $t=0$，如图 5.3 所示.

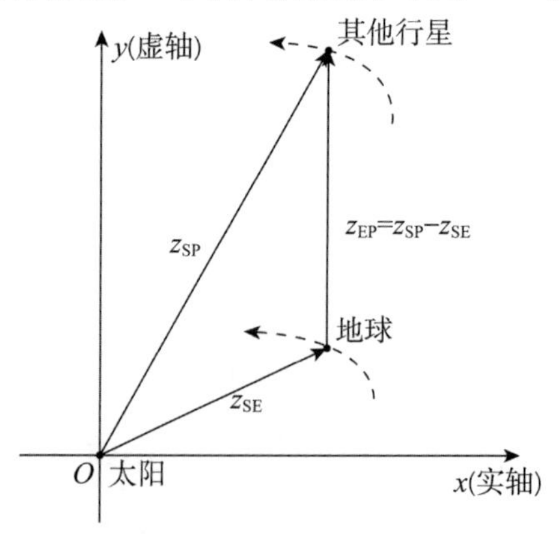

图 5.3 静止的坐标系原点(太阳)和转动的坐标系原点(地球)

① 约合 1.496×10^8 千米.——译者注

好，让我们在这个问题中再加进一颗行星，它与太阳的距离为 a，轨道周期为 $1/\alpha$(a 和 $1/\alpha$ 分别以 A. U. 和地球年为单位). 当 $\alpha>1$ 时，这颗行星的轨道周期比一年短，因此它必定是一颗内行星(金星或水星). 在这种情况下，显然有 $a<1$. 对于外行星来说，情况同样是显然的，即有 $\alpha<1$ 和 $a>1$. 这些显然的陈述完全是开普勒第三定律的数学推论，这条定律是说 121

$$\left(\frac{1/\alpha}{1}\right)^2=\left(\frac{a}{1}\right)^3,$$

即 $a^3\alpha^2=1$. 请仔细注意，图 5.3 隐含地作出了这样的假设：地球和这颗行星的轨道都在同一个平面上. 这一点并不是严格成立的，但差不多是成立的. 准确地说，太阳系所有其他行星的轨道平面对于地球的轨道平面只有轻微的倾斜. 除了冥王星——许多天文学家认为它并不是真正的行星，它原先是海王星的一颗卫星[①]——之外，其他各颗行星的轨道平面倾斜度都不超过水星的 7°.

好，经过太阳和地球的直线实际上会有**无穷**多个瞬间也经过那颗新加进来的行星. 我们可以把其中的一个瞬间取为 $t=0$，也就是说，我们总可以选取坐标系使得当 $t=0$ 时地球和这颗行星正好都经过正实轴. 这样，以太阳为坐标系的原点，这颗行星的位置向量就是

$$z_{SP}=a\,\mathrm{e}^{\mathrm{i}2\alpha\pi t}.$$

选取 α 为负数，我们就可以对一颗在围绕太阳的轨道上沿着与地球相反的方向运行的行星给出模型. 然而，事实上，所有的行星都以相同的方向在轨道上运行，因此 $\alpha>0$ 是普遍成立的.

以地球为基准(地心说)，这颗新加进来的行星的位置向量便是

$$z_{EP}=z_{SP}-z_{SE}=a\,\mathrm{e}^{\mathrm{i}2\alpha\pi t}-\mathrm{e}^{\mathrm{i}2\pi t}=r(t)\mathrm{e}^{\mathrm{i}\theta(t)}.$$

在以圆形轨道作为近似的给定条件下，从太阳到地球和这颗行星的轨道半

---

① 2006 年 8 月 24 日，国际天文学联合会大会投票决定，不再将冥王星视为行星，而将其列入“矮行星”. ——译者注

径都是常量，但从地球到这颗行星的距离 $r(t)$ 当然会是时间的函数. 在地球上的观察者看来，这个变化着的距离表现为一个随时间变化的亮度. 这颗行星看上去也会是沿着一个方向在天空中运行，只要 $\theta(t)$ 总在变大或者总在变小. 但如果 $\theta(t)$ 逆转它的变化方向，也就是说，如果 $\frac{d\theta}{dt}$ 改变它的符号，那么这颗行星就会看上去在那个瞬间逆转它在天空中的运行方向. 这就是令我们感兴趣的逆行运动. 因此让我们看看关于 $\frac{d\theta}{dt}$ 我们能知道些什么.

122

我们有

$$\ln z_{EP}=\ln r+\mathrm{i}\theta,$$

因此

$$\frac{d}{dt}(\ln z_{EP})=\frac{1}{r}\frac{dr}{dt}+\mathrm{i}\frac{d\theta}{dt}=\frac{1}{z_{EP}}\frac{dz_{EP}}{dt}.$$

于是，$\frac{d\theta}{dt}$ 是 $\frac{1}{z_{EP}}\frac{dz_{EP}}{dt}$ 的虚部. 但是

$$\frac{1}{z_{EP}}\frac{dz_{EP}}{dt}=\frac{a\,\mathrm{i}2\alpha\pi e^{\mathrm{i}2\alpha\pi t}-\mathrm{i}2\pi e^{\mathrm{i}2\pi t}}{a e^{\mathrm{i}2\alpha\pi t}-e^{\mathrm{i}2\pi t}}.$$

经过一些代数运算①，上式变为

$$\frac{1}{z_{EP}}\frac{dz_{EP}}{dt}=\frac{\mathrm{i}2\alpha a^2\pi-\mathrm{i}2\alpha a\pi e^{-\mathrm{i}2\pi t(1-\alpha)}-\mathrm{i}2\pi a e^{\mathrm{i}2\pi t(1-\alpha)}+\mathrm{i}2\pi}{1+a^2-2a\cos[2\pi(1-\alpha)t]}.$$

如果我们把右边展开，并且仅保留虚部，那么就有

$$\frac{d\theta}{dt}=2\pi\frac{1+\alpha a^2-\alpha a\cos[2\pi(1-\alpha)t]-a\cos[2\pi(1-\alpha)t]}{1+a^2-2a\cos[2\pi(1-\alpha)t]}.$$

回想一下先前由开普勒第三定律得到的公式，我们就可以把这个样子变得“干净”一些. 这个公式告诉我们，$a(\alpha a)^2=1$，或者说

$$\alpha a=\frac{1}{\sqrt{a}}.$$

① 分子分母同乘以 $a e^{-\mathrm{i}2\alpha\pi t}-e^{-\mathrm{i}2\pi t}$. ——译者注

将此式代入，我们就得到

$$\frac{\mathrm{d}\theta}{\mathrm{d}t}=2\pi\frac{1+\sqrt{a}-\left(a+\frac{1}{\sqrt{a}}\right)\cos[2\pi(1-\alpha)t]}{1+a^2-2a\cos[2\pi(1-\alpha)t]}.$$

请注意，对于所有的 $a\neq 1$，分母总是正的(你能证明这一点吗?)，因此当且仅当分子改变符号时 $\frac{\mathrm{d}\theta}{\mathrm{d}t}$ 改变符号. 这种情况发生在分子等于零的瞬间，即 $\frac{\mathrm{d}\theta}{\mathrm{d}t}$ 在下列方程的解所表示的时刻改变符号：

$$1+\sqrt{a}-\left(a+\frac{1}{\sqrt{a}}\right)\cos[2\pi(1-\alpha)t]=0,$$

或者说，在下列方程的解所表示的时刻：

$$\cos[2\pi(1-\alpha)t]=\frac{a+\sqrt{a}}{1+a\sqrt{a}}.$$

123

对于任意的 $a>0$，右边总是小于或等于1(你能证明这一点吗?)，因此这个方程总有实数解[①]. 这意味着，从地球上观察，所有的行星都会表现出逆行运动. 最后这个方程让我们可以计算这种情况何时发生，以及持续多久.

举个例子，考虑火星的情况. 火星的轨道周期是687个地球日，它与太阳的平均距离是141 600 000英里，因此对这颗行星来说，α 和 a 的值分别是0.53和1.52. 于是上述方程变为

$$\cos[2\pi(0.47)t]=0.958,$$

你会想起，其中 $t=0$ 表示火星和地球同时位于一条从太阳画出的直线上. 这种情形称为**冲**，因为这时太阳和火星在地球两侧“对冲”. 这个方程的第一个解是 $t=0.009\,85$ 地球年 $=36$ 日，这意味着从 $t=0$ 日到 $t=36$ 日火星看上去将沿一个方向运行，过了这36日后，它将逆转它的运动. 火星将沿着这

---

① 这个理由同时说明了在分子等于0的瞬间前后 $\frac{\mathrm{d}\theta}{\mathrm{d}t}$ 确实改变了符号. 注意对一般的连续函数 $f(t)$，若 f 在 t_0 瞬间前后改变符号，则必有 $f(t_0)=0$，但反之未必成立. ——译者注

个新的方向不断运行，直到下一个解，即 $t=2.202\,95$ 地球年$=741$ 日，这时它将再次逆转方向. 不难证实，$\frac{d\theta}{dt}<0$ 所经历的时期较短，也就是说，这个时期是逆行运动时期. 根据余弦函数的对称性，火星显然会在 $t=0$ 之前的 36 日内同样处于逆行运动状态. 于是如此进行下去，也就是说，根据前面的计算，火星会周期性地每隔两年多一点的时间，在一段大约 72 日的时期内表现为逆行运动.

上面所得到的计算结果与实际观察到的火星运动符合得有多好？这个问题我自己也很想弄清楚. 在我所查阅的一本大学天文学教科书中[6]，我发现有一幅图表现了火星在 1988 年夏季和秋季的运行轨道. 在这一期间，火星从 8 月 26 日到 10 月 30 日表现为逆行运动，总共是 66 日，而我们这里计算出来的是 72 日. 我们怎样才能改进这一符合程度？显然更进一步的分析是对火星和地球都采用实际上的椭圆轨道而不是圆形轨道. 这样一个比较复杂精细的模型将导致各段逆行运动之间的时间间隔不是常数，而且逆行运动本身的持续时间也不会相同. 据观察，这些复杂的情况确实都存在.

好，请回顾一下刚才这两节，我想你会对使用复指数能如此容易地得到这么多东西感到惊讶. 直到现在我仍然如此.

124

5.5 电工学中的复数

说明 在这个应用实例中，而且仅在这个实例中，我将不采用$i=\sqrt{-1}$. 取而代之，由于我将采用符号 i（带有各种各样的下标）来表示各种各样的电流，我将写 $j=\sqrt{-1}$. 这符合标准的电工学实际操作，因此我这里将采用这一做法.

现在我要给你看的一个问题直到 19 世纪很晚的时候还是未解之谜. 它引起了 1904 年诺贝尔物理学奖获得者瑞利勋爵(Lord Rayleigh)这样一位

地位显赫的智者的兴趣. 瑞利本名约翰·威廉·斯特拉特(John William Strutt, 1842—1919), 从 1870 年到他逝世的半个世纪, 他一直是英国科学界的伟大人物之一. 他的天赋几乎贯穿了他那个时代物理学的每一个方面. 但是在他早年研究交流电——众所周知, 用 ac 表示——的时候, 他陷入了一种境地, 用他自己的话说, 这种境地非常"古怪". 然而, 采用复指数, 瑞利的难题不是太难解决——而且这正是瑞利本人得以把事情分说清楚的方法.

不过, 首先概述一下你在这里需要知道的电学知识. 200 年前人们对于电的普遍看法(在今天也并非罕见)是, 电是一种具有某种神秘性质的流体, 它沿着一根电线"管道"流动. 洛奇(Oliver Lodge, 1851—1940), 一位与瑞利同时代的英国物理学家, 嘲弄地将这种观点称为电的"排水管理论". 但事实上, 对于在纯电阻电路(我很快就会定义这是什么)中流动的恒流电——众所周知, 用 dc 表示——来说, 这种流体观是说得过去的. 但对于交流电来说, 它根本不行——这就是洛奇的意思.

实验发现, 对于某些材料, 例如金属和碳, 电荷通过这种材料的速率正比于所加的电压. 其实, 正如我马上就要详尽阐述的, 这个速率就是电流. 这一说法称为欧姆定律, 它是以 1827 年首先发表这个定律的德国物理学家欧姆(Georg Ohm, 1789—1854)的名字命名的. 欧姆曾是一名高中教师, 他希望用他的这个发现来谋得一个大学职位. 这一愿望终于实现了, 但那是在对他这一工作成果的价值进行了大量的争论之后. 当然, 在今天, 每一位九岁以上瞎摆弄电器的孩子都知道欧姆定律, 而且认为它很显然. 哟, 它可不总是这样. 真的, 它甚至不是一条像能量守恒定律那样的*定律*, 因为它只适用于有限多种材料.

说到这里, 你很可能心中暗想, 这一切很有趣, 但是, 如果还能确切地知道**电荷**和**电压**是什么, 就会更有点儿意思了. 电荷是这两者中比较容易理解的. 正如同质量是物质的性质, 我们说它是引力效应(如苹果落地)的基础一样, 电荷也是物质的性质, 我们说它是电效应(如电火花)的基础. 电荷是

125

量子化的，即电荷量表现为微小电荷量子的整数倍. 这个微小电荷量子就是电子电荷：一个电子所带的电荷是 1.6×10^{-19} 库仑. 这个单位如此取名是为了纪念法国物理学家库仑(Charles Coulomb，1736—1806)，他于 1785 年发现了库仑定律，这条定律描述了两个带电小物体之间的非引力作用力.

库仑的作用力定律与牛顿关于引力的平方反比定律十分类似. 你只要用 q 和 Q 代替 m 和 M，并用一个不同的常量代替引力常量 G 即可. 与牛顿定律一样，这种力沿着连接两个电荷的直线发生作用. 但是有一个很大的差别：质量总是正的(引力总是吸引力)，而电荷可负可正，因此电作用力可以是吸引力(乘积 $qQ<0$)，也可以是排斥力($qQ>0$). 电荷以两种符号出现这一事实的另一含义是：即使是电中性的物质，一般也充满了电荷——等量的正负电荷相互抵消了对方的效应.

电荷的运动产生了*电流*. 如果有电荷运动着通过一个导体——在金属中，电荷的载体是电子，那里存在着极大量的这种电子——那么当每秒钟经过这个导体的一个截面的电荷为 1 库仑时，我们就说有 1 *安培*电流通过这个截面. 电流的单位是以法国数学物理学家安培(Andre-Marie Ampere，1775—1836)的名字命名的，他研究了由电流产生的磁场. 你很快就会看到，这在我们这个应用实例中起着很大的作用. 1 安培既不是一个大电流也不是一个小电流. 像无线电和家庭电脑这种日常小设备中的电流一般都小于 1 安培，而汽车上由一组蓄电池提供给起动机的电流在几秒钟的曲轴转动期间一下子就能超过几百安培.

好，有一个核心问题：是什么使得电荷运动？答案是电场. 这个概念我不想深入探讨，我只是说，这种场产生于一个电池或一台发电机的两极之间. 是两极之间的电压或*电势差*在导体中产生了一个电场，而正是这个电场使得载着电荷的电子在导体中运动(我将在大约两个自然段后再提到这一点)，而这种运动着的电荷*就是*电流. 如果可以把电流比作在一条排水管中流动的水，那么电压就好比压强. 一个常见的闪光灯电池产生 1.5 伏的电势差，而发电机可以产生从几伏到几万伏的大范围内的任何电压. 举个例子，当 1936 年内华达州拉斯维加斯附近的科罗拉多河上的胡佛大坝开始运行时，它向洛杉矶输送电能所用的电压是 275 000 伏. 电压的单位是以意大利物理学家伏打(Alessandro Volta，1745—1827)的名字命名的，他于 1800 年制成了世界上第一个电池. 126

最简单的电路仅包含电阻器. 这是一种电气元件，通常用一根圆柱形的小碳棒制成. 碳棒两端各引出一根金属线，可用以连接到其他元件上. 在数学上，服从关系式 $v=iR$，即欧姆定律的任何器件都被定义为电阻器，式中 v 是电阻器两端的瞬时电压差，i 是通过电阻器的瞬时电流，而 R 是电阻器的值. 如果 v 和 i 分别以伏特和安培为单位，则 R 的单位就是**欧姆**.

电路中通常还有两种具有两根端线的元件，即电容器和电感器. 它们服从图 5.4 所示的关系式，其中 C 和 L 表示这些元件的值，单位分别是法拉(F)和亨利(H). 图中还显示了电气工程师画电路图时所使用的符号. 这些不同元件的详细物理构造在我们这个应用实例中并不重要——我们只对它们的数学定义感兴趣. 这些单位如此取名，是为了纪念美国物理学家亨利(Joseph Henry，1797—1878)和英国物理学家、化学家法拉第(Michael Faraday，1791—1867). 说一个电容器的值是 20 微法(20×10^{-6} F)，或者一个电感器的值是 500 毫亨(500×10^{-3} H)，是什么意思？它们的物理解释来自于各元件的电压-电流关系式. 第一种情况是指任何一个具有这种性质的电器件：如果在一个特定的瞬间这个器件两端的电压降落以每秒 100 万伏特的变化率发生着变化，那么在此瞬间这个器件中会有 20 安培电流通过. 这样高的变化率在某些极短时间间隔电路中非常常见. 第二种情况是指任何一个具有这种性质的电器件：如果通过这个器件的电流以每秒 2 安培的变化率发生着变化，那么在它两端就会产生一个 1 伏的电势差. 127

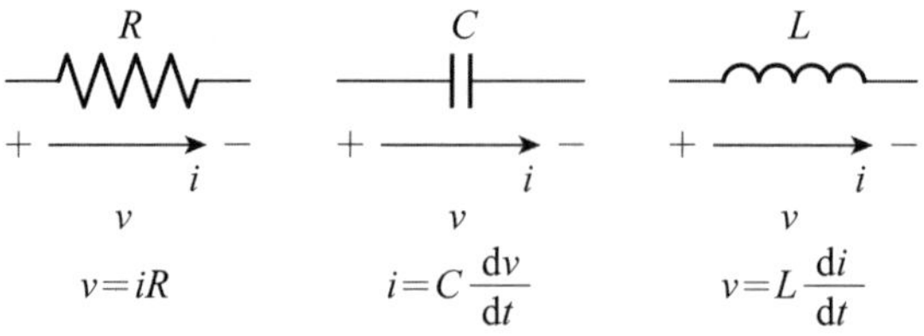

图 5.4　用在电路中的三种标准的电气元件

重要的是要注意到，在图 5.4 中，电流 i 的流动方向就是电压降的方向，即从＋端到－端的方向. **这里所用的加号和减号可能会造成混淆，因为这些符号其实不是指加法和减法**，而只是表示＋端的电压高于－端的电压. 事实上，与某个基准相比，这两端甚至可能都是正电压. 这个基准通常称为**地**，它可能确实是地球的大地. 例如，一端是＋7 伏特，一端是＋3 伏特，在这种情况下，我们会把＋7 伏特的那端标为＋，而把＋3 伏特的那端标为－. 当我们从＋到－时，电压降落就是＋4 伏特(或者说当我们从－到＋时电压升高＋4 伏特).

好，最后有一个关于电场和电荷运动的评注. 电场和磁场都是向量场，因为它们在空间的每一点都既有大小又有方向. 电场的方向是电压降落的方向，即从＋端到－端. 一个带有正电荷的质量体 m，如果放在一个电场中，就会在这个电场的方向上受到一个力. 因此，按照牛顿的公式$F=ma$，它将沿着这个方向运动. 这种运动符合“同性相斥”的规则：一个位于＋端的正电荷将向着－端运动，因为它受到排斥. 于是在电路中，传导电子带着它们的负电荷实际上将沿相反的方向运动，即逆着电场方向，从－端到＋端. 也就是说，图 5.4 中所示的电流方向与电荷实际上的物理载体的运动方向相反. 你无疑在想，这都是疯子们干的活儿——许多初学电工学的学生会同意这个评价——但如果你仔细想一想所说的情况，一切都非常自然.

关于电，还有两件事我得告诉你，这样你就为理解瑞利的难题做好了准备. 对一个电路无论怎样分析，物理学家和电气工程师都会用到两条以德国物理学家基尔霍夫(Gustav Kirchhoff, 1824—1887)的名字命名的定律.

这两条基尔霍夫定律实际上是关于能量和电荷的基本守恒定律——电荷和能量既不会被创生也不会被消灭——应用于电路时的特例，可以用图 5.5 来说明，而且很容易陈述.

电压定律：任何一个电路中，在每一瞬间，形成任一闭合回路的各个元件两端的电压降落之和为零.

电流定律：任何一个电路中，在每一瞬间，流入任何给定点的所有电流的代数和为零. 换一种说法，流入任一给定点的所有电流之和等于流出的所有电流之和. 128

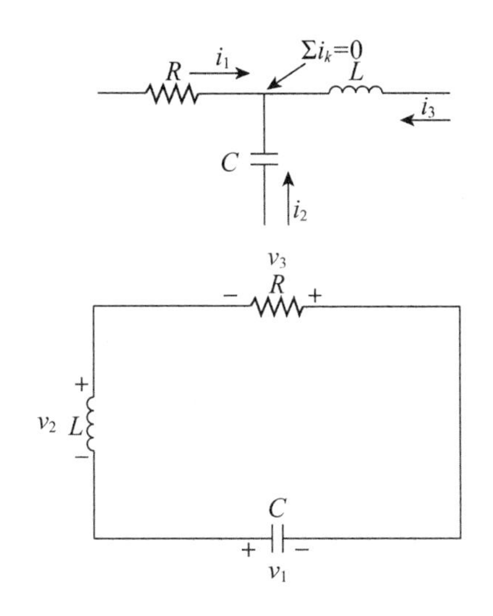

图 5.5　基尔霍夫的两条电路定律

基尔霍夫定律威力强大，非常有用，它将对解决瑞利问题起到不可估量的作用. 在只是包含电阻器和电池的电路中，这些定律与大多数人的直觉相符. 对于有电容器和/或电感器存在的交流电路，直觉往往与这些定律不相符. 在这些情况中，定律是正确的，而直觉就没那么好的运气了！例如，请考虑图 5.6 所示的电路. 这电路右边那两条支路两端的电压显然都是电池电压 1.5 伏特. 利用基尔霍夫的电流定律，我们有 $I=I_1+I_2$. 根据欧姆定律，对于这四个电阻，我们有 129

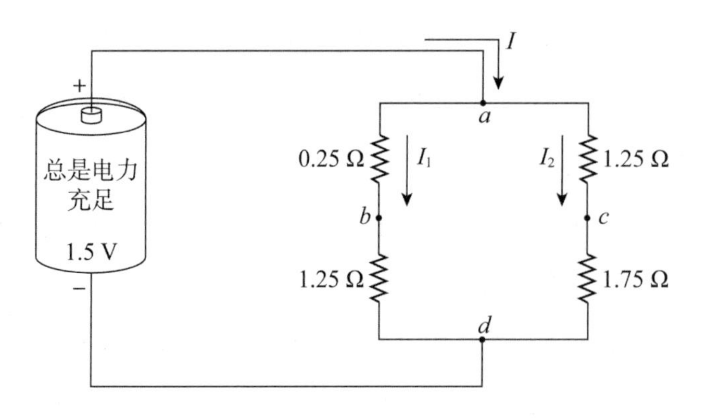

图 5.6　一个简单的电阻电路

V_{ab} = 从 a 到 b 的电压降落 $=0.25I_1$,

$V_{bd}=1.25I_1$,

$V_{ac}=1.25I_2$,

$V_{cd}=1.75I_2$.

最后，根据基尔霍夫的电压定律，我们有

$$1.5=V_{ab}+V_{bd}=1.5I_1,$$

$$1.5=V_{ac}+V_{cd}=3I_2.$$

因此 $I_1=1$ 安培，而 $I_2=0.5$ 安培，于是电池电流为 $I=1.5$ 安培. 在你看来，我说这些可能很傻，不过请注意，I_1 和 I_2 都小于 I. 啊，你可能会说，当然是必定如此，因为我们是把 I_1 和 I_2 *加起来*而得到 I 的. 记住这一想法.

好，你终于为理解瑞利的难题做好了准备. 这涉及到把图 5.6 的简单电路作一推广，成为图 5.7 所示的电路. 其中我们囊括了所有三种电气元件，并用一台以角频率 ω 运转的交流发电机代替了电池. 角频率的意思是，ω 的单位是弧度每秒. 这意味着如果 $v(t)$ 是一个最大振幅为 V 伏特的正弦电压，那么我们可以写 $v(t)=V\cos\omega t$. ωt 从 0 变化到 2π，这个电压就变化了一个整周期，或者说完成了一个振荡*循环*. 因此，一个振荡循环需要一段长 $2\pi/\omega$ 秒的时间. 或者换一种说法，一秒钟内将有 $1/(2\pi/\omega)=\omega/2\pi$ 个循环，这是一个被电气工程师称为*频率*的量，记为 f，即 $\omega=2\pi f$. 频率的单位在过去的许多年中是理所当然的循环每秒，现在则是**赫兹**，它是以德国物理学家赫兹(Heinrich Hertz，1857—1894)的名字命名的. 赫兹在他英年早逝之前没几年，通过实验发现了电磁辐射. 将电能分配到各家各户的电源线所用的频率是 60 赫兹[①]，而调幅无线电广播所用的频率范围是 535 000 赫兹到 163 500 赫兹[②].

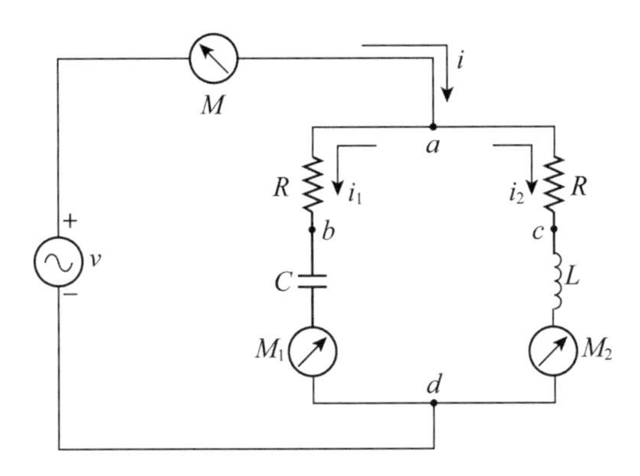

图 5.7　瑞利的电流分解难题

图 5.7 中三个标着 M, M_1 和 M_2 的圆圈代表电流计，电流计上的指针指着针下面刻度盘上的电流值. 这种电流计是法国生物物理学家达松瓦尔(Arsène D'Arsonval，1851—1940)于 1882 年发明的，当时他需要一种仪器来测量动物和人体肌肉组织中的微电流. 这种被称为**达松瓦尔动圈式检流计**的仪器利用了导线中电流所产生的磁场. 它的发明思想从理论上说十分简单，但是实施起来需要十分精细的技术. 在一个永磁体的磁场中，把一个线圈用一个摩擦非常小的支架悬挂起来. 让待测量电流通过这个线圈，它的磁场便与永磁体的磁场相互作用，产生一个力. 整个布局在机械结构上使得这个力产生一个能转动线圈的转矩，从而带动固着在线圈上的一根指针. 这 131 个力或这个转矩正比于线圈中的瞬时电流. 如果这个电流是恒定的，或者它的变化非常缓慢，那么线圈/指针可以跟着电流一起变化，但如果电流变化

① 在我国是 50 赫兹. ——译者注

② 确切地说，是指中波频率范围，在我国是 526 000 赫兹到 1 606 000 赫兹. ——译者注

得太快，那么线圈的机械惯量将平缓这种变化，于是电流计指针指向电流的平均值. 这种状况对于测量交流电是没有用的，因为交流电的平均值是零.

不过，在这种电流计的设计中有一个聪明的变招，它解决了这个问题. 将永磁体代之以一个电磁体，即再加一个线圈，把它绕在铁芯上，以聚集和增强待测电流所产生的磁场. 同时，这个待测电流仍然通过那个能转动的线圈. 现在这两个磁场一起响应着交流电而起伏变化. 瞬时转矩像前面那样与磁场强度成正比，现在是正比于两个磁场强度的乘积，即正比于这个交流电的**平方**. 于是在“高”频率的情况下，电流计指针的偏转角正比于电流**平方**的平均值——它不为零，即使是交流电.

现在我要做的是，计算图 5.7 中的电流 i_1 和 i_2，就像我对图 5.6 那个简单的电池/电阻器电路所做的那样. 我们将会发现(而瑞利则早在 1869 年就注意到)，虽然按基尔霍夫电流定律，当然地有 $i=i_1+i_2$，但是电流 i_1 和 i_2 各自仍然都有可能看起来**大于** i！也就是说，电流计 M_1 和 M_2 的指针在它们刻度盘上所指的数字有可能大于电流计 M 的指针所指的数字. 瑞利本人理解这种情况原因何在(实际上，他差不多就像我所准备的那样使用了复指数)，但是一般的电气工程师经过好长的一段时间才适应了这样一种不符合直觉的现象. 图 5.7 的电路与瑞利所分析的电路不完全一样，我对复指数的使用也与他有所不同. 但差别只在于一些微小的细节.

用基尔霍夫的定律和关于电阻器、电容器和电感器的定义关系式，我们可以对图 5.7 写出下列表达式：

$$i=i_1+i_2,$$

$$v=i_2R+L\frac{\mathrm{d}i_2}{\mathrm{d}t},$$

$$i_1=C\frac{\mathrm{d}v_{bd}}{\mathrm{d}t},$$

$$v=i_1R+v_{bd}.$$

对其中最后一个方程进行微分，并利用关于 i_1 的那个方程，得

$$\frac{\mathrm{d}v}{\mathrm{d}t}=R\frac{\mathrm{d}i_1}{\mathrm{d}t}+\frac{1}{C}i_1.$$

132

将这个方程与

$$v=i_2R+L\frac{\mathrm{d}i_2}{\mathrm{d}t}$$

并列，就给了我们两个分别关于 i_1 和 i_2 的微分方程. 如果我们假定 v 是正弦电压，那么复指数就能帮我们很容易地解出这些微分方程.

对于两个不同的 v(比方说 v_x 和 v_y)，假定我们已经知道相应的解 i_1(比方说 i_{1x}和 i_{1y}). 那么，通过直接代入关于 i_1 的微分方程，我们就会知道 $v=v_x+v_y$ 对应的解就是 $i_1=i_{1x}+i_{1y}$. 这一点对于 i_2 也是成立的. 这个考察结果对于接下来的内容很关键. 特别是，让我们写

$$v(t)=2V\cos\omega t=V\mathrm{e}^{\mathrm{j}\omega t}+V\mathrm{e}^{-\mathrm{j}\omega t},$$

这里我乘了因子 2，为的是避免在接下去的方程中到处出现因子$\frac{1}{2}$. 既然$\mathrm{e}^{\mathrm{j}\theta}$代表复平面上的一个与实轴成 θ 角的向量，那么 $\mathrm{e}^{\mathrm{j}\omega t}$ 就是一个与实轴成 ωt 角的向量，其中的 ωt 随着 t，即随着时间不断增加，因为 $\omega>0$. 也就是说，$\mathrm{e}^{\mathrm{j}\omega t}$ 是一个**旋转着的**向量，确切地说，是一个沿逆时针方向以正频率$\frac{\omega}{2\pi}$赫兹旋转着的向量. 类似地，$\mathrm{e}^{-\mathrm{j}\omega t}$ 是一个沿顺时针方向以同样频率旋转着的向量. 电气工程师通常把它写作 $\mathrm{e}^{-\mathrm{j}\omega t}=\mathrm{e}^{\mathrm{j}\hat{\omega}t}$，其中$\hat{\omega}=-\omega$，即 $\mathrm{e}^{-\mathrm{j}\omega t}$ 代表一个沿逆时针方向以负频率旋转着的向量.

现在我要做的是，只对 $v(t)$的第一项即 $V\mathrm{e}^{\mathrm{j}\omega t}$ 项计算 i_1 和 i_2，并将算得的结果称作 i_1^+ 和 i_2^+. 然后，我将对第二项即 $V\mathrm{e}^{-\mathrm{j}\omega t}$ 项重复这种分析，并将结果称作 i_1^- 和 i_2^-. 于是，根据上一自然段开头的观察，$v(t)=2V\cos\omega t$ 的解将是

$$i_1=i_1^+ + i_1^-,$$

$$i_2=i_2^+ + i_2^-.$$

看来有理由假设，如果 $v^+=Ve^{j\omega t}$，那么 $i_1^+=I_1^+e^{j\omega t}$ 而 $i_2^+=I_2^+e^{j\omega t}$，其中 I_1^+ 和 I_2^+ 都是常数. 将 v^+，i_1^+ 和 i_2^+ 代入那两个微分方程，得

$$Vj\omega e^{j\omega t}=RI_1^+j\omega e^{j\omega t}+\frac{1}{C}I_1^+e^{j\omega t},$$

$$Ve^{j\omega t}=RI_2^+e^{j\omega t}+Lj\omega I_2^+e^{j\omega t}.$$

133 消去每一项都出现的公共因子 $e^{j\omega t}$，得

$$j\omega V=j\omega RI_1^+ +\frac{1}{C}I_1^+,$$

$$V=RI_2^+ +j\omega LI_2^+.$$

或者

$$I_1^+=\frac{V}{R-j\frac{1}{\omega C}},$$

$$I_2^+=\frac{V}{R+j\omega L}.$$

好，如果你用 $i_1^-=I_1^-e^{-j\omega t}$ 和 $i_2^-=I_2^-e^{-j\omega t}$ 对 $v^-=Ve^{-j\omega t}$ 重复这些步骤，那么你将毫无困难地迅速发现：

$$I_1^-=\frac{V}{R+j\frac{1}{\omega C}},$$

$$I_2^-=\frac{V}{R-j\omega L}.$$

因此，对于 $v(t)=2V\cos\omega t$，电流 i_1 和 i_2 就是

$$i_1=I_1^+e^{j\omega t}+I_1^-e^{-j\omega t}=\frac{V}{R-j\frac{1}{\omega C}}e^{j\omega t}+\frac{V}{R+j\frac{1}{\omega C}}e^{-j\omega t},$$

和

$$i_2=I_2^+e^{j\omega t}+I_2^-e^{-j\omega t}=\frac{V}{R+j\omega L}e^{j\omega t}+\frac{V}{R-j\omega L}e^{-j\omega t}.$$

这两个关于 i_1 和 i_2 的表达式看上去当然像是复数，因为其中都包含了 $\sqrt{-1}$ 因子，但其实它们都是纯粹的实数. 因为两个理由我们知道必定是这样，一个是物理上的，一个是数学上的. 物理上的理由就是，如果我们把实数电压 $v(t)=2V\cos\omega t$ 加到一个实在的(即在物理上可构建的)硬件上，那么它所导致的电压和电流必定也都是实数. 毕竟，一个复数电流会有什么意义呢？而从数学上看，请注意 i_1 和 i_2 都是互为共轭的两个复数之和. 这种和就是其中任一项实部的两倍. 既然关于 i_1 和 i_2 的表达式对应 $v(t)=2V\cos\omega t$ 的电流，那么对应 $v(t)=V\cos\omega t$ 的电流就是一半大小，于是我们有

134

$$i_1=\mathrm{Re}\left(\frac{V}{R-\mathrm{j}\,\dfrac{1}{\omega C}}\mathrm{e}^{\mathrm{j}\omega t}\right),$$

$$i_2=\mathrm{Re}\left(\frac{V}{R+\mathrm{j}\omega L}\mathrm{e}^{\mathrm{j}\omega t}\right).$$

经过一些初等的代数运算(我把它们留给你做)，这些表达式变成

$$i_1=\frac{V}{R^2+\left(\dfrac{1}{\omega C}\right)^2}\left(R\cos\omega t-\frac{1}{\omega C}\sin\omega t\right),$$

$$i_2=\frac{V}{R^2+(\omega L)^2}(R\cos\omega t+\omega L\sin\omega t).$$

对于常数 a 和 b，我们有三角恒等式

$$a\cos\omega t+b\sin\omega t=\sqrt{a^2+b^2}\cos\left(\omega t-\arctan\frac{b}{a}\right),$$

于是电流 i_1 和 i_2 变成(对于 $v(t)=V\cos\omega t$)

$$i_1=\frac{V}{\sqrt{R^2+\left(\dfrac{1}{\omega C}\right)^2}}\cos\left(\omega t+\arctan\frac{1}{\omega RC}\right),$$

$$i_2=\frac{V}{\sqrt{R^2+(\omega L)^2}}\cos\left(\omega t-\arctan\frac{\omega L}{R}\right).$$

因此，i_1 和 i_2 是正弦电流，它们最大值的平方 I_1^2 和 I_2^2 程分别由下式给出：

$$I_1^2=\frac{V^2}{R^2+\left(\frac{1}{\omega C}\right)^2},$$

$$I_2^2=\frac{V}{R^2+(\omega L)^2}.$$

将 i_1 和 i_2 的振幅予以平方的理由是，这样做就给出了达松瓦尔检流计对之作出反应的量.

135 现在我们来指定频率 ω. 特别地，假设 $\omega=\frac{1}{\sqrt{LC}}$. 那么容易证明

$$\begin{aligned} i &= i_1+i_2 \\ &= \frac{V}{\sqrt{R^2+\frac{L}{C}}}\cos\left[\omega t+\arctan\left(\frac{1}{R}\sqrt{\frac{L}{C}}\right)\right]+ \\ &\quad \frac{V}{\sqrt{R^2+\frac{L}{C}}}\cos\left[\omega t-\arctan\left(\frac{1}{R}\sqrt{\frac{L}{C}}\right)\right] \\ &= \frac{2V}{\sqrt{R^2+\frac{L}{C}}}\cos\omega t\cos\left[\arctan\left(\frac{1}{R}\sqrt{\frac{L}{C}}\right)\right] \\ &= \frac{2V}{\sqrt{R^2+\frac{L}{C}}}\cdot\frac{1}{\sqrt{1+\frac{L}{R^2C}}}\cos\omega t. \end{aligned}$$

当指定频率 $\omega=\frac{1}{\sqrt{LC}}$时，我们先前关于 I_1^2 和 I_2^2 的结果变得相等了，即

$$I_1^2=\frac{V^2}{R^2+\frac{L}{C}}=I_2^2,$$

而且，根据刚才的计算，当 $\omega=\frac{1}{\sqrt{LC}}$时，$i$ 的最大值的平方(记为 I^2)是

$$I^2=\frac{4V^2}{\left(R^2+\frac{L}{C}\right)\left(1+\frac{L}{R^2C}\right)}.$$

由这些表达式容易看出，当$\frac{L}{R^2C}>3$时有 $I^2<I_1^2=I_2^2$. 这就是说，在这种条件下$\left(当\ \omega=\frac{1}{\sqrt{LC}}时\right)$，图 5.7 中电流计 M 所指示的值将小于电流计 M_1 和 M_2 所指示的值，尽管 M_1 和 M_2 中的电流是由 M 中的电流分解形成的.

经过一段很长的时间，电气工程师才适应了像这样不符合直觉的结果，这就是为什么交流电路被认为与电池供电的直流整机电路多少有点不同的原因. 然而，所有的电路都服从物理和数学的定律，而对这种情况在理解上的突破发生在 1893 年. 那一年，施泰因梅茨(Charles Steinmetz，1865—1923)在国际电学大会(International Electrical Congress)上提出了一篇著名的论文. 这次以“复数及其在电工学中的应用”(Complex Quantities and Their Use in Electrical Engineering)为主题的大会是在芝加哥举行的. 施泰因梅茨的论文以下面的话介绍给听众：

> 我们正在越来越多地使用这些复数来代替使用正弦和余弦，而且我们发现它们在用于计算所有的交流电问题，以及广泛用于物理学整个范围时具有巨大的优越性. 沿着这条路线所做的任何事情都对科学有着极大的益处.

施泰因梅茨刚刚在五年前真真正正地趁着半夜逃离德国，以免因他的社会主义信仰而遭逮捕，那时他差不多已经完成了取得数学博士学位所需的全部工作. 他在高等数学方面的知识，结合他在工程实践方面的才华，使他成为一位 19 世纪的罕见天才. 他很快就受到通用电器公司(General Electric Company)的注意，在那里他度过了生命的余下部分，他教那里的电气工程师认识到复数在促进技术水平方面的威力. 后来他被人们誉为“用根号负一发电的魔法师”. 作为本章最后的计算实例，让我给你看一个施泰因梅茨生前没有见过的

136

$\sqrt{-1}$的应用，它真的是用$\sqrt{-1}$产生了一种特殊的电信号.

5.6 一个因$\sqrt{-1}$而实现的著名电路

在图 5.8 中，里面有 A 的那个方框代表一个**放大器**，一种小小的电设备，它把它左边那对端线上的电压(u)放大到 A 倍，在右边那对端线上产生一个输出电压(v). 这就是说，A 是这个放大器的**电压增益**. 关于怎样构建这样一种小设备的具体细节对我们来说并不重要. 我们要知道的重要事情只是这种放大器确实存在，而且实际上完全不难制造. 作为一个基本的假设，我将认为这样一件事是成立的：我们这个放大器工作起来所需要的输入电流小得可以让我们忽略不计. 这个理想化的假设非常接近于实际的放大器，它们只需要几十亿分之一安培的输入电流就能工作. 当然，要成为一个放大器，只需$|A|>1$即可，但是就它最基本的形式来说，做成 $A<0$ 要比做成 $A>0$ 来得容易和便宜. 好，言归正传.

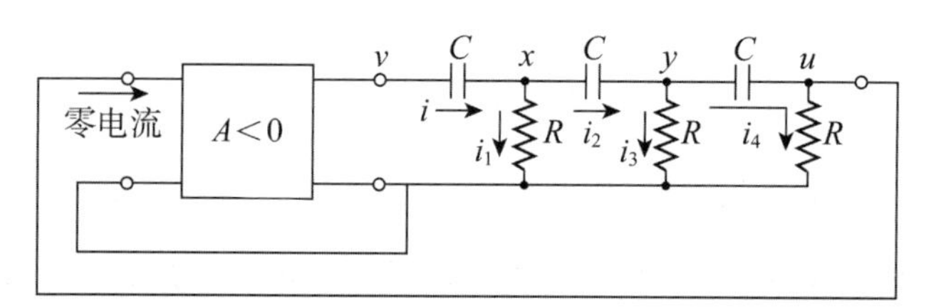

图 5.8 一种电子振荡器. 变量 v，x，y 和 u 是电压，而所有的 i 变量都是电流. 输入输出端的下面那两根端线都被规定为基准(注意这两根端线是直接连在一起的)，所有其他的电压值都相对于它们而言. 这等于说，下面那两根输入输出端线都连到一个零伏特的共地电势.

图中所示的这个电路有着相当有趣的特性，它的输入信号来自那个电阻器/电容器装置，而这个装置是从放大器的**输出**得到**它的**输入电压的. 这就是说，整个电路是一个闭合回路. 这个电路又能做什么有趣的事？事实上，这个或许有些另类的电路启动了一家公司，在我写这本书的时候

(1997 年)，这家公司的股票市值超过了 400 亿美元[1].

作为接下来将从数学上给你讲的内容的物理原型，让我们假设一些事情. 首先，请设想在这个放大器的输入端存在着极少量的电压，它们具有你想要的任何频率(ω). 确切地说，请设想这些具有各种频率的极微小电压全都同时存在. 这是在任何电路中都会发生的情况，因为确实存在着一种电**噪声**. 这是电工学中的行话，表示总是不可避免地会存在的随机电压. 例如，如果你把你的电视机调到一个没有一家当地电视台在播送节目的频道，你仍然会看到屏幕上飞快地闪烁着黑白点子的图像，这就代表着视频噪声，通常称为**雪花**. 这些极微小电压中的每一个通过这个放大器在输出端出现时，就被乘上了增益 A；这就是说，放大到 $|A|$ 倍，而且电压反向，因为 A 是负的. 例如，有一个极微小的输入电压，它那微小的振幅是 μ，频率是 ω，即 $u=\mu\cos\omega t$，它从这个放大器出来就成了 $v=-|A|\mu\cos\omega t$. 然后这个电压通过那三个电阻器和三个电容器，在它的振幅和电气工程师所称的**相角**上当然会发生一些事. 也就是说，这个电压将以 $u=-|A|\mu G(\omega)\cos[\omega t+\varphi(\omega)]$出现，其中 $G(\omega)>0$ 告诉我们这些电阻器和电容器对 v 的振幅做了些什么，而 $\varphi(\omega)$就是前面所称的相角. 我把 G 和 φ 都写成 ω 的函数，是因为就最一般的情况来说，所发生的事**正是**频率的函数.

其次，假设有一个特殊的 $\omega=\omega_o$，使得 $\varphi(\omega_o)=\pi$. 于是 $u(\omega_o)=-|A|\mu G(\omega_o)\cos(\omega_o t+\pi)=|A|G(\omega_o)\mu\cos\omega_o t$. 最后，假设我们把放大器制造得使 $|A|$ 足够大，以至于 $|A|G(\omega_o)=1$，即 $|A|=1/G(\omega_o)$. 于是 $u=\mu\cos\omega_o t$. 但这正是我们开始作这一切“假设”时假设存在于放大器输入端的电压！这就是说，频率为 ω_o 的电压在这个回路中兜圈子时是自我保持的[2]. 一切其他频率的所有其他电压在这个回路中兜了一圈回到原处时相位 138

---

① 这家公司即如今赫赫有名的惠普公司. ——译者注

② 原文为 self-sustaining，作为专业术语，应作“自[保]持的”. 但考虑到非专业读者，作此译. 下同. ——译者注

各个不同①，因此趋向于自我抵消，于是将不会是自我保持的. 只有当 $\omega=\omega_o$ 时这个自我保持过程才会发生. 这样，这个电路将生成一个频率为 ω_o 的正弦电压，也就是说，这是一个在单一频率上**振荡**的电路. 是 20 世纪初电子真空管的发明，为制造这种所谓的**反馈振荡器**奠定了基础，而这种振荡器又为现代无线电技术的兴起揭开了序幕[7].

当然，以上这些其实只能算是抛砖引玉，根本不是理论分析. 电气工程师会要求用数学来支持这一切——例如，ω_o 究竟是多少？——而这正是我接下来要做的事. 要理解所发生的情况，关键在于这个电路中电阻器/电容器部分的 $G(\omega_o)$，因此让我写出刻画这个部分的方程. 利用图5.8 中的记号、基尔霍夫定律，以及关于电阻器和电容器的电压-电流关系，我们有下面这一组表达式：

$$i=i_1+i_2,\ i=C\frac{\mathrm{d}}{\mathrm{d}t}(v-x),\ i_1=\frac{x}{R},\ i_2=i_3+i_4,$$

$$i_2=C\frac{\mathrm{d}}{\mathrm{d}t}(x-y),\ i_3=\frac{y}{R},\ i_4=C\frac{\mathrm{d}}{\mathrm{d}t}(y-u),\ i_4=\frac{u}{R}.$$

一共是 8 个方程，9 个变量，我们可以解出其中任意两个之比，而这个电路中我们特别感兴趣的是$\frac{u}{v}$. 一种实现方法是先对上述方程进行处理，消去除 u 和 v 之外的所有变量. 这件事不难做，但是相当复杂②，因此我仅给你答案，希望你去检验它：

$$\frac{\mathrm{d}^3 v}{\mathrm{d}t^3}=\frac{\mathrm{d}^3 u}{\mathrm{d}t^3}+\frac{6}{RC}\frac{\mathrm{d}^2 u}{\mathrm{d}t^2}+\frac{5}{(RC)^2}\frac{\mathrm{d}u}{\mathrm{d}t}+\frac{1}{(RC)^3}u.$$

为了知道这个三阶微分方程能告诉我们什么，接下来使用我们的老技巧，先令 $u^+=U^+\mathrm{e}^{\mathrm{j}\omega t}$ 和 $v^+=V^+\mathrm{e}^{\mathrm{j}\omega t}$. 将它们代入这个微分方程，你会得到

---

① 原文为 out of phase，作为专业术语，应作“异相[位]”. ——译者注

② 请参见附录 E. ——译者注

$$\frac{U^+}{V^+}=\frac{-\mathrm{j}\omega^3}{\left(\frac{1}{RC}\right)^3-\frac{6\omega^2}{RC}-\mathrm{j}\omega\left[\frac{5}{(RC)^2}-\omega^2\right]}.$$

再令 $u^-=U^-\mathrm{e}^{-\mathrm{j}\omega t}$ 和 $v^-=V^-\mathrm{e}^{-\mathrm{j}\omega t}$，代入，结果是

139

$$\frac{U^-}{V^-}=\frac{\mathrm{j}\omega^3}{\left(\frac{1}{RC}\right)^3-\frac{6\omega^2}{RC}-\mathrm{j}\omega\left[\frac{5}{(RC)^2}-\omega^2\right]}.$$

请注意，如果两个分母的实部为零，即如果有 $\omega=\hat{\omega}$，使得这里的

$$\left(\frac{1}{RC}\right)^3-\frac{6\,\hat{\omega}^2}{RC}=0,\ \text{即}\hat{\omega}=\frac{1}{RC\sqrt{6}},$$

那么这两个比就都是纯粹的实数. 对于这个特殊的频率 $\hat{\omega}$，我们有

$$\frac{U^+}{V^+}=\frac{-\mathrm{j}\,\hat{\omega}^3}{\mathrm{j}\,\hat{\omega}\left[\frac{5}{(RC)^2}-\hat{\omega}^2\right]}=\frac{-\hat{\omega}^2}{\frac{5}{(RC)^2}-\hat{\omega}^2}$$

$$=\frac{-\frac{1}{6(RC)^2}}{\frac{5}{(RC)^2}-\frac{1}{6(RC)^2}}=\frac{-1}{30-1}=-\frac{1}{29}.$$

同样，对 $\omega=\hat{\omega}$，有

$$\frac{U^-}{V^-}=-\frac{1}{29}.$$

仔细想想这些结果在告诉我们什么. 当 $\omega=\hat{\omega}$ 时，u 的实部和虚部正好都分别等于 v 的实部和虚部的 $\frac{1}{29}$. 因此，如果实电压 $2\cos\hat{\omega}t=\mathrm{e}^{\mathrm{j}\hat{\omega}t}+\mathrm{e}^{-\mathrm{j}\hat{\omega}t}$ 从左边进入那个电阻器/电容器电路，那么它将以 $-\frac{2}{29}\cos\hat{\omega}t$ 在右边出现. 如果把这个放大器设计成 $A=-29$，那么放大器的电压输出将在 $\omega=\hat{\omega}$ 时自我保持. 这就是说，$\omega_o=\hat{\omega}$. 还请注意，ω_o 的值是由 R 和/或 C 决定的，因此，采用一种机械联动装置，同时改变那三个等值电阻器的值，或者同时改变那三个等值电容器的值，我们就能在一个宽广的频率范围内把这个电路调

到任何一个我们想要的频率上振荡，一般是从不到 1 赫兹一直到 1×10^6 赫兹左右. 例如，物理上合理的元件值 $R=26\ 000$ 欧姆和 $C=0.001\ \mu\text{F}$ 所给出的频率是 $f_o=\frac{\omega_o}{2\pi}=2\ 500$ 赫兹，这个频率的音调正位于大多数成人能听见的音频区间的中间.

这种特殊的反馈振荡器电路称为**相移振荡器**，它是 20 世纪 30 年代末斯坦福大学两位年轻的电工学研究生休利特(William Hewlett)和帕卡德 140 (David Packard)所开发的第一种产品的主要部分. 他们用它制成了一批可变频声音发生器，并把这种声音发生器卖给了沃尔特·迪斯尼公司(Walt Disney)，而后者则用它们在 1940 年出品的经典电影《幻想曲》(*Fantasia*)中产生声响效果. 今天，这种电路已十分著名，因此它经常用来作为大学本科实验课的基本实验. 事实上，在我写这本书的时候，我正在新罕布什尔大学教三年级两个小班的电工学实验课，有一个实验就是要求学生对一个可使用的真实电路比较理论计算结果(就像在这里所得到的那些结果)和实验室 141 测量结果. 比较下来两者符合得很好，误差往往在几个百分点之内.

第 6 章　魔幻般的数学

6.1　欧拉

虽然如今普遍把韦塞尔论文的面世作为现代复数理论的肇始，但事实上早在韦塞尔之前很久，$\sqrt{-1}$的许多特殊性质就为人们所认识了. 例如，瑞士的天才数学家欧拉(Leonhard Euler, 1707—1783)就知道与复数有关的指数运算. 作为一名乡村本堂牧师的儿子，他起初在巴塞尔大学接受了担当牧师职位所必需的训练，并于 17 岁那年在该校神学院获得了一个研究生学位. 然而，数学很快就成了他的终生至爱. 他一直是个笃信宗教的人，但他首先是位数学家，这一点从来没有任何疑问.

没有什么能阻止他研究数学，甚至在生命的最后 17 年双目失明的情况下. 欧拉有着惊人的记忆力——据说他对《埃涅阿斯纪》[①]烂熟于心——因此他失明之后就在大脑中做着极其繁难的计算. 他在同时代人中声名显赫，被誉为“分析学的化身”. 他逝世许多年后，19 世纪的法国天文学家阿拉戈

① 《埃涅阿斯纪》(*Aeneid*)是古罗马诗人维吉尔(Virgil，公元前 70—前 19 年)创作的英雄史诗，描写特洛伊城被希腊人攻陷后，特洛伊王之子埃涅阿斯从那里逃出，辗转周折，最后到意大利建立伟业的故事. ——译者注

(Dominique Arago)这样说他:"欧拉做起计算来似乎不费吹灰之力,就像人在呼吸,就像鹰在风中悬停."到欧拉逝世的时候,他写下的精彩数学论著比其他任何数学家都要多,而且这个纪录到今天还保持着.

在巴塞尔大学做学生的时候,欧拉跟着数学家约翰·伯努利(John Bernoulli, 1667—1748)学习,并在这过程中同他的两个儿子尼古拉(Nicolas Bernoulli)和丹尼尔(Daniel Bernoulli)结成了朋友.这两人也是数学家,比欧拉大几岁,他们很快就认识到了这个年轻人的才能.因此当这两位伯努利兄弟于1725年动身去圣彼得堡的俄罗斯帝国科学院时,他们就着手为欧拉在那里同样谋得一个职位而上下疏通.尼古拉在1726年就逝世了,但丹尼尔继续着他的努力,于是在1727年,欧拉也来到了俄罗斯.欧拉一生两次旅居俄罗斯,在这第一次旅居期间,他将获得他的第一个伟大成就,没过几年(1731年),他就被任命为这个科学院的一名教授.

然而,就在欧拉踏上俄罗斯土地的前几天,女沙皇叶卡捷琳娜一世①(彼得大帝②的遗孀)逝世,皇帝的宝座传给了一个12岁的小男孩③.当时掌握这个国家实权的摄政者④对这个讲究知识而又耗费巨大的科学院几乎没

142

有好感,将它看作一个正在搅乱俄罗斯文化的外国科学家的集合体.欧拉无疑发觉这个地方不那么合意,当收到普鲁士腓特烈大帝⑤的邀请,要他离开俄罗斯科学院,到柏林科学院担任一个类似的职位时,他很乐意地接受了,

---

① 叶卡捷琳娜一世(Екатерина Ⅰ, 1684—1727),彼得大帝的第二个妻子.1725年彼得大帝逝世,未指定继承人.她在禁卫军和某些权贵的拥戴下即位.按彼得大帝遗嘱建立了俄罗斯科学院.——译者注

② 彼得大帝(Петр Ⅰ Алексеевич, 1672—1725),俄罗斯沙皇(1682年至1721年在位)和皇帝(1721年至1725年在位).一代雄主.——译者注

③ 即彼得二世(Петр Ⅱ Алексеевич, 1715—1730),彼得大帝的孙子.1730年患天花逝世.——译者注

④ 主要是多尔戈鲁科夫(Василий Лукич Долгоруков, 1672—1739),外交官出身,时任最高枢密院大臣.1739年以伪造诏书罪被处斩首.——译者注

⑤ 腓特烈大帝(Friedrich Ⅱ, der Große, 1712—1786),又译弗里德里希二世.普鲁士第三代国王(1740年至1786年在位).也是一代雄主.——译者注

并且在那里从 1741 年待到了 1766 年. 他于 1766 年离开柏林是因为 4 年前叶卡捷琳娜大帝[①]登上了俄罗斯皇帝的宝座，讲究知识的气氛再次变得令人向往(欧拉被恩准由他自己来写聘任合同，条件十分优厚)，而且他与腓特烈大帝的关系已经恶化. 欧拉回到了圣彼得堡,在那里他一直待到因中风而突然去世，那是一天傍晚他正坐着研究他最心爱的数学的时候.

6.2 欧拉恒等式

欧拉在一封写给他从前的老师约翰 · 伯努利的信(日期为 1740 年 10 月 18 日)中说道，微分方程

$$\frac{d^2 y}{dt^2}+y=0,\ y(0)=2,\ y'(0)=0$$

(其中撇号表示微分)的解可以用两种方式写出,即

$$y(x)=2\cos x,$$

$$y(x)=e^{x\sqrt{-1}}+e^{-x\sqrt{-1}}.$$

通过直接代入这个微分方程，并根据给定的 $x=0$ 时的条件确定每个 $y(x)$，欧拉这一说法的正确性是显然的. 于是欧拉得出结论：这两个看上去如此不同的表达式实际上是相等的，即

$$2\cos x=e^{ix}+e^{-ix}.$$

从同一封信可以清楚地看出，欧拉还知道

$$2i\sin x=e^{ix}-e^{-ix}.$$

就在他给伯努利写这封信之后一年，欧拉给德国数学家哥德巴赫(Christian

---

① 叶卡捷琳娜大帝(Екатерина Ⅱ Великая，1729—1796)，又译叶卡捷琳娜二世. 俄罗斯女皇(1762 年至 1796 年在位). 出身德意志贵族，1745 年嫁给彼得大帝的孙子卡尔 · 乌尔里希(Карл Ульрнх，1728—1762)，即后来的沙皇彼得三世(Пётр Ⅲ，1761 年至 1762 年在位). 1762 年废彼得三世自立. 她继承彼得大帝的事业，确立了俄罗斯作为欧洲一流强国的地位. ——译者注

Goldbach,1690—1764)写了另一封信(日期为1741年12月9日),信中他说到了这样一个近似等式:

$$\frac{2^{\sqrt{-1}}+2^{-\sqrt{-1}}}{2}\approx\frac{10}{13}.$$

其实,采用参考阅读3.2中概述的方法,容易证明左边就是$\cos(\ln 2)$,而$\frac{10}{13}$到第六位小数才开始与它不同——我想,只有天才或江湖骗子才会注意到这种事情,但欧拉不是江湖骗子!

有一位肯定具有一定江湖骗子特质的数学家,对欧拉这些等式中的数学符号的神奇表现很着迷.这个人就是出生于波兰、后来成为法国公民的弗龙斯基(Józef Maria Hoëné-Wroński,1776—1853).他曾经写道,π这个数由下面这个令人瞠目结舌的表达式给出:

$$\frac{4\infty}{\sqrt{-1}}\left[(1+\sqrt{-1})^{\frac{1}{\infty}}-(1-\sqrt{-1})^{\frac{1}{\infty}}\right].$$

天知道他写这样一个东西是想表达什么!《科学家传记辞典》(*Dictionary of Scientific Biography*)的“弗龙斯基”条目用了“精神变态”和“反常”这样的词,而且指出他有着“一种混乱的和受欺骗的心态”.但如果你把所有的无穷大用n代替,把$1\pm i$写成极式,即写成$\sqrt{2}\,e^{\pm i\frac{4}{\pi}}$,并利用欧拉的公式将复指数展开,最后取$n\to\infty$时的极限,那么弗龙斯基这个荒诞的表达式确实得到2π.(不是他所称的π,但或许弗龙斯基认为最左边的那个无穷大是用$\frac{1}{2}n$而不是用n产生的——现在谁能说出这位古怪的思想家在想什么呢?)[1]

最后,在1748年,欧拉在他的著作《无穷小分析引论》(*Introductio in Analysin Infinitorum*)中发表了这个准确的公式:

$$e^{\pm ix}=\cos x\pm i\sin x.$$

这就是今天数学家、电气工程师和物理学家众所周知的欧拉恒等式,但是你很快就会看到欧拉并不是导出或者发表这个公式的第一人.

欧拉对这个惊人表达式的信心坚定于他所掌握的关于 e^y 的幂级数展开的知识：

$$e^y=1+y+\frac{1}{2!}y^2+\frac{1}{3!}y^3+\frac{1}{4!}y^4+\frac{1}{5!}y^5+\cdots.$$

如果你令 $y=ix$，那么

$$e^{ix}=1+ix+\frac{1}{2!}(ix)^2+\frac{1}{3!}(ix)^3+\frac{1}{4!}(ix)^4+\cdots.$$

我承认我以一种相当鲁莽的方式用了 e^y 的这个幂级数展开，因为这里的 y 是实数，而我却代入了一个虚数. 我置收敛的问题于不顾，是因为这个问题在任何一本优秀的分析学书籍中都有十分细致的处理，书中证明了这个级数对所有的 z(包括复数)都收敛，而我就是不想把本书变成一本教科书. 请放心，本书中我写下并视为收敛的所有级数**确实**都是收敛的.

144

接下来分别将实部和虚部并项，我们得到

$$e^{ix}=\left(1-\frac{1}{2!}x^2+\frac{1}{4!}x^4-\cdots\right)+i\left(x-\frac{1}{3!}x^3+\frac{1}{5!}x^5-\cdots\right).$$

但是括号中的表达式分别是 $\cos x$ 和 $\sin x$ 的幂级数展开(至少在牛顿的时代数学家就知道了这一点)，这样欧拉恒等式就以一种新的方法被我们导出. 顺便说一下，这个正弦级数提供了我在前面 3.2 节要你们暂时接受的一个说法的证明：我们有

$$\frac{\sin x}{x}=1-\frac{1}{3!}x^2+\frac{1}{5!}x^4-\cdots.$$

然后，令 $x=\frac{1}{2^n}\theta$，我们有

$$\lim_{x\to 0}\frac{\sin x}{x}=\lim_{n\to\infty}\frac{\sin\frac{1}{2^n}\theta}{\frac{1}{2^n}\theta}=1,$$

这正如我所说的.

e^y 的幂级数展开被伯努利和欧拉用在一些让人惊奇得窒息的计算中.

例如，在 1697 年，约翰·伯努利用它计算了相貌神秘的积分 $\int_0^1 x^x \mathrm{d}x$ 的值. 下面就是他的做法. 首先，利用我在参考阅读 3.2 中计算 $(1+\mathrm{i})^{1+\mathrm{i}}$ 时所用的技巧，他写出

$$x^x = \mathrm{e}^{\ln x^x} = \mathrm{e}^{x \ln x},$$

然后令 $y = x\ln x$. 于是这个幂级数展开使他得到

$$\int_0^1 x^x \mathrm{d}x = \int_0^1 \left[\sum_{k=0}^{\infty} \frac{(x\ln x)^k}{k!}\right] \mathrm{d}x = \sum_{k=0}^{\infty} \frac{1}{k!}\left[\int_0^1 (x\ln x)^k \mathrm{d}x\right].$$

用分部积分法容易证明

$$\int_0^1 (x\ln x)^k \mathrm{d}x = \frac{(-1)^k k!}{(k+1)^{k+1}}.$$

如果你能记得，或者在适当的时候查阅到，$\lim_{x\to 0} x\ln x = 0$，那么这个结果是不难得到的. 由此，立即推出

145

$$\int_0^1 x^x \mathrm{d}x = 1 - \frac{1}{2^2} + \frac{1}{3^3} - \frac{1}{4^4} + \frac{1}{5^5} - \cdots = 0.783\ 43\cdots.$$

6.3 欧拉名扬天下

伯努利的积分计算十分精彩，但他以前的学生欧拉远远地超过了这个成就. 他利用 $\sin y$ 的幂级数展开，即 $\mathrm{e}^{\mathrm{i}y}$ 的虚部，完成了一项至今仍被认为是世界级水平的精妙绝伦之作. 他所做的一切解决了一个让几个世纪的数学家都感到束手无策的问题！也让他写下了一个如今称为 ζ 函数的新函数，它导致了所有复数理论中，其实是所有数学中那个最伟大的——甚至在 1995 年费马大定理被摆平之前也是如此——未解决问题. 下面介绍欧拉的这个成就.

有一个长期存在的数学问题，那就是由正整数倒数的整数幂所组成的无穷级数的求和问题. 也就是说，对 $p = 1, 2, 3, \cdots$，求

$$S_p=\sum_{n=1}^{\infty}\frac{1}{n^p}$$

的值. 当 $p=1$ 时，这就是所谓的**调和级数**. 大约自 1350 年以后人们就已经知道这种情况下的答案是**发散**. 这个结果是中世纪的法国数学家和哲学家奥雷姆(Nicole Oresme，1320—1382)首先证明的.

这个关于 S_1 的结论令大多数人在初次遇到它时感到意外，但奥雷姆对它的证明却令人舒适地简单. 你只要把 S_1 写成

$$\begin{aligned}S_1&=1+\frac{1}{2}+\frac{1}{3}+\frac{1}{4}+\frac{1}{5}+\frac{1}{6}+\cdots\\&=1+\left(\frac{1}{2}\right)+\left(\frac{1}{3}+\frac{1}{4}\right)+\left(\frac{1}{5}+\frac{1}{6}+\frac{1}{7}+\frac{1}{8}\right)+\cdots,\end{aligned}$$

然后在右边的每一组中用这组的最后(也是最小)一项代替每一项. 请注意这最后一项总是$\frac{1}{2^m}$的形式，其中 m 是某个整数. 这一过程给出了 S_1 的一个下界. 于是我们有

$$\begin{aligned}S_1&>1+\frac{1}{2}+\left(\frac{1}{4}+\frac{1}{4}\right)+\left(\frac{1}{8}+\frac{1}{8}+\frac{1}{8}+\frac{1}{8}\right)+\cdots\\&=1+\frac{1}{2}+\frac{1}{2}+\frac{1}{2}+\cdots.\end{aligned}$$

这就是说，我们可以把$\frac{1}{2}$加到 S_1 的下界上，我们希望加多少次就加多少次，这等于说这个下界本身是发散的. 不过这样一来，S_1 必定也是发散的了.

然而，这个发散过程慢得不可思议. 例如，要使 S_1 的部分和超过 15，就需要加 160 万项以上；加了 1 亿项之后，这个部分和只不过在 23.6 左右，而要达到 100，就需要加 1.5×10^{43} 项. 最后，由于这与欧拉有关，我应该告诉你，他在 1731 年发现，如果设 $S_1^{(n)}$ 是 S_1 的第 n 个部分和，那么 $\lim\limits_{n\to\infty}(S_1^{(n)}-\ln n)$**收敛**，收敛到一个现在被称为**欧拉常数**的数 γ，$\gamma=$ 146

0.577 215 664 901 532…. 继 π 和 e 之后，γ 或许是不在初等算术中出现的最重要的数学常数了，1735 年欧拉将 γ 正确地计算到小数点后 15 位，即上面所给出的. 而在现代，它已经被计算到成千上万位了.

有一个用 S_p 来表示 γ 的巧妙方法，它用到了 $\ln(1+z)$的幂级数展开. 这个展开对所有满足 $-1<z<1$ 的实数 z 很容易推导，就像丹麦数学家墨卡托（Nicolaus Mercator，1619—1687）在他 1668 年出版的《对数论》（*Logarithmotechnia*）一书中所做的那样. 先写下$\frac{1}{1+z}=1-z+z^2-z^3+z^4-\cdots$，你可以用长除法验证这个式子. 然后将两边积分，得

$$\ln(1+z)=z-\frac{1}{2}z^2+\frac{1}{3}z^3-\cdots+K,$$

其中 K 是不确定的积分常数. 但既然在 $z=0$ 时我们有 $\ln 1=0$，那么必定有 $K=0$，于是我们就做完了.

现在把 $z=1,\frac{1}{2},\frac{1}{3},\frac{1}{4},\cdots$这些值相继代入上述表达式，那么你就能写出下列公式：

$$1=\ln 2+\frac{1}{2}-\frac{1}{3}+\frac{1}{4}-\frac{1}{5}+\cdots,$$

$$\frac{1}{2}=\ln\frac{3}{2}+\frac{1}{2}\cdot\frac{1}{2^2}-\frac{1}{3}\cdot\frac{1}{2^3}+\frac{1}{4}\cdot\frac{1}{2^4}-\frac{1}{5}\cdot\frac{1}{2^5}+\cdots,$$

$$\frac{1}{3}=\ln\frac{4}{3}+\frac{1}{2}\cdot\frac{1}{3^2}-\frac{1}{3}\cdot\frac{1}{3^3}+\frac{1}{4}\cdot\frac{1}{3^4}-\frac{1}{5}\cdot\frac{1}{3^5}+\cdots,$$

……

$$\frac{1}{n}=\ln\frac{n+1}{n}+\frac{1}{2}\cdot\frac{1}{n^2}-\frac{1}{3}\cdot\frac{1}{n^3}+\frac{1}{4}\cdot\frac{1}{n^4}-\frac{1}{5}\cdot\frac{1}{n^5}+\cdots.$$

如果你把这些关系式加起来，那么除了一个对数项之外，其他所有的对数项都会消掉(我们说这个和式被缩叠了)，于是得到

$$\left(1+\frac{1}{2}+\frac{1}{3}+\cdots+\frac{1}{n}\right)-\ln(n+1)$$
$$=\frac{1}{2}\left(1+\frac{1}{2^2}+\frac{1}{3^2}+\cdots+\frac{1}{n^2}\right)-\frac{1}{3}\left(1+\frac{1}{2^3}+\frac{1}{3^3}+\cdots+\frac{1}{n^3}\right)$$
$$+\frac{1}{4}\left(1+\frac{1}{2^4}+\frac{1}{3^4}+\cdots+\frac{1}{n^4}\right)-\cdots.$$

147

因此，我们最后有下面这个计算 γ 的奇异的二重和式(可惜它收敛得不是很快)：

$$\gamma=\lim_{n\to\infty}[S_1^{(n)}-\ln(n+1)]=\sum_{p=2}^{\infty}\frac{(-1)^p}{p}\left(\sum_{n=1}^{\infty}\frac{1}{n^p}\right)$$
$$=\sum_{p=2}^{\infty}\frac{(-1)^p}{p}S_p.$$

γ 在理论上的重要性，以及它与 S_p 的联系，说明了为什么 S_p 的值很重要.

然而，紧接在 S_1 后面的那个和式的值，即 S_2 的值，令所有试图求出它的数学家大伤脑筋，其中包括沃利斯和约翰 · 伯努利. 通过意大利人门戈利(Pietro Mengoli, 1625—1686) 1650 年出版的《算术求积新法》(*Novae Quadraturae Arithmeticae*)一书和五年后沃利斯的《无穷算术》，这个 S_2 问题在法国和英国变得广为人知. 这两位作者都被它的计算难住了，但并不只是他们二人. 实际上，18 世纪法国的数学史家蒙蒂克拉(Jean Montucla) 就把 S_2 的计算称为“令分析学家绝望的事”. 莱布尼茨就是其中之一，他在巴黎跟随惠更斯学习时，就宣称对任何收敛的无穷级数，只要其中各项遵循着某种规律，他都能求出和来. 但当莱布尼茨在 1673 年遇到英国数学家佩尔(John Pell, 1611—1685)的时候，佩尔用 S_2 一下子就把这个血气方刚的年轻人弄得灰头土脸. 然后，在 1734 年，欧拉突然解决了这个问题. 他的推导方法用到了正弦函数的幂级数展开，其大胆令人窒息.

本质上，欧拉写下了*无穷次*多项式方程

$$f(y)=\frac{\sin\sqrt{y}}{\sqrt{y}}=1-\frac{1}{3!}y+\frac{1}{5!}y^2-\frac{1}{7!}y^3+\cdots=0,$$

并注意到它的根出现在 $\sin\sqrt{y}=0$ 的时候，除了 $y=0$，它不是一个根，因为如上一节所证明的，当 $y=0$ 时 $\frac{\sin\sqrt{y}}{\sqrt{y}}=1$，而不是 0. 这就是说，这些根是 π 的整数倍(不包括 0)，即出现在 $\sqrt{y}=n\pi$ 的时候，或者说它们就是 $y=\pi^2$，$4\pi^2$，$9\pi^2$，…. 好，我们考察一下一般形式为 $f(x)=a_nx^n+a_{n-1}x^{n-1}+\cdots+a_1x+1=0$ 的有限次多项式方程，如果它的 n 个根是 r_1，r_2，…，r_n，那么下面这个式子看来是(而且确实是)成立的：

$$f(x)=\left(1-\frac{x}{r_1}\right)\left(1-\frac{x}{r_2}\right)\cdots\left(1-\frac{x}{r_n}\right)=0.$$

这是因为这个表达式的根显然还是这些根，而且 $f(x)$ 的这两种形式都使得 $f(0)=1$.

利用与参考阅读 1.2 中同样的推理，显然 x 的系数 a_1 可以写成

$$a_1=-\left(\frac{1}{r_1}+\frac{1}{r_2}+\cdots+\frac{1}{r_n}\right).$$

接下来欧拉这样推理：既然对于任何有限的 n(不管它有多大)这个式子都成立，那么对于他的无穷次多项式，它也成立——在整个推导中，就是这一点让人觉得不踏实. 于是，既然 $f(y)$ 的级数展开中 $a_1=-\frac{1}{3!}=-\frac{1}{6}$，那么

$$-\left(\frac{1}{\pi^2}+\frac{1}{4\pi^2}+\frac{1}{9\pi^2}+\cdots\right)=-\frac{1}{6},$$

即

$$\frac{1}{1^2}+\frac{1}{2^2}+\frac{1}{3^2}+\cdots=S_2=\frac{\pi^2}{6}.$$

这就成了！我们不需费太大的劲就可以写一个简单的计算机程序来计算 S_2 的部分和，并看着它们逐渐逼近 1.644 934…$\left(\text{其实这就是}\frac{\pi^2}{6}\right)$. 关于正弦函数幂级数的一点儿知识源泉，居然涌出了如此不可思议的一个结果！事实上，用欧拉的方法可以做更多的事，即对所有 p 为偶数的情况计算出

S_p 的值. 正是这个在圣彼得堡职业生涯早期所做的计算, 给欧拉刻上了超级明星的标记, 对他确立显赫的名声有很大的关系. 然而, 对于 p 为奇数的情况, 这个方法不起作用, 这些和至今仍不得而知. 需要有一位新的欧拉, 用一种新的想法来破解它们. 欧拉多年来一直试图算出 p 为奇数时的 S_p, 在 1740 年的一篇论文中, 他猜测 $S_p = N\pi^p$, 以及当 p 为偶数时 N 是有理数, 而当 p 为奇数时 N 将涉及 ln2. 在 1772 年的一篇论文中, 他确实设法得到了一个引人注目的公式[2], 虽然它不是 S_3, 但也接近得惹人心痒了:

$$\frac{1}{1^3}+\frac{1}{3^3}+\frac{1}{5^3}+\cdots=\frac{\pi^3}{4}\ln 2+2\int_0^{\frac{\pi}{2}} x\ln(\sin x)\mathrm{d}x.$$

从实质上说, 自欧拉以来唯一的进展出现在 1979 年. 法国数学家阿佩里(Roger Apéry)在那年发表的一篇论文中证明, 不管 S_3 的值是什么, 它总是无理数, 有趣的是, 请注意直到勒让德 1794 年证明 π^2 是无理数时, 人们才知道 S_2 是无理数, 那时距欧拉算出 S_2 已有 60 年了.

149

6.4 一个悬而未决的问题

一旦有了 S_p 的概念, 只要再跨一步, 就可以考虑以幂次为变量的正整数倒数幂之和了. 欧拉在 1737 年做了这件事, 他写下了现在所称的 ζ 函数:

$$\zeta(z)=\sum_{n=1}^{\infty}\frac{1}{n^z}=1+\frac{1}{2^z}+\frac{1}{3^z}+\frac{1}{4^z}+\frac{1}{5^z}+\cdots.$$

欧拉考虑的 z 是一个实的整数变量, 只服从 $z>1$ 这个限制, 以保证这个和式的收敛性. 很清楚, S_p 是 ζ 函数的特殊取值, 例如, $\zeta(2)=S_2=\frac{\pi^2}{6}$. 更一般地, 我们可以认为 z 是任何实数, 不一定仅为整数.

好, 简短地说一些题外话. 正好你们几乎肯定能想起的, 在高中数学课上说过, 素数是所有大于 1 且除了 1 和本身外没有整数因子的整数, 即它们是不可分解的整数. 素数序列从 2, 3, 5, 7, 11, 13 等开始, 欧几里得在他公元前大约 350 年的《几何原本》中证明，尽管随着我们所考察的数区间越来越大，它们的出现频率却越来越小，但是素数有无穷多个. 要理解欧拉用 ζ 函数做了些什么，关于素数你只需要知道所谓的**唯一分解定理**. 这条定理说，每个正整数都能以仅仅一种方式写成素数之积. 不言自明，这个重要的结论欧几里得也是知道的. 它很容易，在任何一本优秀的初等数论书籍中都可以找到证明. 在这里我们将不加怀疑地采用它.

欧拉所做的是证明 $\zeta(z)$，即 z 的一个连续函数，与素数——作为整数，它们正是不连续性的识别标志——之间有着一种内在的联系. 这是典型的"真没想到，他是怎么想到这一点的?"是欧拉特有的才华.

首先，在 $\zeta(z)$ 的定义式中遍乘 $\frac{1}{2^z}$，得

$$\frac{1}{2^z}\zeta(z)=\frac{1}{2^z}+\frac{1}{4^z}+\frac{1}{6^z}+\frac{1}{8^z}+\frac{1}{10^z}+\frac{1}{12^z}+\cdots.$$

然后，把它从 $\zeta(z)$ 中减去，我们有

$$\left(1-\frac{1}{2^z}\right)\zeta(z)=1+\frac{1}{3^z}+\frac{1}{5^z}+\frac{1}{7^z}+\frac{1}{9^z}+\frac{1}{11^z}+\cdots.$$

150 接下来，将这最后一个结果乘以 $\frac{1}{3^z}$，得

$$\left(1-\frac{1}{2^z}\right)\frac{1}{3^z}\zeta(z)=\frac{1}{3^z}+\frac{1}{9^z}+\frac{1}{15^z}+\frac{1}{21^z}+\frac{1}{27^z}+\frac{1}{33^z}+\cdots.$$

然后，把它从 $\left(1-\frac{1}{2^z}\right)\zeta(z)$ 减去，我们有

$$\left(1-\frac{1}{2^z}\right)\left(1-\frac{1}{3^z}\right)\zeta(z)=1+\frac{1}{5^z}+\frac{1}{7^z}+\frac{1}{11^z}+\cdots.$$

接下来，将上一个结果乘以 $\frac{1}{5^z}$，如此等等……唔，现在你看出其中的模式了，我敢肯定.

我们一次又一次地重复这个过程，每次将我们的最后结果遍乘 $\frac{1}{p^z}$（其中

p 表示相继的素数)后，我们就毫不留情地减去相应素数的所有倍数. 你可能认出这本质上就是称为埃拉托色尼筛法的技巧，它是由公元前 3 世纪的希腊数学家昔兰尼的埃拉托色尼(Eratosthenē of Cyrene)发明的，最初用作找出所有素数的一个算法程序. 如果我们设想对所有的素数都进行了这种乘和减的过程，那么当我们进行完毕时——当然，经过了无穷多次操作——由于唯一分解定理，我们将把上面最后一个表达式右边的每一项①都一次性地消除掉. 因此，如果像第 3 章中那样采用 $\prod$ 作为乘积符号，我们有

$$\left[\prod_{p\text{为素数}}\left(1-\frac{1}{p^z}\right)\right]\zeta(z)=1,$$

或

$$\zeta(z)=\prod_{p\text{为素数}}\left(1-\frac{1}{p^z}\right)^{-1}=\sum_{n=1}^{\infty}\frac{1}{n^z},\ \mathrm{Re}z>1,$$

其中 $\mathrm{Re}z>1$ 表示"z 的实部大于 1"(以保证这个和式的收敛性)——这预示着我们要把 z 从纯实数进一步扩展到复数. 这就是 ζ 函数的所谓欧拉乘积形式.

多么令人不可思议的结果！我想，它是如此出人意料，以致没有人能制造出来. 它只能是**被发现的**. 它是欧拉那么多计算结果中的典型代表，能让学生在人类大脑所达到的高度前眩晕. 作为直接的结果，欧拉得到了一个素数有无穷多个的全新证明，这是二千多年前欧几里得的证明之后的第一个新证明. 它非常简短：回忆 $\zeta(1)=S_1=\infty$，而上述乘积中的每个乘数都在 1 和 2 之间，要与这个结果无矛盾，必须得有无穷多个乘数，即必须有无穷多个素数. 151

欧拉实际上走得更远，他证明了 $\sum\limits_{n\text{为素数}}^{\infty}\frac{1}{n}=\infty$，这比仅仅证明素数有无穷多个要强得多. 毕竟，平方数也是有无穷多个，然而，如欧拉所证明的，$S_2=\sum\limits_{n=1}^{\infty}\frac{1}{n^2}<\infty$. 从某种意义上说，素数比平方数多！这个结论仍然是从

---

① 除了首项 1.——译者注

$z=1$ 这种情况下的欧拉乘积公式推出来的. 你看:

$$\sum_{n=1}^{\infty}\frac{1}{n}=S_1=\prod_{p\text{为素数}}\left(1-\frac{1}{p}\right)^{-1}.$$

两边取对数, 我们有(因为积的对数等于对数的和)

$$\ln S_1=-\sum_{p\text{为素数}}\ln\left(1-\frac{1}{p}\right).$$

将 $z=-\frac{1}{p}$ 代到墨卡托关于 $\ln(1+z)$ 的幂级数展开中, 得

$$\ln\left(1-\frac{1}{p}\right)=-\frac{1}{p}-\frac{1}{2}\cdot\frac{1}{p^2}-\frac{1}{3}\cdot\frac{1}{p^3}-\cdots,$$

于是

$$\begin{aligned}\ln S_1&=\sum_{p\text{为素数}}\left(\frac{1}{p}+\frac{1}{2}\cdot\frac{1}{p^2}+\frac{1}{3}\cdot\frac{1}{p^3}+\cdots\right)\\&=\sum_{p\text{为素数}}\frac{1}{p}+\text{“有限值”}.\end{aligned}$$

说后面那项是“有限值”, 是因为 $\frac{1}{p}$ 后面的各项可以用更大的项来代替, 从而形成一个几何级数, 用 5.2 节中的技巧, 后者很容易求和. 由此, 最后再前进很容易的一步, 即可推得这个有限值结论①. 好, 既然 $S_1=\infty$, 那么 $\ln S_1=\infty$, 于是 $\sum_{p\text{为素数}}\frac{1}{p}=\infty$. 我想, 这个结果比起调和级数的发散性来要反直觉得多, 而后者本身就已经够反直觉的了.

1859 年, 才华横溢的德国数学家黎曼(Georg Riemann, 1826—1866)将 $\zeta(z)$ 扩展到 z 可取复数值. 他是在研究 $\pi(x)$ 的过程中做这件事的. $\pi(x)$ 是一个整数值函数, 它等于不大于 x 的素数的个数. 例如, 显然有 $\pi\left(\frac{1}{2}\right)=0$,

---

① 具体地说, $\sum_{p\text{为素数}}\left(\frac{1}{2}\cdot\frac{1}{p^2}+\frac{1}{3}\cdot\frac{1}{p^3}+\cdots\right)<\sum_{p\text{为素数}}\left[\frac{1}{2}\left(\frac{1}{p^2}+\frac{1}{p^3}+\cdots\right)\right]=\frac{1}{2}\sum_{p\text{为素数}}\frac{1}{p(p-1)}<\frac{1}{2}\sum_{n=2}^{\infty}\frac{1}{n(n-1)}=\frac{1}{2}$. ——译者注

$\pi(6)=3$，而 $\pi(4\times10^{16})=1\ 075\ 292\ 778\ 753\ 150$ 就不那么显然了. 黎曼猜测(但他没能证明，而且其他也没有人能证明)，$\zeta(z)$的所有复数零点"非常可能"是 $z=\frac{1}{2}+ib$ 的形式. 零点是使得 $\zeta(z)=0$ 的 z 值. 也就是说，这个已被人们称为**黎曼假设**的猜测断言，$\zeta(z)$的所有复数零点都在复平面的一条竖直线上，这条竖直线称为**临界线**，它上面所有复数的实部都等于$\frac{1}{2}$.(在负偶数处，即在 $z=-2,\ -4,\ \cdots$这些地方，$\zeta(z)$有着无穷多个实数零点. 这个结论到本章末尾将很容易看出来. 事实上，由于太容易，这些实数零点通常被称为"平凡零点".)由于 $\zeta(z)$的欧拉乘积公式当 $\mathrm{Re}z>1$ 时收敛，因此很清楚，$\zeta(z)$在 $\mathrm{Re}z=1$ 这条竖直线右边的任何地方都没有复数零点. 否则，这个乘积中至少会有一个乘数是零，但很显然，$1-\frac{1}{p^z}$这种形式的数没有一个会是零. 黎曼假设与这个结论是相容的：因为所有的复数零点都在直线 $\mathrm{Re}z=\frac{1}{2}$上，所以说对于 $\mathrm{Re}z>1$，不存在复数零点.

152

如果你仔细阅读了所有这些，那么你或许会以为自己抓住了一个黎曼猜测前后矛盾的地方. 我怎么可以说 $z=\frac{1}{2}+ib$，$\zeta(z)$只对 $\mathrm{Re}z>1$ 有定义啊？你会这样问. 这个诘问很有道理，但它已被解决：通过一种称为**解析延拓**的技术手段，可将 $\zeta(z)$的定义域扩展到所有的 z. 这个论题超出了本书的水平，但这里有一种简单的方法可让你领会精神. 考虑函数

$$f(z)=\sum_{n=1}^{\infty}\frac{(-1)^{n+1}}{n^z}=1-\frac{1}{2^z}+\frac{1}{3^z}-\frac{1}{4^z}+\frac{1}{5^z}-\cdots,$$

它与 $\zeta(z)$看上去很像(除了交错出现的正负号外). 不过，与 $\zeta(z)$不一样的是，正是由于这交错出现的正负号，$f(z)$的收敛范围*其实是* $\mathrm{Re}z>0$. 好，对于 $\mathrm{Re}z>1$，$\zeta(z)$和 $f(z)$都有定义，而且在 $f(z)$和 $\zeta(z)$之间有个简单的关系，即

$$f(z)=\zeta(z)-2\sum_{n=1}^{\infty}\frac{1}{(2n)^{z}}.$$

这个式子可以化成 $f(z)=(1-2^{1-z})\zeta(z)$的形式. 这样，当 $0<\mathrm{Re}z<1$ 时，我们不采用 $\zeta(z)$的那个发散级数，而就用$(1-2^{1-z})^{-1}f(z)$来计算，并把计算结果称作**被拓广的黎曼 ζ 函数**的值——因为首先使用 ζ 这个记号的是黎曼而不是欧拉.

1914 年，英国数学家哈代(G. H. Hardy，1877—1947)证明了 $\zeta(z)$在那条临界线上有着无穷多个复数零点，但这不能证明**所有的**复数零点都在那里. 更近些，在 1989 年，有人证明至少有五分之二的复数零点在临界线上. 但这并不是说它们**都**在这条直线上. 根据 1986 年在一台超级计算机上超过 153 1 000 个小时的计算研究，“有强烈提示性的证据”表明黎曼假设很可能是成立的，因为实轴上方前 1.5×10^{9} 个复数零点都被实际计算了出来，其中每一个零点的实部都是$\frac{1}{2}$. 但是，这仍然不能证明**所有的**复数零点都在临界线上.

事实上，大多数数学家都不认为这种计算有什么重要性，因为在数论中到处都有这样的例子：早先数值计算工作所给出的结果，却对错误的结论“具有强烈的提示性”. 关于过分埋头于数值结果的危险性，可以在 $\pi(x)$ 的历史中找到一个重要的例子. 黎曼对 $\zeta(z)$的兴趣，就是在他试图为 $\pi(x)$ 找出一个公式时产生的. 从高斯那个时代以来，人们已经知道对数积分

$$\mathrm{li}(x)=\int_{2}^{x}\frac{\mathrm{d}u}{\ln u}$$

是对 $\pi(x)$的一个极好的近似，例如

$$\frac{\pi(1\,000)}{\mathrm{li}(1\,000)}=\frac{168}{178}=0.943\,82,$$

$$\frac{\pi(1\,000\,000)}{\mathrm{li}(1\,000\,000)}=\frac{9\,592}{9\,630}=0.996\,05,$$

$$\frac{\pi(1\,000\,000\,000)}{\mathrm{li}(1\,000\,000\,000)}=\frac{5\,761\,455}{5\,762\,209}=0.999\,87.$$

高斯在 1849 年的一封信中声称他在 1792 年或 1793 年就知道了 $\mathrm{li}(x)$的这条性质，当时他 15 岁. 这些数值结果强烈地提示着猜想$\lim_{x\to\infty}\frac{\pi(x)}{\mathrm{li}(x)}=1$，这是所谓*素数定理*的原始陈述的一个比较准确的版本. 这条定理于 1896 年首次获得证明，确切地说，它是由法国的阿达马和比利时的瓦莱-普桑(Charles-Joseph de la Vallée-Poussin, 1866—1962)在那年同时独立地证明的，他们都用了关于 ζ 函数的非常先进的复变函数论证明方法.

然而，根据这些数字提出的另一个著名猜想却是错的. 这个猜想是说，$\pi(x)$总是小于 $\mathrm{li}(x)$，而且两者之差随着 x 的增大而增大. 高斯，还有黎曼，都相信是这么回事. 确实，对于所有已知的 $\pi(x)$和 $\mathrm{li}(x)$值，即 $x\leqslant 10^{18}$，这两个断言都是对的. 但在 1914 年，哈代的朋友、英国数学家李特伍德(J. E. Littlewood, 1885—1977)证明这个猜想在一般情况下是错的. 确切地说，李特伍德证明了 $\pi(x)-\mathrm{li}(x)$的符号尽管在一开始以及此后好长一段 x 的取值中一直是负的，但当 x 无限增大时，居然会逆转无穷多次. “具有提示性”的数值结果也就到此为止了，而且李特伍德在他生命行将结束的时候宣布了他的个人信念——就是黎曼假设，也是不成立的. 当然，要证伪黎曼假设，你只要证明至少有一个复数零点不在临界线上. 无人能做到这一点. 前面提到过，对于 $\mathrm{Re}z>1$，不存在复数零点，而阿达马和瓦莱-普桑都证明了在竖直线 $\mathrm{Re}z=1$ 上不存在复数零点. 然而，如今已证实，从 $\mathrm{Re}z=1$ 上不存在复数零点到所有的复数零点都在 $\mathrm{Re}z=\frac{1}{2}$上，有一条宽得无法跳越的壕沟.

154

1900 年，在巴黎举行的第二届国际数学家大会上，伟大的德国数学家希尔伯特(David Hilbert, 1862—1943)发表了一个题为“数学问题”的讲话. 他在这个讲话中讨论了许多悬而未决的问题，他觉得这些问题代表着将收获丰硕成果的未来研究方向. 这些问题成了著名的挑战，能解决其中一个问题的数学家，将在一片欢呼声中登上自己事业的顶峰. 所有这些问题都被世界上一些最优秀的数学大脑钻研过. 在这张列有 23 个问题的清单中，第八个问题就是黎曼假设. 希尔伯特觉得解决黎曼假设的任何方法同时也会给人们带来对一些问题的深刻理解，例如仍然悬而未决的孪生素数(即一对相邻的奇素数，如 11 和 13)是否有无穷多对的问题. 然而，直到今天，黎曼假设一直没能被攻克. 据说希尔伯特被问到他睡上五百年后醒来会说的第一件事是什么时，他回答道："我会问，'有没有人证明了黎曼假设?'"事实上，它是如今数学中最大的未解决问题.

关于这个问题，最后还有一个特别有趣的故事. 有一次，哈代去丹麦拜访了一位数学家朋友后，发现他不得不按惯例乘船取道极其凶险的北海[①]回家. 为了消灾免难，哈代在上船前迅速写了一张明信片给他朋友寄去，信上宣称："我找到了黎曼假设的一个证明!"在安全抵达英国后哈代说道，他确信上帝不会让他带着因没有做成的事而被人们纪念的虚假荣誉死去. 应当指出，哈代在他生活的所有其他方面是一位忠实的无神论者.

6.5　欧拉关于正弦函数的无穷乘积

在这里我们还可以用正弦函数的幂级数展开来做另一件事. 不再是

155 $\frac{\sin\sqrt{y}}{\sqrt{y}}$，而是把$\frac{\sin y}{y}$展开，即有

$$\frac{\sin y}{y}=1-\frac{1}{3!}y^2+\frac{1}{5!}y^4-\frac{1}{7!}y^6+\cdots$$

$$=\left(1-\frac{y^2}{r_1}\right)\left(1-\frac{y^2}{r_2}\right)\left(1-\frac{y^2}{r_3}\right)\cdots$$

① 大西洋北部的边缘海，在欧洲大陆与大不列颠岛之间. ——译者注

$$=\left(1-\frac{y^2}{\pi^2}\right)\left(1-\frac{y^2}{4\pi^2}\right)\left(1-\frac{y^2}{9\pi^2}\right)\cdots$$

$$=\prod_{n=1}^{\infty}\left(1-\frac{y^2}{n^2\pi^2}\right),$$

即

$$\sin y=y\prod_{n=1}^{\infty}\left(1-\frac{y^2}{n^2\pi^2}\right).$$

这就是欧拉关于 $\sin y$ 的著名乘积公式，它出现在他 1748 年的《无穷小分析引论》中. 好，令 $y=\frac{\pi}{2}$，则

$$1=\frac{\pi}{2}\prod_{n=1}^{\infty}\left(1-\frac{\frac{\pi^2}{4}}{n^2\pi^2}\right)=\frac{\pi}{2}\prod_{n=1}^{\infty}\left(1-\frac{1}{4n^2}\right)$$

$$=\frac{\pi}{2}\prod_{n=1}^{\infty}\left(\frac{4n^2-1}{4n^2}\right),$$

或者

$$\frac{\pi}{2}=\frac{1}{\prod_{n=1}^{\infty}\frac{(2n-1)(2n+1)}{(2n)(2n)}}=\prod_{n=1}^{\infty}\left(\frac{2n}{2n-1}\right)\left(\frac{2n}{2n+1}\right),$$

即

$$\frac{\pi}{2}=\frac{2}{1}\times\frac{2}{3}\times\frac{4}{3}\times\frac{4}{5}\times\frac{6}{5}\times\frac{6}{7}\times\cdots.$$

这就是沃利斯关于 π 的乘积公式，我们在第 2 章和第 3 章提到过.

如果你对欧拉的乘积公式取对数，这当然就将这个积转化为和，然后进行微分，那么只需要一两行的代数运算，即可得到这个著名的级数：

$$\frac{1}{\tan y}=\cot y=\frac{1}{y}+\sum_{n=1}^{\infty}\frac{2y}{y^2-n^2\pi^2}$$

$$=\frac{1}{y}+\sum_{n=1}^{\infty}\left(\frac{1}{y+n\pi}+\frac{1}{y-n\pi}\right)$$

$$=\sum_{n=-\infty}^{\infty}\frac{1}{y+n\pi}.$$

156 再次微分，即可得另一个著名的级数：

$$\frac{1}{\sin^2 y}=\sum_{n=-\infty}^{\infty}\frac{1}{(y+n\pi)^2}.$$

这些类似的结果，都是用正弦函数的幂级数展开得到的，早在1740年就为欧拉所知. 欧拉的这个将 $\sin y$ 展开成无穷乘积的漂亮小技巧可以用来再次证明

$$\cos y=\prod_{n=1}^{\infty}\left(1-\frac{4y^2}{(2n-1)^2\pi^2}\right).$$

作为一个提示，请注意

$$f(y)=\cos y=1-\frac{1}{2!}y^2+\frac{1}{4!}y^4-\cdots$$

的根是 $\frac{1}{2}\pi$ 的奇数倍.

6.6　伯努利的圆

在1748年之前很久，在欧拉写下 $e^{\pm ix}=\cos x\pm i\sin x$ 之前很久，对 i^i 的具体计算或与之等价的计算就被人们用另外一些专门的、聪明得令人惊诧不已的方法所完成[3]. 欧拉在写给约翰·伯努利的一封信(日期是1728年12月10日)中就提到了这样的一个计算. 在那封信中，欧拉引用了一个伯努利本人的结果. 用现代的术语说，伯努利所做的是考虑半径为单位长度、圆心在原点的圆，即方程 $x^2+y^2=1$，然后他写下了计算这个圆在第一象限的面积的积分. 这在今天是一道标准的微积分入门习题. 如果我们将这个面积$\left(\text{它当然是}\frac{\pi}{4}\right)$记作 A，则有

$$A=\int_0^1 y\mathrm{d}y=\int_0^1\sqrt{1-x^2}\,\mathrm{d}x.$$

好, 做变量代换 $u=\mathrm{i}x$, 则 $x=-\mathrm{i}u$, 于是 $\mathrm{d}x=-\mathrm{i}\mathrm{d}u$, 从而导出

$$A=\int_0^{\mathrm{i}}\sqrt{1-(-\mathrm{i}u)^2}\,(-\mathrm{i}\mathrm{d}u)=-\mathrm{i}\int_0^{\mathrm{i}}\sqrt{1+u^2}\,\mathrm{d}u.$$

根据积分表, 我们可以写

157

$$A=\frac{\pi}{4}=-\mathrm{i}\left[\frac{1}{2}u\sqrt{u^2+1}+\frac{1}{2}\ln(u+\sqrt{u^2+1})\right]\Bigg|_0^{\mathrm{i}}$$

$$=-\frac{1}{2}\mathrm{i}\ln\mathrm{i}.$$

因此, $\mathrm{i}\ln\mathrm{i}=-\frac{1}{2}\pi$, 由此我们立即有同前面一样的结果: $\mathrm{i}^{\mathrm{i}}=\mathrm{e}^{-\frac{1}{2}\pi}$, 虽然当时无论伯努利还是欧拉都没有走出这最后一步.

6.7　计算 i^{i} 的伯爵

但即使这个差一步就得出 i^{i} 的计算, 也不是最早的. 1719 年, 意大利的法尼亚诺(Giulio Carlo dei Toschi Fagnano, 1682—1766)也借助圆进行了一个与伯努利极其相像的计算, 只是法尼亚诺用的是圆的周长而不是面积. 法尼亚诺出身于一个贵族家族, 这个家族曾出过一位教皇①. 路易十五②于 1721 年授他伯爵头衔, 而教皇本尼狄克十四世③于 1745 年把他提升为侯爵. 他是伦敦皇家学会的会员和柏林科学院的院士, 作为一位富有创造力的数学家在全欧洲享有崇高的声誉, 而下面的计算对此大有助益.

法尼亚诺所做的是从单位圆着手, 并注意到圆心角 θ 所对的弧长 L 就是 θ. 也就是说, 以 t 为积分哑变量, 有

---

① 即洪诺留二世(Pope Honorius Ⅱ, ? —1130), 原名斯坎纳贝奇(Lamberto Scannabecchi), 罗马天主教教皇(1124 年至 1130 年在位). ——译者注

② 路易十五(Louis ⅩⅤ, 1710—1774), 法国国王(1715 年至 1774 年在位). 在他统治期间, 法国封建王朝日趋衰落. ——译者注

③ 本尼狄克十四世(Benedict ⅩⅣ, 1675—1758), 原名兰贝蒂尼(Prospero Lorenzo Lambertini), 罗马天主教教皇(1740 年至 1758 年在位). ——译者注

$$L=\theta=\int_0^\theta \mathrm{d}t.$$

然后，用简单的代数运算对被积函数(这种样子的被积函数是简单得几乎不能再简单了)进行处理，我们就可以把它弄得看上去要复杂得多. 这肯定是在做一件似乎很傻的事，不错，但请耐心一点——对于这种表面上的极度愚蠢，**存在着**方法性的东西①. 于是有

$$L=\int_0^\theta \frac{\frac{\mathrm{d}t}{\cos^2 t}}{\frac{1}{\cos^2 t}}=\int_0^\theta \frac{\frac{\mathrm{d}t}{\cos^2 t}}{\frac{\sin^2 t+\cos^2 t}{\cos^2 t}}=\int_0^\theta \frac{\frac{\mathrm{d}t}{\cos^2 t}}{1+\tan^2 t}.$$

接下来，做变量代换 $x=\tan t$，这就是说 $\mathrm{d}x=\frac{\mathrm{d}t}{\cos^2 t}$，于是有

$$L=\int_0^{\tan\theta} \frac{\mathrm{d}x}{1+x^2}.$$

既然当 $\theta=\frac{\pi}{2}$ 时 L 等于这个圆周长的四分之一，那么

$$\frac{\pi}{2}=\int_0^\infty \frac{\mathrm{d}x}{1+x^2}.$$

这个结果在今天被认为是初等的，这个不定积分通常在微积分入门课程中就被证明等于 $\arctan x$，而且当然有 $\arctan x\Big|_0^\infty=\frac{\pi}{2}$. 我刚才所完成的这些怪里怪气的操作是在不知道这个不定积分答案的情况下求得那个定积分的一种方式，但这并不是法尼亚诺做这件事的动机.

法尼亚诺把计算 L 的积分变成这种形式的原因是，他现在能用上一种约翰·伯努利发明的聪明技巧了. 1702 年，伯努利证明在计算 L 的积分中，被积函数可被分解成含虚数的因式，然后对它进行今天所称的部分分式展开. 即

---

① 原句为 there *is* method to the apparent madness. 似出自莎士比亚戏剧《哈姆雷特》的台词：There's method in his madness(他的疯态中透着条理性). ——译者注

$$\frac{\pi}{2}=\int_0^{\infty}\frac{dx}{(x+i)(x-i)}=\int_0^{\infty}\frac{1}{2i}\left(\frac{1}{x-i}-\frac{1}{x+i}\right)dx.$$

好，所得出的右边那两个积分很容易算，因为它们是众所周知的对数积分.即

$$\frac{\pi}{2}=\frac{1}{2i}[\ln(x-i)-\ln(x+i)]\Big|_0^{\infty}=\frac{1}{2i}\ln\left(\frac{x-i}{x+i}\right)\Big|_0^{\infty}.$$

伯努利完全被这种方法迷住了，因为它显示了反正切函数与对数函数之间的内在联系.他给了它一个特殊的名称——**虚对数**.就在 1702 年那年，莱布尼茨这样说到这种将多项式分解成含虚数因式的方法：它们是“非凡智慧的一个优美神奇的来源，是思想王国的一个怪异的产物，差不多是存在与非存在之间的一个两栖物”.伯努利和法尼亚诺肯定会同意这种说法.

现在继续进行这位伯爵的计算.如果假设当 x 变得任意大时我们可以忽略 $x\pm i$ 中的 x，那么我们有

$$\frac{\pi}{2}=-\frac{1}{2i}\ln\left(\frac{-i}{i}\right)=\frac{i}{2}[\ln(-i)-\ln i]$$

$$=\frac{i}{2}\left[\ln\left(\frac{1}{i}\right)-\ln i\right]=\frac{i}{2}[-\ln i-\ln i]=-i\ln i,$$

于是再次得到 $i^i=e^{-\frac{\pi}{2}}$.同样的事再次发生：法尼亚诺像伯努利一样，没有走这最后一步，而是把他的分析总结成一个令人吃惊的表达式：

159

$$\frac{\pi}{2}=2\log\left[(1-\sqrt{-1})^{\frac{1}{2}\sqrt{-1}}\times(1+\sqrt{-1})^{-\frac{1}{2}\sqrt{-1}}\right].$$

但是很容易证明这等价于 $i^i=e^{-\frac{\pi}{2}}$.

你或许觉得很奇怪：为什么我在计算这个虚对数时把那些令人生厌的中间步骤都写了出来？因为存在着另外一种同样令人信服的计算方法，却导致一个不同的答案！换句话说，为什么不写

$$\frac{\pi}{2}=-\frac{1}{2i}\ln\left(\frac{-i}{i}\right)=\frac{i}{2}\ln(-1)=\frac{i}{2}\ln(i^2)=i\ln i=\ln(i^i)$$

从而得到 $\mathrm{i}^{\mathrm{i}}=\mathrm{e}^{\frac{\pi}{2}}$？问题出在用 i^2 替代 -1 这一步①，因为这一步是两可的：我们同样有理由用 $(-\mathrm{i})^2$ 替代 -1，选择这种算法也会导致正确的结果. 然而，我计算伯爵那个表达式的值时所用的方法在每一步都是唯一确定的，而这才是保证最后结果正确的唯一方法.

1712 年伯努利用他的部分分式思想计算了以 $\tan\theta$ 的幂所表示的 $\tan n\theta$ 如下. 定义 x 和 y 为 $x=\tan\theta$ 和 $y=\tan n\theta$. 于是

$$\theta=\arctan x,$$

$$n\theta=\arctan y=n\arctan x.$$

对最后一个式子进行关于 x 的微分，有

$$\frac{1}{1+y^2}\frac{\mathrm{d}y}{\mathrm{d}x}=\frac{n}{1+x^2} \quad \text{或} \quad \frac{\mathrm{d}y}{1+y^2}=n\,\frac{\mathrm{d}x}{1+x^2}.$$

好，用分解成含虚数因式的技巧，有

$$\frac{\mathrm{d}y}{(y+\mathrm{i})(y-\mathrm{i})}=n\,\frac{\mathrm{d}x}{(x+\mathrm{i})(x-\mathrm{i})},$$

并对每一边的部分分式展开进行不定积分(即没有指定的积分限)，我们有

$$\int\frac{1}{2\mathrm{i}}\left(\frac{1}{y-\mathrm{i}}-\frac{1}{y+\mathrm{i}}\right)\mathrm{d}y=\int\frac{n}{2\mathrm{i}}\left(\frac{1}{x-\mathrm{i}}-\frac{1}{x+\mathrm{i}}\right)\mathrm{d}x.$$

令 K 为所谓的任意积分常数(你马上就会看到，这对于余下的分析绝对是至关重要的)，有

160

$$\ln\left(\frac{y-\mathrm{i}}{y+\mathrm{i}}\right)=n\ln\left(\frac{x-\mathrm{i}}{x+\mathrm{i}}\right)+K.$$

既然在 $\theta=0$ 处当 $x=0$ 时 $y=0$，那么

$$\ln\left(\frac{-\mathrm{i}}{\mathrm{i}}\right)=n\ln\left(\frac{-\mathrm{i}}{\mathrm{i}}\right)+K.$$

正如我先前所说，始终要用一种唯一确定的方式来处理这种表达式，以正确地解出 K. 这一点生死攸关. 例如，你绝不能在用 -1 替代 $\frac{-\mathrm{i}}{\mathrm{i}}$ 之后又用 i^2

① 此说有误，请参见平装本前言. ——译者注

替代 $-1$①. 如果你听从这一劝告, 你就会求得 $K=\ln[(-1)^{n-1}]$. 也就是说, K 完全不是"任意的". 继续下去, 我们有

$$\ln\left(\frac{y-\mathrm{i}}{y+\mathrm{i}}\right)=\ln\left(\frac{x-\mathrm{i}}{x+\mathrm{i}}\right)^n+\ln[(-1)^{n-1}]$$

$$=\ln\left[(-1)^{n-1}\left(\frac{x-\mathrm{i}}{x+\mathrm{i}}\right)^n\right],$$

或者

$$\frac{y-\mathrm{i}}{y+\mathrm{i}}=(-1)^{n-1}\left(\frac{x-\mathrm{i}}{x+\mathrm{i}}\right)^n.$$

于是, 既然当 n 是奇数时 $(-1)^{n-1}=1$ 而当 n 是偶数时 $(-1)^{n-1}=-1$, 那么我们有

$$\frac{y-\mathrm{i}}{y+\mathrm{i}}=\frac{(x-\mathrm{i})^n}{(x+\mathrm{i})^n}, \text{当 } n \text{ 为奇数}(1, 3, 5, \cdots)\text{时};$$

$$\frac{y-\mathrm{i}}{y+\mathrm{i}}=-\frac{(x-\mathrm{i})^n}{(x+\mathrm{i})^n}, \text{当 } n \text{ 为偶数}(2, 4, 6, \cdots)\text{时}.$$

解出 y, 就让我们得到了想要的:

$$y=\mathrm{i}\,\frac{(x+\mathrm{i})^n+(x-\mathrm{i})^n}{(x+\mathrm{i})^n-(x-\mathrm{i})^n}, \text{当 } n \text{ 为奇数时};$$

$$y=\mathrm{i}\,\frac{(x+\mathrm{i})^n-(x-\mathrm{i})^n}{(x+\mathrm{i})^n+(x-\mathrm{i})^n}, \text{当 } n \text{ 为偶数时}.$$

这两个表达式可用二项式定理展开, 从而消去所有的 i, 但我把它作为一道练习题留给你. 对于给定的任何一个"小"的 n 值, 这两个表达式很容易直接算出来. 例如, 对于 $n=4$ 和 $n=5$, 这两个表达式分别给出　161

$$\tan 4\theta=\frac{4\tan\theta-4\tan^3\theta}{1-6\tan^2\theta+\tan^4\theta},$$

$$\tan 5\theta=\frac{5\tan\theta-10\tan^3\theta+\tan^5\theta}{1-10\tan^2\theta+5\tan^4\theta}.$$

① 此说有误, 请参见平装本前言. ——译者注

这些表达式可在任何一本综合性数学手册中找到.

我已经强调过，充分留意积分常数 K，在这个分析中具有占据中心地位的重要性. 甚至伯努利自己也会掉入这种陷阱. 例如，在一封 1712 年至 1713 年期间写给莱布尼茨的信中，伯努利宣称既然 $\frac{dx}{x}=\frac{-dx}{-x}=\frac{d(-x)}{-x}$，那么积分一下就得到 $\log x=\log(-x)$. 于是，既然 $\log 1=0$，那么就有 $\log(-1)=0$. 而既然 $\log(-1)=\log[(\sqrt{-1})^2]=2\log(\sqrt{-1})$，那么也就有 $\log(\sqrt{-1})=0$. 你现在一定会料到，伯努利在这里犯的错误当然在于他忘掉了积分常数. 莱布尼茨觉得伯努利错了，但他的理由却是错的. 他论述道，$\log(-1)$不可能是零，理由是如果它为零，那么 $\log(\sqrt{-1})$会是零的一半，这没错，但是(莱布尼茨说道) $\log(\sqrt{-1})$ 肯定没有**任何**值——他称 $\log(\sqrt{-1})$是“虚的(imaginary)”，在今天的术语中，这种说法倒是对的，但莱布尼茨用这个词实际上是指“不存在的”.

6.8 科茨与一次错失的机会

在牛顿所有的英国同侪中，最不为现代的工程师和科学家所熟知的人之一就是科茨(Roger Cotes，1682—1716). 他在 34 岁生日前一个月因高烧而死去，一个完全有着灿烂前程的生命就此戛然而止. 你会想起我们曾在第 4 章遇到过他，或者说至少遇到过他的一条定理. 他还是牛顿那部导致物理学革命的巨著《原理》第二版的编辑. 据说在科茨死后，牛顿这样说到他：“如果他还活着，我们会知道一些事情.”

事实上，牛顿错了. 在科茨逝世**之前**，曾于 1712 年发表过一个结果，这个结果将某件具有重大意义的事情告诉了世界，这本来会让他名垂千古——只要他写得更为清楚一点. 这个结果也曾被牛顿的另一位朋友棣莫弗所发现(他好像在几年前就知道了这个结果)，后来又被欧拉发现. 这个结果不是别的，正是我在本章开头所说的欧拉恒等式. 然而，只要科茨对自己那些乏味的行文多加一点注意，这个式子很可能在今天被称为科茨恒等式，而他也会成为一位受到所有电气工程师、物理学家和数学家赞颂的圣人. 实际情况是，他们中的大多数或许听说过科茨一两次，然后很快就忘掉了当 162 初他的名字为什么会出现.

就像当时几乎所有的数学家一样，科茨天生是一位几何学家，他的推导充满着直线、圆以及其他更为复杂的曲线，并且大量地说到几何作图. 不过，我在这里将向你展现怎样对科茨所做的事加以改造，并用一种现代的分析学语言把它表述出来. 好，请设想有一个由下列通常公式给出的椭圆

$$\frac{x^2}{a^2}+\frac{x^2}{b^2}=1,$$

其中 a 和 b 是半轴的长度. 如果你只取这个椭圆在第一象限的部分，并将它围绕 y 轴旋转，那么你将生成一个椭球的上半部表面. 科茨所做的是要推出一个计算这个“旋转面”面积的公式. 事实上，他得到了两个这样的公式. 从这个相当普通的源头，产生了一个极其惊人的结果.

参见图 6.1 的记号，所生成的表面积是

$$A=\int 2\pi x\,\mathrm{d}s\,,\mathrm{d}s=\sqrt{(\mathrm{d}x)^2+(\mathrm{d}y)^2}\,,$$ 163

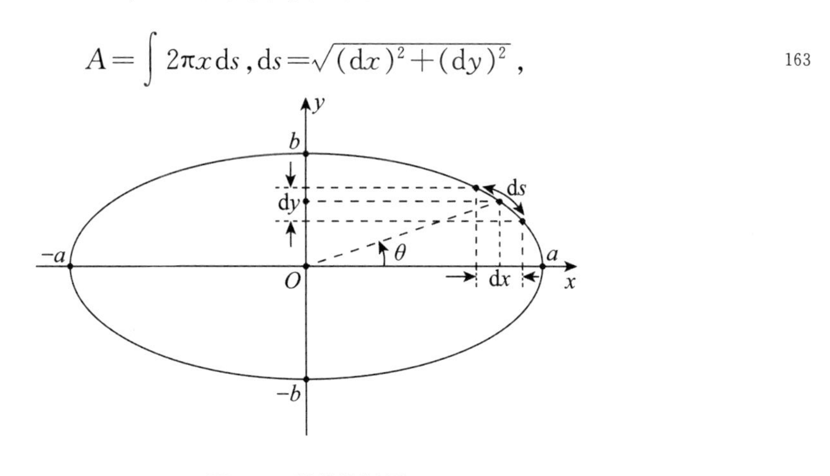

图 6.1　科茨的椭圆

其中 ds 是围绕着 y 轴旋转的椭圆的弧长微分. 令 $x=a\cos\theta$, $y=b\sin\theta$, 我们有 $dx=-a\sin\theta d\theta$, $dy=b\cos\theta d\theta$, 因而 $ds=\sqrt{a^2\sin^2\theta+b^2\cos^2\theta}\,d\theta$. 于是

$$A=\int_0^{\frac{\pi}{2}} 2\pi a\cos\theta\sqrt{a^2\sin^2\theta+b^2\cos^2\theta}\,d\theta.$$

好, 令 $u=\sin\theta$, 则有 $du=\cos\theta d\theta$. 于是

$$A=\int_0^1 2\pi a\sqrt{1-u^2}\sqrt{a^2u^2+b^2(1-u^2)}\frac{du}{\sqrt{1-u^2}}$$

$$=2\pi a\int_0^1\sqrt{u^2(a^2-b^2)+b^2}\,du.$$

请仔细注意, 到这一步为止, 关于 a 和 b 的相对大小没有要求. 我把图 6.1 画得满足 $a>b$, 但我同样也可以把它画得满足 $a<b$. 事实上, 这里的两条道路都向我们敞开. 因此, 如果我们希望用实积分表示 A, 我们就必须写成

$$A=2\pi a\sqrt{a^2-b^2}\int_0^1\sqrt{u^2+\frac{b^2}{a^2-b^2}}\,du, \text{ 如果 } a>b;$$

$$A=2\pi a\sqrt{b^2-a^2}\int_0^1\sqrt{\frac{b^2}{b^2-a^2}-u^2}\,du, \text{ 如果 } a<b.$$

根据积分表, 我们可以检验:

$$\int\sqrt{x^2+c^2}\,dx=\frac{x\sqrt{x^2+c^2}}{2}+\frac{c^2}{2}\ln(x+\sqrt{x^2+c^2}),$$

$$\int\sqrt{c^2-x^2}\,dx=\frac{x\sqrt{c^2-x^2}}{2}+\frac{c^2}{2}\arcsin\frac{x}{c}.$$

将这两个公式的第一个用于 $a>b$ 的情况 $\left(\text{令 } c^2=\frac{b^2}{a^2-b^2}\right)$, 并用上一点儿代数运算, 可以直接得到

$$A=\pi a\left(a+\frac{b^2}{\sqrt{a^2-b^2}}\ln\frac{a+\sqrt{a^2-b^2}}{b}\right), \text{ 如果 } a>b.$$

而将这两个积分公式的第二个用于 $a<b$ 的情况 $\left(\text{现在令 } c^2=\frac{b^2}{b^2-a^2}\right)$, 我

们就得到

164

$$A=\pi a\left(a+\frac{b^2}{\sqrt{b^2-a^2}}\arcsin\frac{\sqrt{b^2-a^2}}{b}\right),\text{如果 } a<b.$$

请理解我为什么认为对 A 写出两个表达式很重要——这纯粹是为了在每个等式中只出现实数. 但这只不过是一个自说自话的动机, 因为其中随便哪个表达式对于 $a>b$ 和 $a<b$ 都是正确的. 如果你用其中一个等式计算 A 的值时在某个地方真的得出了虚数, 那么必定在另一个地方有着另一个虚数来"消除"它. 作为一个现实的面积, A *必须*是实数.

好, 继续下去. 让我们定义一个量 ϕ, 使得

$$\sin\phi=\frac{\sqrt{b^2-a^2}}{b}=\frac{\mathrm{i}\sqrt{a^2-b^2}}{b}.$$

随便哪一种情况, 都有 $\cos\phi=\frac{a}{b}$. 有了这个, 我们就可以把我们关于 A 的两个表达式写成

$$\begin{aligned}A&=\pi a\left[a+\frac{b^2}{\sqrt{a^2-b^2}}\ln\left(\frac{a}{b}+\frac{\sqrt{a^2-b^2}}{b}\right)\right]\\&=\pi a\left[a+\frac{b^2}{\sqrt{a^2-b^2}}\ln(\cos\phi-\mathrm{i}\sin\phi)\right],\ a>b,\end{aligned}$$

和

$$\begin{aligned}A&=\pi a\left[a+\frac{b^2}{\mathrm{i}\sqrt{a^2-b^2}}\arcsin(\sin\phi)\right]\\&=\pi a\left[a+\frac{b^2}{\sqrt{a^2-b^2}}(-\mathrm{i}\phi)\right],\ a<b.\end{aligned}$$

比较这两个*代表着同一个物理量*的表达式, 立即可以清楚地看出, $-\mathrm{i}\phi=\ln(\cos\phi-\mathrm{i}\sin\phi)$, 或 $\mathrm{e}^{-\mathrm{i}\phi}=\cos\phi-\mathrm{i}\sin\phi$, 这等于说 $\mathrm{e}^{\mathrm{i}\phi}=\cos\phi+\mathrm{i}\sin\phi$. 因此, 科茨本来是可以发现欧拉恒等式的.

但科茨*没有*走这最后一步, 他的 $-\mathrm{i}\phi=\ln(\cos\phi-\mathrm{i}\sin\phi)$ 仅仅被埋藏在

他一生中唯一发表的论文中[即《对数计算》(*Logometria*),发表在《伦敦皇家学会哲学会刊》(*Philosophical Transactions of the Royal Society of London*)1714 年 3 月号上][4],还用了晦涩得几乎难以置信的语言. 这篇论

文本身也是值得注意的,因为科茨在其中用幂级数展开计算了 e 和$\frac{1}{e}$(每个都精确到第 12 位小数). 请记住,这是 1714 年,是在欧拉在 1748 年将 e 计算到第 23 位小数之前的几十年. 科茨显然是一位天赋极高的智者,然而,当你读了科茨的文章后,我想你会同意这样的看法:说他"晦涩"已经相当委婉.

即便《对数计算》与科茨的其他作品在其死后被编成《度量的和谐性》(*Harmonia Mensurarum*)一书出版(1722 年),其中的精彩内容显然也是一直无人问津,至少这个借助于椭圆的计算肯定是这样. 在把一个量乘以 $\sqrt{-1}$(这在 1714 年肯定让一些读者感到困惑)并对此作了一番最后的评说之后,科茨用下面这句古怪的话中断了他的推导:"但我把对这件事的进一步详细考察留给其他认为值得的人去做."此后的近两个世纪,没人这样认为. 事实上,这种无人问津的情况持续了 185 年,直至 1899 年一位俄罗斯数学家①在一本关于函数历史的书中让它引起了世人的注意. 这种重大疏忽的原因还没有被完全搞清楚,但是人们知道,科茨在给出题目的答案时,关于答案的理由几乎不予任何解释. 他那时候的读者可能根本不理解他的意思是什么. 让这成为清晰阐述重要性的一个教训吧!

6.9 多值函数

说到这里,我应该告诉你,虽然现在很清楚,欧拉并不是第一个考虑 i^i 的人,但欧拉是第一个注意到 i^i 是实数,而且有着无穷多个值的人. 也就是

① 即季姆琴科(Иван Юръевнч Тимченко, 1863—1939),生活在乌克兰敖德萨的数学家和数学史家. ——译者注

说，$e^{-\frac{\pi}{2}}$只是其中一个值. 这是由于这样一个几何事实：从任意一个角度开始，对它加上或减去 2π 弧度的任何整数倍，只不过是让你围绕着原点转过整数圈，最后回到你的起点. 我们在前面的参考阅读 3.2 见到过同样的事情. 因此，令 n 为任意的整数(正整数、负整数或零)，有

$$i^i=[e^{i(\frac{1}{2}\pi+2n\pi)}]^i=e^{-(\frac{1}{2}\pi+2n\pi)}=e^{-(\frac{1}{2}+2n)\pi}.$$

习惯上把 $n=0$ 时的值称作 i^i 的**主值**，但它不是唯一的值. 例如，对于 $n=-1$, 1 和 2，我们分别得到 111.317 8，3.882×10^{-4}和 $7.249\,5\times10^{-7}$.

或许更令人惊异的是，1^π——一个实数的实数幂——有着无穷多个**复**数值，即

166

$$1^\pi=\cos 2\pi^2 n+\mathrm{i}\sin 2\pi^2 n,\ n=0,\ \pm1,\ \pm2,\ \cdots.$$

只有当 $n=0$ 时，1^π 的主值才是实数. 这个令人意外的结果归因于 π 是无理数——德国数学家兰伯特(Johann Lambert, 1728—1777)的结果(1716 年). 这是因为 $2\pi^2 n=\pi(2\pi n)$，而对于 $n\neq0$，$2\pi n$ 绝不可能为整数——否则 π 就会是有理数了. 既然对 $n\neq0$，$2\pi n$ 绝不可能是整数，那么 $\sin 2\pi^2 n$ 就绝不可能是零，即 1^π 总有一个非零的虚部(当然，除非 $n=0$). 进一步，采用这种一般的论证方法，容易证明不会有不同的整数值 n 得到 1^π 相同的实部或者虚部. 同样，如果发生这种情况，那么 π 也会是有理数. 最后，既然欧拉于 1737 年证明了 e 是无理数，那么 1^e 也有无穷多个不同的复数值. $1^{\sqrt{n}}$ 也是这样，其中 n 是任何大于 1 的非完全平方数(请回想 2.1 节中泰特托斯关于无理数的证明结果). 重要的是要理解 $1^{\text{无理数}}$的复数性是一个理论结果，并非任何用有限量物质制成的实际计算机能够证明的. 任何一个物理上可构造的，使用有限个数位来表示数的机器，所有能表示的数都必定是有理数.

用与处理 $1^{\text{无理数}}$同样的方法，现在容易看出对数函数也是一种多值函数. 为此，将任意的复数 $a+\mathrm{i}b$ 写成极式：

$$a+\mathrm{i}b=\sqrt{a^2+b^2}\angle\arctan\frac{b}{a}.$$

令 n 为任意整数，我们有

$$a+ib=\sqrt{a^2+b^2}\,e^{i\left(\arctan\frac{b}{a}+2\pi n\right)}.$$

因此，有

$$\ln(a+ib)=\frac{1}{2}\ln(a^2+b^2)+i\left(\arctan\frac{b}{a}+2\pi n\right),\ n=0,\ \pm1,\ \pm2,\ \cdots.$$

仍然与前面一样，$n=0$ 的情况给出了对数函数的所谓主值①.这样，举例来说，$\ln(1+i)$的主值就是$\frac{1}{2}\ln2+i\,\frac{\pi}{4}=0.346\,573+0.785\,398i$.

6.10 双曲函数

167 有了欧拉所发现的正弦和余弦三角函数的指数表达式，就可以使复数角有意义，尽管我们不能在实际上把这种角画出来，甚至无法把它们设想出来. 也就是说，如果我们就是一头栽进符号里，那么我们有

$$\begin{aligned}\cos(x+iy)&=\frac{e^{i(x+iy)}+e^{-i(x+iy)}}{2}=\frac{e^{ix}e^{-y}+e^{-ix}e^{y}}{2}\\&=\frac{e^{-y}(\cos x+i\sin x)+e^{y}(\cos x-i\sin x)}{2}\\&=\cos x\left(\frac{e^{y}+e^{-y}}{2}\right)-i\sin x\left(\frac{e^{y}-e^{-y}}{2}\right)\\&=\cos x\cosh y-i\sin x\sinh y,\end{aligned}$$

其中的**双曲余弦**和**双曲正弦**分别定义为

$$\cosh y=\frac{1}{2}(e^{y}+e^{-y}),$$

$$\sinh y=\frac{1}{2}(e^{y}-e^{-y}).$$

① 这里的说法不太严格，特别是用 $\arctan\frac{b}{a}$ 代替 $a+ib$ 的辐角. 请参见平装本前言中有关的译者注以及第 50 页(边码)的译者注.——译者注

以同样的方式，你可以很容易地验证

$$\sin(x+\mathrm{i}y)=\sin x\cosh y+\mathrm{i}\cos x\sinh y.$$

请注意如果 $x=0$，则有 $\cos(\mathrm{i}y)=\cosh y$ 和 $\sin(\mathrm{i}y)=\mathrm{i}\sinh y$，即一个虚数角的余弦是**实数**，而一个虚数角的正弦仍是虚数. 最后，类比通常的三角恒等式 $\tan\theta=\dfrac{\sin\theta}{\cos\theta}$，我们可以把**双曲正切**定义为

$$\tan(x+\mathrm{i}y)=\frac{\sinh(x+\mathrm{i}y)}{\cosh(x+\mathrm{i}y)}.$$

双曲函数在科学和工程中十分有用，它们已被编成表格放在数学手册中，而且在任何一个 15 美元以上的袖珍型科学电子计算器上都有专门的双曲函数键供使用. 它们是由意大利数学家里卡蒂(Vincenzo Riccati，1707—1775)在两卷本《关于物理事实与有关数学的作品集》(*Opusculorum ad Res Physicas et Mathematicas Pertinentium*，1757—1762)中引进从而获得广泛应用的. 术语“双曲”来自这样一个事实：如果我们把一个点的笛卡儿坐标定义为 $x=\cosh t$ 和 $y=\sinh t$，其中 t 是所谓的**参变量**(一般设 $-\infty<t<\infty$)，那么消去 t 就得到方程 $x^2-y^2=1$，即双曲线方程. “正弦”和“余弦”则既来自双曲函数的指数定义与圆三角函数中正弦和余弦的指数定义所提示的相似性，又来自圆方程 $x^2+y^2=1$ 与双曲线方程外形上的相似性. 168

双曲函数的好处之一是让我们撤除了通常 $|\sin\theta|\leqslant1$ 和 $|\cos\theta|\leqslant1$ 的限制，你可能会想起在前面 1.6 节中讨论韦达关于三次方程的三角函数解时遇到过这些限制. 它们仅当 θ 为实数时成立——如果允许 θ 为复数(不管这会意味着什么)，那么好，事情就变得很有趣了！作为一个例子，让我们计算一下余弦为 2 的角，也就是使得 $\cos\theta=2$ 的复数 θ 值. 请看前面关于 $\cos(x+\mathrm{i}y)$ 的表达式，我们可以让它的实部等于 2，而虚部等于零，即

$$\sin x\sinh y=0,$$

$$\cos x\cosh y=2.$$

取 $x=2\pi n$（n 是任意整数）和 $\cosh y=2$，这两个条件就可满足. 这立即导出方程

$$e^{2y}-4e^{y}+1=0,$$

这是一个关于 e^{y} 的二次方程. 因此，$y=\text{i}\ln(2\pm\sqrt{3})$. 于是我们这个问题的答案就是

$$\theta=\arccos 2=2\pi n+\text{i}\ln(2\pm\sqrt{3}).$$

说到这里，自然会有一个感觉，即我们或许只是在玩某种摆弄符号的游戏，写下方程而不管它们是不是有意义. 展示双曲函数实用性的一种方法是，实际计算某种我们可以用其他方法验证的东西. 好，为了达到这个目的，让我首先展示一个相关的计算来说明我们正在谈论的事情：假设要你计算

$$S=\sum_{n=1}^{\infty}\arctan\frac{2}{n^2}$$

的值. 这道特别的题目有着很长的历史，它的第一次出现可以回溯到 1878 年的学术文献. 20 世纪初，印度天才拉马努詹（Srinivasa Ramanujan，1887—1920）对它投入了相当大的兴趣，算出了 S 的值. 我们甚至在第 2 章关于西奥多罗斯的三角形螺旋中也看到了某种与之相似的东西. 如今我们可以写一个简单的计算机程序，一眨眼功夫便可算得 S 的估计值（计算机给出的答案是 2.356），但它有没有解析解法？确实是有的.

定义两个角 α 和 β，使得 $\tan\alpha=n+1$，$\tan\beta=n-1$. 然后用关于 $\tan(\alpha-\beta)$ 的三角恒等式，我们有

169

$$\tan(\alpha-\beta)=\frac{\tan\alpha-\tan\beta}{1+\tan\alpha\tan\beta}=\frac{(n+1)-(n-1)}{1+(n+1)(n-1)}=\frac{2}{n^2}.$$

于是

$$\alpha-\beta=\arctan(n+1)-\arctan(n-1)=\arctan\frac{2}{n^2}.$$

因此

$$S=\sum_{n=1}^{\infty}[\arctan(n+1)-\arctan(n-1)].$$

把它一项一项地写出来，你可以很容易地验证第 N 个部分和是

$$S_N=\arctan(N+1)+\arctan N-\arctan 1-\arctan 0.$$

因此

$$S=\lim_{N\to\infty}S_N=\frac{1}{2}\pi+\frac{1}{2}\pi-\frac{1}{4}\pi=\frac{3}{4}\pi=2.356\ 19\cdots,$$

与计算机给出的答案相符. 我们能用正切和反正切函数计算 S 并得到一个与计算机直接计算结果相符的数值结果，这一事实增强了人们对这些特定三角函数的“舒适感”. 如果能对双曲函数做某种类似的事情，那不也是一件妙事吗?

好，让我对这道题目做一个看上去很微小的改动. 现在你要计算

$$T=\sum_{n=1}^{\infty}\arctan\frac{1}{n^2}.$$

这对计算机来说仍然是小菜一碟，只要在程序代码中把$\frac{2}{n^2}$改为$\frac{1}{n^2}$，即可得出计算答案 $T=1.424\ 5$. 但是把 $\arctan\frac{2}{n^2}$表示成 $\arctan(n+1)$和 $\arctan(n-1)$之差的代数小技巧现在不管用了. 怎么办呢?

设想有一个直角三角形，直角底边为 1，另一条直角边作为高为$\frac{1}{n^2}$，这样我们就可以把 $\arctan\frac{1}{n^2}$写成复数 $1+\mathrm{i}\,\frac{1}{n^2}$的极角. 于是，有

$$T=\sum_{n=1}^{\infty}\arctan\frac{1}{n^2}=\sum_{n=1}^{\infty}\angle\left(1+\mathrm{i}\,\frac{1}{n^2}\right).$$

虽然可能暂时看不出为什么下面的做法会有用，但你可以迅速验证，这种做法肯定是成立的:

170

$$1+\mathrm{i}\frac{1}{n^2}=1+\frac{\left[\frac{\pi(1+\mathrm{i})}{\sqrt{2}}\right]^2}{\pi^2 n^2}.$$

好，既然复数之积的辐角等于每个复数乘数的辐角之和，那么

$$T=\sum_{n=1}^{\infty}\angle\left(1+\mathrm{i}\frac{1}{n^2}\right)=\angle\prod_{n=1}^{\infty}\left\{1+\frac{\left[\frac{\pi(1+\mathrm{i})}{\sqrt{2}}\right]^2}{\pi^2 n^2}\right\}.$$

最后这个表达式可能让你看起来有点面熟——它与欧拉关于 $\sin y$ 的乘积公式是同一形式，只要我们写

$$y^2=-\left[\frac{\pi(1+\mathrm{i})}{\sqrt{2}}\right]^2.$$

于是，有

$$T=\angle\frac{\sin y}{y}=\angle\frac{\sin\left\{\mathrm{i}\left[\frac{\pi(1+\mathrm{i})}{\sqrt{2}}\right]\right\}}{\mathrm{i}\left[\frac{\pi(1+\mathrm{i})}{\sqrt{2}}\right]}.$$

最后这个表达式的分子是一个复数的正弦，因此我们预期会出现双曲函数. 事实上，既然 $\sin(x+\mathrm{i}y)=\sin x\cosh y+\mathrm{i}\cos x\sinh y$，那么

$$T=\angle\frac{\sin\left(-\frac{\pi}{\sqrt{2}}+\mathrm{i}\frac{\pi}{\sqrt{2}}\right)}{-\frac{\pi}{\sqrt{2}}+\mathrm{i}\frac{\pi}{\sqrt{2}}}$$

$$=\angle\frac{\sin\left(-\frac{\pi}{\sqrt{2}}\right)\cosh\left(\frac{\pi}{\sqrt{2}}\right)+\mathrm{i}\cos\left(-\frac{\pi}{\sqrt{2}}\right)\sinh\left(\frac{\pi}{\sqrt{2}}\right)}{-\frac{\pi}{\sqrt{2}}+\mathrm{i}\frac{\pi}{\sqrt{2}}}.$$

这两个复数之比的辐角当然等于分子与分母的辐角之差. 分母的辐角显然是 $\frac{3}{4}\pi$，因为这个分母是第二象限中的一个复数. 对分子的值进行仔细估算，可证明它是第三象限的一个复数. 这就是说

$$T=\angle(-3.711\,536\,874-2.759\,617\,006\mathrm{i})-\frac{3}{4}\pi$$

$$=\pi+\arctan\frac{2.759\,617\,006}{3.711\,536\,874}-\frac{3}{4}\pi=\frac{1}{4}\pi+0.639\,343\,615\cdots$$

$$=1.424\,741\,778\cdots.$$

T 的这个手工计算值非常接近于 T 的计算机程序计算值，而且我们是用复数的双曲函数和正弦函数得到它的.

171

最后，用 iy 替代 y，我们就可以把双曲函数写成无穷乘积，例如，根据 6.5 节，我们有

$$\sin(\mathrm{i}y)=\mathrm{i}\sinh y=\mathrm{i}y\prod_{n=1}^{\infty}\left(1+\frac{y^2}{\pi^2n^2}\right),$$

即

$$\sinh y=y\prod_{n=1}^{\infty}\left(1+\frac{y^2}{\pi^2n^2}\right).$$

为了在一个可编程计算器上检验这个式子，我将 $\sinh 2=3.626\,86$ 同我用这个乘积的前 10 项和前 1 000 项算得的结果进行比较：这两个结果分别是 3.489 72 和 3.625 37. 收敛是显然的，但确实是慢.

6.11 用$\sqrt{-1}$计算 π

令人不可思议的是，$\pi=\frac{2}{\mathrm{i}}\ln\mathrm{i}$ 这个完全是形式上的“神秘的公式”(如皮尔斯所称)居然可以用来计算 π 的数值. 看起来好像是无中生有，但这个令人惊异的事实早在 1832 年就被德国数学家和教育学家舍尔巴赫(Karl Heinrich Schellbach, 1809—1890)所指出. 舍尔巴赫写出

$$\frac{\pi\mathrm{i}}{2}=\ln\mathrm{i}=\ln\frac{1+\mathrm{i}}{1-\mathrm{i}}=\ln(1+\mathrm{i})-\ln(1-\mathrm{i}),$$

然后把这两个对数展开成它们的幂级数. 这就是说，尽管 i 不是实数，他仍

然将 $z=\mathrm{i}$ 代入 6.3 节的墨卡托公式

$$\ln(1+z)=z-\frac{1}{2}z^2+\frac{1}{3}z^3-\frac{1}{4}z^4+\cdots,$$

从而得出

$$\ln(1+\mathrm{i})=\mathrm{i}+\frac{1}{2}-\frac{1}{3}\mathrm{i}-\frac{1}{4}+\frac{1}{5}\mathrm{i}+\frac{1}{6}-\cdots.$$

类似地,有

$$\ln(1-\mathrm{i})=-\mathrm{i}+\frac{1}{2}+\frac{1}{3}\mathrm{i}-\frac{1}{4}-\frac{1}{5}\mathrm{i}+\frac{1}{6}+\cdots.$$

于是

$$\frac{\pi\mathrm{i}}{2}=2\mathrm{i}-\frac{2}{3}\mathrm{i}+\frac{2}{5}\mathrm{i}-\cdots,$$

即

$$\frac{\pi}{4}=1-\frac{1}{3}+\frac{1}{5}-\frac{1}{7}+\frac{1}{9}-\frac{1}{11}+\cdots.$$

这是一个在 1674 年就由莱布尼茨用完全不同的方法发现的结果,这个级数通常就以他的名字命名,尽管事实上它在更早的时候就为人所知了——例如,苏格兰数学家格雷戈里(James Gregory, 1638—1675)在 1671 年就曾独立地发现了它.

这个莱布尼茨-格雷戈里级数虽然在外貌上美丽优雅,但在数值计算上是完全没有价值的,因为它收敛得非常慢.例如,取其前 53 项,还不足以给出正确稳定的小数点后两位.如果运行一个计算机程序,将一个收敛级数的各项逐一加起来,同时在监视器屏幕上不断地显示部分和,一开始你当然会看到所有的数码疯狂地变动.但是渐渐地,这些数码将从左到右固定下来,停止变化,不管随后这个级数再有多少个项被算进来.当一个数码停止变化后,它就是**稳定的**.不要把一个部分和在数值上的**误差**同它正确数码的个数混淆起来——这是两件完全不同的事情.在关于像莱布尼茨-格雷戈里级数这种收敛级数的理论中有一个结果说，一个部分和与正确的级数值之间的误差小于这个部分和所不计各项的第一项①. 换句话说，如果我们取莱布尼茨-格雷戈里级数的前 5 项，那么这个部分和是 0.834 920 6，它与正确的级数值 $\frac{\pi}{4}=0.785\,398\,2\cdots$ 的误差在 $\frac{1}{11}$（它小于 0.1）之内. 但是请注意，这个部分和**没有一个数码**是正确的，甚至它的第一位小数也是不正确的.

好，舍尔巴赫接下来展现的是，他的方法可以怎样给出其他一些级数，它们收敛到 π 的速度比莱布尼茨-格雷戈里级数要快得多. 例如，他写出

$$\frac{\pi \mathrm{i}}{2}=\ln \mathrm{i}=\ln \frac{(2+\mathrm{i})(3+\mathrm{i})}{(2-\mathrm{i})(3-\mathrm{i})}=\ln \frac{\left(1+\frac{1}{2}\mathrm{i}\right)\left(1+\frac{1}{3}\mathrm{i}\right)}{\left(1-\frac{1}{2}\mathrm{i}\right)\left(1-\frac{1}{3}\mathrm{i}\right)}$$

$$=\left[\ln\left(1+\frac{1}{2}\mathrm{i}\right)-\ln\left(1-\frac{1}{2}\mathrm{i}\right)\right]+\left[\ln\left(1+\frac{1}{3}\mathrm{i}\right)-\ln\left(1-\frac{1}{3}\mathrm{i}\right)\right],$$

173

然后像前面那样，把对数展开. 这就给出

$$\frac{\pi}{4}=\left(\frac{1}{2}+\frac{1}{3}\right)-\frac{1}{3}\left(\frac{1}{2^3}+\frac{1}{3^3}\right)+\frac{1}{5}\left(\frac{1}{2^5}+\frac{1}{3^5}\right)-\frac{1}{7}\left(\frac{1}{2^7}+\frac{1}{3^7}\right)+\cdots.$$

这个级数显然收敛得比莱布尼茨-格雷戈里级数快. 事实上，请注意这个新级数就是莱布尼茨-格雷戈里级数，只不过每项都乘上了一个小于 1 的因子，而且这些因子本身都迅速地趋近于零. 如果我们取这个级数的前 5 项，那么这个部分和是 0.785 435 3，我们有三位正确的稳定数码. 只要再取 4 项（0.785 398 3），你就会有六位正确的稳定数码.

然而，没有必要在这个级数止步. 你可以无限制地继续下去，对原来那个“神秘”公式中 lni 中的 i 用更为复杂的表达式替换. 例如，舍尔巴赫提出

---

① 此即莱布尼茨定理：如果一个交错级数 $S=\sum_{n=1}^{\infty}(-1)^{n+1}a_n$（$a_n>0$，$n=1,2,\cdots$）满足 $a_{n+1}\leqslant a_n$ 和 $\lim_{n\to\infty}a_n=0$ 这两个条件，那么这个级数收敛，$S-S_N$ 的符号与 $(-1)^N$ 的符号相同（其中 S_N 是它的第 N 个部分和），而且 $|S-S_N|\leqslant a_{N+1}$. ——译者注

了这样两个表达式：

$$\pi=\frac{2}{\mathrm{i}}\ln\frac{(5+\mathrm{i})^4(-239+\mathrm{i})}{(5-\mathrm{i})^4(-239-\mathrm{i})}$$

$$=\frac{2}{\mathrm{i}}\ln\frac{(10+\mathrm{i})^8(-515+\mathrm{i})^4(-239+\mathrm{i})}{(10-\mathrm{i})^8(-515-\mathrm{i})^4(-239-\mathrm{i})}.$$

如果用我先前用过的方法把第一个表达式展开，你就可以证明

$$\frac{\pi}{4}=4\left(\frac{1}{5}-\frac{1}{3\times5^3}+\frac{1}{5\times5^5}-\frac{1}{7\times5^7}+\cdots\right)-\left(\frac{1}{239}-\frac{1}{3\times239^3}+\frac{1}{5\times239^5}-\cdots\right).$$

这是 1706 年伦敦的天文学家梅钦(John Machin，1680—1752)用完全不同的方法发现的一个结果，梅钦用它将 π 计算到 100 位小数. 这个结果实际上只不过是对 3.1 节中的结果稍加伪装，我在那里曾要求你用韦塞尔关于复数相乘则“辐角相加”的规则证明这样一个公式：

$$\frac{\pi}{4}=4\arctan\frac{1}{5}-\arctan\frac{1}{239}.$$

舍尔巴赫/梅钦公式只不过是将这个结果中的反正切函数展开成幂级数而已. 梅钦发现这个公式后过了差不多 250 年，世界上第一台电子计算机 ENIAC[Electronic Numerical Integrator And Calculator(电子数值积分计算机)的词头缩写]采用同一方法将 π 计算到 2 000 多位小数. π 的那些永远变化着的小数，竟然从 −1 的平方根中源源不断地流了出来. 这真是一个*奇迹*！

6.12 用复数做实数的事

作为对韦塞尔*以前*的复数应用的一种戏剧性描述，让我再给你看一些反映欧拉非凡才能的例子. 设想这是 1743 年，而你是一位处于巅峰状态的数学家. 你面对着下面这两个积分，两个数学家以前从未遇到过的积分：

174

$$I_1=\int_0^\infty \sin s^2\mathrm{d}s \text{ 和 } I_2=\int_0^\infty \cos s^2\mathrm{d}s.$$

你会从何着手？我认为没有什么显然的解决办法.

虽然欧拉首先是个数学家，但他的数学工作经常由物理研究中的问题所激发.在这个案例中，上述两个积分出现在对一个螺旋弹簧的物理分析中[5].此后过了很久，在 1815 年，法国数学家柯西和泊松(Seméon Denis Poisson，1781—1840)在流体动力学的某种应用中提出了与此等价的积分[6].3 年后，在 1818 年，法国科学家菲涅耳(Augustin-Jean Fresnel，1788—1827)在对光散射现象的研究中也遇到了 I_1 和 I_2，于是今天它们通常被称为菲涅耳积分.不过，人们确实也可以看到它们被称为欧拉积分，是欧拉首先计算了它们的值.但是做这种计算可不容易，哪怕对于一个像欧拉这样具有超凡智能的人也是如此，正如他在 1743 年所写的，“我们必须承认，如果有人找到一种方法，使得[这些积分]的值(至少是近似地)得以确定，那么分析学将有不小的收获…… 这个问题确实值得让几何学家付出最大的努力”.

然而，即使是欧拉，他在 1743 年所能得到的最好结果，也只是求出了 I_1 和 I_2 的收敛级数，允许他进行数值计算；差不多 40 年后，他正是利用复数解决了这个问题.我接下来将给你看的，本质上是欧拉在 1781 年 4 月 30 日向圣彼得堡科学院所报告的内容，但直到他死后许多年才发表.计算 I_1 和 I_2 的关键想法是从欧拉的另一个创造着手，在今天被称为**伽马函数**[7].它的定义是

$$\Gamma(n)=\int_0^{\infty} \mathrm{e}^{-x}x^{n-1}\mathrm{d}x,\ n>0.$$

这就是说，n 被限定为任何正数.对于 $n=1$，通过直接积分，显然有

$$\Gamma(1)=\int_0^{\infty} \mathrm{e}^{-x}\mathrm{d}x=1.$$

采用分部积分法，也不难证明这个所谓的函数方程：

$$\Gamma(n+1)=n\Gamma(n).$$

175

因此，对于 n 为正整数的情况，我们得到了 $\Gamma(n)$与阶乘函数之间的关系：

$$\Gamma(2)=1\cdot\Gamma(1)=1\cdot 1=1!,$$
$$\Gamma(3)=2\cdot\Gamma(2)=2\cdot 1!=2!,$$
$$\Gamma(4)=3\cdot\Gamma(3)=3\cdot 2!=3!,$$
$$\cdots$$
$$\Gamma(n)=(n-1)\cdot(n-2)!=(n-1)!.$$

在最后这个式子中令 $n=1$，得 $\Gamma(1)=0!$，但是既然我们已经证明 $\Gamma(1)=1$，那么就有 $0!=1$，这正是前面 3.2 节提到的.

我们可以将 $\Gamma(n)=(n-1)!$ 这个结果扩展到全体实数 n，包括负的 n，方法是利用递归关系 $\Gamma(n)=\frac{1}{n}\Gamma(n+1)$ 反向地推算出 n 的一个个负值. 例如

$$\Gamma\left(-\frac{1}{2}\right)=\frac{1}{-\frac{1}{2}}\Gamma\left(\frac{1}{2}\right)=-2\sqrt{\pi},$$

这是因为，正如接下来我要给你证明的，$\Gamma\left(\frac{1}{2}\right)=\sqrt{\pi}$. 有意思的是，早在欧拉之前，沃利斯就预见到了一个与此密切相关的结果. 这个结果就是 $\left(\frac{1}{2}\right)!=\frac{1}{2}\sqrt{\pi}$，它现在可由 $\Gamma\left(\frac{3}{2}\right)=\left(\frac{1}{2}\right)!=\frac{1}{2}\Gamma\left(\frac{1}{2}\right)=\frac{1}{2}\sqrt{\pi}$ 推得. 沃利斯居然知道它，尽管，当然地，他对伽马积分一无所知. 下面就来看看他是怎么知道这个结果的. 沃利斯在对 n 的一些特殊整数值具体计算了积分 $\int_0^1(x-x^2)^n\mathrm{d}x$ 之后，确定了这个积分的一般值是 $\frac{(n!)^2}{(2n+1)!}$. 他还知道 $n=\frac{1}{2}$ 这种分数情况下的值，即 $\int_0^1(x-x^2)^{\frac{1}{2}}\mathrm{d}x=\frac{\pi}{8}$，这是因为这个积分在物理上代表着由一个圆心在 x 轴上 $x=\frac{1}{2}$ 处、直径为 1 的圆的上半圆弧与 x 轴围成的面积. 接下

来，沃利斯做了一个大胆的假设：这个关于整数 n 的一般公式对于分数同样成立. 于是他写下$\frac{\left[\left(\frac{1}{2}\right)!\right]^2}{2!}=\frac{\pi}{8}$，由此即推出$\left(\frac{1}{2}\right)!=\frac{1}{2}\sqrt{\pi}$.

当然，在欧拉关于 $\Gamma(n)$的积分定义中，n **没有**被限制为必须取整数值. 其实，欧拉当初发展这个积分定义的动机正是为了解决阶乘函数的插值问题$\left(\text{例如，}\left(5\frac{1}{2}\right)!\ \text{是什么?}\right)$. 这个积分定义让我们可以计算非整数的阶乘. 例如，我们可以写出某些像$\left(-\frac{1}{2}\right)!$ 这样看上去不可思议的东西，并在实际上让它有意义，即对于 $n=\frac{1}{2}$，我们有

176

$$\Gamma\left(\frac{1}{2}\right)=\left(-\frac{1}{2}\right)!\ =\int_0^{\infty}\frac{e^{-x}}{\sqrt{x}}dx.$$

好，这看起来好像是我们把一个谜题$\left(\left(-\frac{1}{2}\right)!\ \text{是什么?}\right)$换成了另一个(这个积分是什么?)，但这个积分是**可以**算出来的. 这个计算中有一个小小的技巧，其中的细节也值得考察，因为在完成欧拉用复数对菲涅耳积分所进行的计算时，我实际上要用到$\Gamma\left(\frac{1}{2}\right)$的值.

首先进行变量代换 $x=t^2$. 于是 $dx=2t\,dt$，从而

$$\Gamma\left(\frac{1}{2}\right)=\int_0^{\infty}\frac{e^{-x}}{\sqrt{x}}dx=\int_0^{\infty}\frac{e^{-t^2}}{t}2t\,dt=2\int_0^{\infty}e^{-t^2}dt=2I,$$

其中

$$I=\int_0^{\infty}e^{-u^2}du=\int_0^{\infty}e^{-v^2}dv.$$

当然，I 的各种积分表达式之间的唯一差别是用来表示积分哑变量的特定符号——t，u 或 v，这一点无关紧要. 好，写

$$I^2=\left(\int_0^{\infty}e^{-u^2}du\right)\left(\int_0^{\infty}e^{-v^2}dv\right)=\int_0^{\infty}\int_0^{\infty}e^{-(u^2+v^2)}du\,dv.$$

这看上去确实可怕，但是每一位数学家、工程师和物理学家都应该知道有一个漂亮的技巧，可以把这表面上的困难彻底消解. 从几何上说，这个二重积分是一个函数 $f(u,v)$ 在 u，v 平面的第一象限，即 $0\leqslant u<\infty$，$0\leqslant v<\infty$ 这一区域上的积分，而 $\mathrm{d}u\mathrm{d}v$ 就是笛卡儿坐标系下的面积微分. 显然，改变坐标系不会使我们在**物理**上改变任何东西. 特别是，如果我们变到极坐标，那么有关的数学就会得到极大的简化. 因此，让我们令 $u=r\cos\theta$ 和 $v=r\sin\theta$，相应的面积微分现在成为 $r\mathrm{d}r\mathrm{d}\theta$. 为了覆盖第一象限，我们要有 $0\leqslant r<\infty$ 和 $0\leqslant\theta\leqslant\frac{\pi}{2}$. 既然 $u^2+v^2=r^2$，那么

$$I^2=\int_0^{\frac{\pi}{2}}\int_0^{\infty}\mathrm{e}^{-r^2}r\mathrm{d}r\mathrm{d}\theta.$$

内层的那个 r 积分很初等，即

$$\int_0^{\infty}\mathrm{e}^{-r^2}r\mathrm{d}r=-\frac{1}{2}\mathrm{e}^{-r^2}\Big|_0^{\infty}=\frac{1}{2},$$

于是

$$I^2=\int_0^{\frac{\pi}{2}}\frac{1}{2}\mathrm{d}\theta=\frac{\pi}{4}.$$

这就是说，$I=\frac{1}{2}\sqrt{\pi}$，而由于 $\Gamma\left(\frac{1}{2}\right)=2I$，所以

$$\Gamma\left(\frac{1}{2}\right)=\int_0^{\infty}\frac{\mathrm{e}^{-x}}{\sqrt{x}}\mathrm{d}x=\sqrt{\pi}=\left(-\frac{1}{2}\right)!.$$

回头看看这个计算的开头，我们看到可以把这个结果写成另一种形式：

$$I=\int_0^{\infty}\mathrm{e}^{-u^2}\mathrm{d}u=\frac{1}{2}\sqrt{\pi},$$

或者

$$\int_{-\infty}^{\infty}\mathrm{e}^{-x^2}\mathrm{d}x=\sqrt{\pi}.$$

最晚在 1733 年，棣莫弗就在研究概率论的过程中知道了这个结果. 有一个绝妙的故事：有一次，开尔文勋爵(Lord Kelvin)在给学工程的学生们讲课

时，用到了“数学家”这个词，然后他停了下来，看着班上的学生们，问：“你们知道数学家是什么吗?”接着他在黑板上写下了上面这个积分，说道：“数学家就是这对他来说就像二二得四对你们来说那样显然的人.”我想，如果开尔文真的说过这话，那么他有些过奖了，但是，如果他没有说过，那么他本该这样说，因为这是一个伟大的故事！

到这里为止，伽马函数一直被解释为纯粹的实函数. 欧拉接下来一步伟大的跳跃就是通过变量代换把它扩展到复数值. 为此，定义

$$u=\frac{x}{p+\mathrm{i}q},$$

其中 p 和 q 是正实数常数. 结果得到

$$\Gamma(n)=\int_0^{\infty}\mathrm{e}^{-(p+\mathrm{i}q)u}[(p+\mathrm{i}q)u]^{n-1}(p+\mathrm{i}q)\mathrm{d}u$$

$$=\int_0^{\infty}(p+\mathrm{i}q)^n u^{n-1}\mathrm{e}^{-pu}\mathrm{e}^{-\mathrm{i}qu}\mathrm{d}u.$$

178

这里有一个小小的隐瞒，我得告诉你. 那就是，原来 $\Gamma(n)$ 的积分路径是沿着实 x 轴，而变换后这个积分的积分路径却是沿着复平面上与实轴成角 $\alpha=-\arctan\frac{q}{p}$ 的 u 线. 我在这里将不理会这个“细微的”问题，因为这种形式上的符号操作确实导致了正确的结果. 不过在后面，当讲到柯西关于复平面上围道积分的理论时，我会对我们的积分路径位于何处给予**极大的**关注. 事实上，正是欧拉把变量改为复数时这种漫不经心的不严谨做法，激发了柯西的工作.

好，把积分哑变量从 u 改回 x，这没有什么特别的理由，只是为了符号的一致性，于是我们得到

$$\int_0^{\infty}x^{n-1}\mathrm{e}^{-px}\mathrm{e}^{-\mathrm{i}qx}\mathrm{d}x=\frac{\Gamma(n)}{(p+\mathrm{i}q)^n}.$$

欧拉接着把 $p+\mathrm{i}q$ 写成极式，即

$$p+\mathrm{i}q=r\angle\alpha=r(\cos\alpha+\mathrm{i}\sin\alpha)=r\mathrm{e}^{\mathrm{i}\alpha},$$

其中

$$r=\sqrt{p^2+q^2}\,,\ \alpha=\arctan\frac{q}{p}.$$

于是，有

$$\int_0^{\infty} x^{n-1}\mathrm{e}^{-px}\mathrm{e}^{-\mathrm{i}qx}\,\mathrm{d}x=\frac{\Gamma(n)}{r^n\mathrm{e}^{\mathrm{i}n\alpha}}=\frac{\Gamma(n)}{r^n}\mathrm{e}^{-\mathrm{i}n\alpha}.$$

最后，利用欧拉恒等式将 $\mathrm{e}^{-\mathrm{i}qx}$ 和 $\mathrm{e}^{-\mathrm{i}n\alpha}$ 展开成实部和虚部，并令上一个等式两边的实部和虚部分别相等，我们有

$$\int_0^{\infty} x^{n-1}\mathrm{e}^{-px}\cos qx\,\mathrm{d}x=\frac{\Gamma(n)}{r^n}\cos n\alpha,$$

$$\int_0^{\infty} x^{n-1}\mathrm{e}^{-px}\sin qx\,\mathrm{d}x=\frac{\Gamma(n)}{r^n}\sin n\alpha.$$

欧拉现在已经望到他的原始目标，算出积分 I_1 和 I_2 的值了. 为了达成这个目标，他令 $n=\frac{1}{2}$，$p=0$ 和 $q=1$. 由于这给出 $\alpha=\arctan\frac{1}{0}=\arctan\infty=\frac{\pi}{2}$ 和 $r=1$，那么

179

$$\int_0^{\infty}\frac{\cos x}{\sqrt{x}}\mathrm{d}x=\Gamma\left(\frac{1}{2}\right)\cos\frac{\pi}{4}=\frac{1}{\sqrt{2}}\Gamma\left(\frac{1}{2}\right),$$

$$\int_0^{\infty}\frac{\sin x}{\sqrt{x}}\mathrm{d}x=\Gamma\left(\frac{1}{2}\right)\sin\frac{\pi}{4}=\frac{1}{\sqrt{2}}\Gamma\left(\frac{1}{2}\right).$$

好，我在这一节的前面已经证明了 $\Gamma\left(\frac{1}{2}\right)=\sqrt{\pi}$，因此

$$\int_0^{\infty}\frac{\cos x}{\sqrt{x}}\mathrm{d}x=\sqrt{\frac{\pi}{2}}=\int_0^{\infty}\frac{\sin x}{\sqrt{x}}\mathrm{d}x.$$

但如果对原来的积分 I_1 和 I_2 做变量代换 $x=s^2$，那么你应该能很快地证明

$$I_1=\frac{1}{2}\int_0^{\infty}\frac{\sin x}{\sqrt{x}}\mathrm{d}x,$$

$$I_2=\frac{1}{2}\int_0^{\infty}\frac{\cos x}{\sqrt{x}}\mathrm{d}x.$$

因此 $I_1=I_2=\frac{1}{2}\sqrt{\frac{\pi}{2}}$. 欧拉真是个天才——但是他还没完!

在 1776 年与他逝世的 1783 年之间的某个时候，欧拉利用复数证明了

$$\int_0^{\infty}\frac{\sin x}{x}\mathrm{d}x=\frac{\pi}{2}.$$

这是一个很重要的积分，它在物理学和数学的各个领域，以及电信传输理论中一而再、再而三地出现. 这个神奇的积分在欧拉逝世后好几年才发表. 我在这里展示的，实际上是用复数方法得到的一个略为一般的结果，这个结果以欧拉的结果为特殊情况.

考虑复积分 $\int_0^{\infty}\mathrm{e}^{(-p+\mathrm{i}q)x}\mathrm{d}x$，其中 $p>0$，以保证这个积分存在. 很容易把这个积分求出来，得到形式结果$\frac{p+\mathrm{i}q}{p^2+q^2}$. 如果用欧拉恒等式把这个结果的两边分成实部和虚部，那么有

$$\int_0^{\infty}\mathrm{e}^{-px}\cos qx\,\mathrm{d}x=\frac{p}{p^2+q^2},$$

$$\int_0^{\infty}\mathrm{e}^{-px}\sin qx\,\mathrm{d}x=\frac{q}{p^2+q^2}.$$

180

把我们的注意力集中在这两个式子的第一个上，接下来将其两边对 q 积分，也就是说，让我们把 q 处理为变量而把 p 处理为常量. 于是，以 a 和 b 为任意的积分限，我们有

$$\int_a^b\left(\int_0^{\infty}\mathrm{e}^{-px}\cos qx\,\mathrm{d}x\right)\mathrm{d}q=\int_a^b\frac{p}{p^2+q^2}\mathrm{d}q=\frac{1}{p}\int_a^b\frac{\mathrm{d}q}{1+\left(\frac{q}{p}\right)^2}.$$

然后，将左边这个二次积分的积分顺序反过来，我们有

$$\int_0^{\infty}\mathrm{e}^{-px}\left(\int_a^b\cos qx\,\mathrm{d}q\right)\mathrm{d}x=\int_0^{\infty}\mathrm{e}^{-px}\left(\frac{\sin qx}{x}\bigg|_a^b\right)\mathrm{d}x$$

$$=\int_0^{\infty}\mathrm{e}^{-px}\frac{\sin bx-\sin ax}{x}\mathrm{d}x.$$

要使积分顺序能够反过来，就必须证明被积函数服从某种关于连续性和收敛性的条件，有关的结果在任何一本优秀的微积分教科书中都有叙述[①].对于本书来说，由于它根本称不上一本严格的教科书，我将跳过这一证明. 但是请放心，这里把顺序反过来是绝对没有问题的. 前面那个等式右边的单积分也很容易求出来，只要做变量代换 $u=\frac{q}{p}$ $\left(\text{因此 } \mathrm{d}u=\left(\frac{1}{p}\right)\mathrm{d}q\right)$并计算

$$\frac{1}{p}\int_a^b \frac{\mathrm{d}q}{1+\left(\frac{q}{p}\right)^2}=\int_{\frac{a}{p}}^{\frac{b}{p}} \frac{\mathrm{d}u}{1+u^2}=\arctan u\Big|_{\frac{a}{p}}^{\frac{b}{p}}=\arctan\frac{b}{p}-\arctan\frac{a}{p}.$$

如果我们在这两个(相等的)表达式中令 $b=0$，那么有

$$\int_0^\infty \mathrm{e}^{-px}\frac{\sin ax}{x}\mathrm{d}x=\arctan\frac{a}{p}.$$

令 $p\to0$，我们有

$$\lim_{p\to0}\int_0^\infty \mathrm{e}^{-px}\frac{\sin ax}{x}\mathrm{d}x=\arctan(\pm\infty)=\begin{cases}\frac{\pi}{2}, \text{如果 } a>0;\\ -\frac{\pi}{2}, \text{如果 } a<0.\end{cases}$$

181 最后，假设可以交换极限运算和积分运算[②]，我们就得到

---

① 即这样一条积分顺序交换定理：设二元函数 $f(x,q)$在$[c,\infty)\times[a,b]$上连续，$\int_c^\infty f(x,q)\mathrm{d}x$ 关于$q\in[a,b]$一致收敛，那么 $\int_a^b\left(\int_c^\infty f(x,q)\mathrm{d}x\right)\mathrm{d}q=\int_c^\infty\left(\int_a^b f(x,q)\mathrm{d}q\right)\mathrm{d}x$. 至于我们这个 $\int_0^\infty \mathrm{e}^{-px}\cos qx\mathrm{d}x$ 关于 q 的一致收敛性，可根据 $\cos qx$ 的有界性和 $\int_0^\infty \mathrm{e}^{-px}\mathrm{d}x$ 的收敛性，用魏尔斯特拉斯判别法得出.——译者注

② 这里可用所谓的连续性定理：设二元函数 $f(x,p)$在$[b,\infty)\times[c,d]$上连续，$\int_b^\infty f(x,p)\mathrm{d}x$ 关于 $p\in[c,d]$一致收敛，那么对于任何 $p_0\in[c,d]$，$\lim_{p\to p_0}\int_b^\infty f(x,p)\mathrm{d}x=\int_b^\infty f(x,p_0)\mathrm{d}x$. 至于我们这个$\int_b^\infty \mathrm{e}^{-px}\frac{\sin ax}{x}\mathrm{d}x$ 关于 p 的一致收敛性，可根据$\int_b^\infty \frac{\sin ax}{x}\mathrm{d}x$ 的收敛性和 e^{-px} 作为 x 的函数的单调性和关于 p 的一致有界性，用阿贝尔判别法得出.——译者注

$$\int_0^{\infty} \frac{\sin ax}{x} dx = \begin{cases} \frac{\pi}{2}, \text{如果 } a>0; \\ 0, \text{如果 } a=0; \\ -\frac{\pi}{2}, \text{如果 } a<0. \end{cases}$$

这个结果称为狄利克雷间断积分(间断点在 $a=0$)，它是用德国数学家狄利克雷(Peter Gustav Lejeune Dirichlet，1805—1859)的名字命名的. 1855 年高斯去世后，狄利克雷是高斯在格廷根大学的数学教授职位的继承者. 当欧拉完成了他对这个积分当 $a=1$ 时的特殊情况的计算时，他有理由骄傲地指出："到现在为止，[它]已经战胜了所有已知的巧妙计算办法."

6.13 关于 $\Gamma(n)$ 的欧拉反射公式和关于 $\zeta(n)$ 的函数方程

在这一节中，我将向你展示怎样用复数来推导一个欧拉的结果和另一个黎曼的结果，它们属于数学中最著名的恒等式. 请回忆在上一节中，伽马函数被定义为

$$\Gamma(n) = \int_0^{\infty} e^{-x} x^{n-1} dx.$$

和那里一样，做变量代换 $x=t^2$，就有

$$\Gamma(n) = \int_0^{\infty} e^{-t^2} t^{2(n-1)} 2t\, dt,$$

由此，用 $1-n$ 代 n，立即可得

$$\Gamma(1-n) = \int_0^{\infty} e^{-t^2} t^{-2n} 2t\, dt.$$

由于 $\Gamma(n)=(n-1)!$ 这个性质，乘积 $\Gamma(n)\Gamma(1-n)$ 特别令人感兴趣. 那就是

$$n\Gamma(n)\Gamma(1-n) = (-n)!(n!),$$

如果我们能算出 $\Gamma(n)\Gamma(1-n)$ 的值，那么我们就会有一个用来从 $n!$ 算出 $(-n)!$ 的表达式，其中 $n\geqslant 0$.

因此，让我们写

$$\Gamma(n)\Gamma(1-n)=\left(\int_0^\infty e^{-x^2}x^{2(n-1)}2x\mathrm{d}x\right)\left(\int_0^\infty e^{-y^2}y^{-2n}2y\mathrm{d}y\right)$$

$$=4\int_0^\infty\int_0^\infty e^{-(x^2+y^2)}x^{2n-1}y^{-(2n-1)}\mathrm{d}x\mathrm{d}y,$$

其中我对积分哑变量用了不同的符号 x 和 y，以避免后面发生混淆. 好，无疑这是一个令大多数人乍一眼就双膝发软的表达式. 但是采用我上一节计算 $\Gamma\left(\frac{1}{2}\right)$ 时所用的美妙技巧，它那表面上的困难就迎刃而解了. 因此，像前面一样，让我们变到极坐标，并令 $x=r\cos\theta$ 和 $y=r\sin\theta$，相应的面积微分现在成为 $r\mathrm{d}r\mathrm{d}\theta$. 为了覆盖第一象限，像前面一样，我们要有 $0\leqslant r<\infty$ 和 $0\leqslant\theta\leqslant\frac{\pi}{2}$. 因为

$$x^2+y^2=r^2,$$

$$x^{2n-1}y^{-(2n-1)}=\left(\frac{x}{y}\right)^{2n-1}=(\cot\theta)^{2n-1},$$

那么我们有

$$\Gamma(n)\Gamma(1-n)=4\int_0^\infty\int_0^{\frac{\pi}{2}} e^{-r^2}(\cot\theta)^{2n-1}r\mathrm{d}r\mathrm{d}\theta$$

$$=4\int_0^\infty re^{-r^2}\mathrm{d}r\int_0^{\frac{\pi}{2}}(\cot\theta)^{2n-1}\mathrm{d}\theta.$$

这个 r 的积分仍然很初等，即

$$\int_0^\infty re^{-r^2}\mathrm{d}r=-\frac{1}{2}e^{-r^2}\Big|_0^\infty=\frac{1}{2},$$

于是

$$\Gamma(n)\Gamma(1-n)=2\int_0^{\frac{\pi}{2}}(\cot\theta)^{2n-1}\mathrm{d}\theta.$$

183

现在做新的变量代换 $s=\cot\theta$, 从而把这个积分变成

$$\Gamma(n)\Gamma(1-n)=2\int_0^\infty \frac{s^{2n-1}}{1+s^2}\mathrm{d}s,$$

或者, 如果我们写 $2n=\alpha$, 则

$$\Gamma(n)\Gamma(1-n)=2\int_0^\infty \frac{s^{\alpha-1}}{1+s^2}\mathrm{d}s.$$

这并不是一个简单的积分, 但在第 7 章中我将向你展示怎样利用第 3 章的棣莫弗定理, 并结合 19 世纪发明的复平面上的积分理论来计算像它这样的积分, 特别是, 你将看到

$$\int_0^\infty \frac{s^{\alpha-1}}{1+s^2}\mathrm{d}s=\frac{\pi}{\beta\sin\frac{\alpha}{\beta}\pi},$$

因此对于我们这里的问题, 即 $\beta=2$ 的情况, 我们有这个惊人的、出乎意料的、确实令人瞠目结舌的结果:

$$\Gamma(n)\Gamma(1-n)=\frac{\pi}{\sin n\pi}.$$

欧拉(1771 年)这个美丽的恒等式称为关于伽马函数的**反射公式**.

对于 $n=\frac{1}{2}$, 我们有 $\Gamma^2\left(\frac{1}{2}\right)=\pi$, 或者说 $\Gamma\left(\frac{1}{2}\right)=\sqrt{\pi}$, 这是在上一节分析菲涅耳积分的过程中直接计算出来的. 根据这一节的第一部分, 我们还有这个形式优美的表达式:

$$(-n)!(n!)=\frac{n\pi}{\sin n\pi}.$$

举个例子:

$$\left(-2\frac{1}{2}\right)!=\frac{2\frac{1}{2}\pi}{\left(2\frac{1}{2}\right)!\sin 2\frac{1}{2}\pi}=\frac{\frac{5}{2}\pi}{\left(2\frac{1}{2}\right)\left(1\frac{1}{2}\right)\left(\frac{1}{2}\right)!}$$

$$=\frac{\frac{5}{2}\pi}{\frac{5}{2}\times\frac{3}{2}\times\frac{1}{2}\sqrt{\pi}}=\frac{4}{3}\sqrt{\pi}=2.363\,27\cdots.$$

1859 年，黎曼证明，对于乘积 $\Gamma(s)\zeta(s)$，即伽马函数与 ζ 函数的乘积，184 存在一个同样优美的公式.（在这种分析中，传统上用 s 而不是 z 来代表复变数. 这一点从表面上看似乎微不足道——毕竟这只是一种符号——但事实上这里确实涉及一个较深刻的问题，当我们说到第 7 章时将在这上面花些力气.）好，从伽马函数的定义可以得出，如果你做变量代换 $u=nx$，那么①

$$\int_0^\infty e^{-nx}x^{s-1}dx=\frac{\Gamma(s)}{n^s}.$$

然后对两边求和，有

$$\sum_{n=1}^\infty\int_0^\infty e^{-nx}x^{s-1}dx=\sum_{n=1}^\infty\frac{\Gamma(s)}{n^s}=\Gamma(s)\sum_{n=1}^\infty\frac{1}{n^s}=\Gamma(s)\zeta(s).$$

如果假设我们可以在最左边把积分运算与求和运算交换一下（大胆些！）②，那么就有

$$\Gamma(s)\zeta(s)=\int_0^\infty x^{s-1}\sum_{n=1}^\infty e^{-nx}dx.$$

其中要求和的只不过是一个几何级数，因此很容易算. 结果是

$$\Gamma(s)\zeta(s)=\int_0^\infty\frac{x^{s-1}}{e^x-1}dx.$$

于是，就像在处理乘积 $\Gamma(n)\Gamma(1-n)$ 时那样，对于现在这个新的乘积，我们

---

① 这里应先将伽马函数的定义写成 $\Gamma(s)=\int_0^\infty e^{-u}u^{s-1}du$，然后用 $u=nx$ 和 $du=ndx$ 代入，得 $\Gamma(s)=\int_0^\infty e^{-nx}n^{s-1}x^{s-1}ndx=n^s\int_0^\infty e^{-nx}x^{s-1}dx$. ——译者注

② 这里可以把这个级数的和表示成其部分和的极限，而部分和运算与积分运算是可以交换的. 至于极限运算与积分运算的交换，则可用前面脚注中介绍的连续性定理. 只要注意到有关的级数是个正项级数，其部分和必定小于其和，即可得有关广义积分的一致收敛性. ——译者注

又遇到了一个很有些“非入门微积分样子”的积分. 而且, 正如前面那样, 这个积分可以用复平面上的积分理论求出, 而黎曼实际上就是这样做的. 我将在 7.8 节再提到这个积分, 但为了不让你在这里感到不满意, 这里先告诉你黎曼得到的结果就是关于 ζ 函数看上去神奇得不可思议的函数方程, 数学王冠上的一颗宝石:

$$\zeta(s)=\zeta(1-s)\Gamma(1-s)2^{s}\pi^{s-1}\sin\frac{1}{2}\pi s.$$

下面是这个函数方程的一个美妙应用. 令 $s=-2n$, 其中 n 是一个非负整数. 于是

$$\zeta(-2n)=-\zeta(1+2n)\Gamma(1+2n)2^{-2n}\pi^{-(2n+1)}\sin n\pi=0,$$

这是因为右边所有的乘数中, 除了 $\sin n\pi$ 当然是零外, 其他都是有限的正数. 这样, 正如在 6.4 节中所提到的, 所有的负偶数都是 ζ 函数的零点. 然而, 我们必须把 $n=0$ 排除在外, 因为对于这种情况, $\zeta(1+2n)=\zeta(1)=S_1=\infty$, 而且可以证明, 这个无穷大足以抵消对应于 $\sin 0$ 的零点. 实际上可以证明, $\zeta(0)=-\frac{1}{2}$. 185

请记住——推导出关于伽马函数的反射公式和关于 ζ 函数的函数方程的前提是你能求出那两个具有非入门微积分样子的积分, 而一旦你在第 7 章中知道了怎样求复积分, 你就能做到这一点了. 186

第 7 章　19 世纪——柯西与复变函数论的肇始

7.1　引言

随着上一章的结束，我想我们其实已经把利用虚数$\sqrt{-1}$和从它扩展而来的复数能够做到的差不多每一件事都做了. 要继续讲下去，接下来合乎逻辑的一步应该是考虑复值变量的**函数**，即函数 $f(z)$，其中 $z=x+\mathrm{i}y$. 但随之而来的问题是，我讲到什么地方结束？如今，关于复变函数论的文献浩如烟海，其中有许多属于纯粹数学，同样有许多则具有实践的、面向应用的性质. 我认为，物理学家和工程师或许比数学家更多地使用着复变量和函数论. 本书不是一本教科书，但是贸然踏入所有我们能够踏足的领域，将把这本书变成一本**鸿篇巨制式的**教科书，或许要两三千页. 你不会去买它，我当然也不会认为我能在有生之年把它写出来.

因此我将要做的事情是就带着你看看现代复变函数论的肇始，即复积分，这是法国天才柯西(Augustin-Louis Cauchy, 1789—1857)在他 1814 年提交给法国科学院的一篇论文里创建的[1]. 我准备这样做的理由有三. 第一，我已经说过，我们不可能在像本书这样的一本书里把每一件事都做了. 第二, 从头说起本就是我在一本具有浓烈历史风味的书里所应该做的事情. 第三, 我要给你讲一讲柯西的这个原创性工作, 因为它是如此的美丽.

当我刚去斯坦福大学念电工学的时候(我在前言中讲过这件事), 首先自然要学习所有通常的工程数学课程, 例如微积分、常微分方程和偏微分方程, 甚至集合论. 所有这些课程我都很感兴趣, 而且在每门课程中, 我很快就享受到自己在解难题的能力上的长进. 但是直到 1960 年秋季第一次上复变函数论课程时, 我才体验到一种全新的情感——即学习数学的纯粹快感, 而这种快感, 其本身就“妙极了”. 187

在这门课程中, 所有的事情都“啪”的一声干净利落地扣在一起了, 简直天衣无缝, 就像一件尽管复杂但做工精细的智力拼图玩具. 当然, 在微积分中, 事情也是环环相扣的, 但其中的一切总给人以某种功利感——至少对我来说是这样. 这或许是我的一个性格缺陷. 然而, 在复变函数论中, 各条基本定理不仅有有效的普适性, 而且还**令人惊奇**. 对我来说, 复变函数论是一部近似于某种神秘经验的启示录——我的另一个性格缺陷?

复变函数论当中最令我着迷的部分, 正是它的第一个历史性应用, 即复平面上的积分, 或所谓的**围道积分**. 利用柯西的复积分理论, 人们可以几乎不费吹灰之力地算出数不胜数的实定积分的值, 这些定积分稀奇古怪, 匪夷所思, 看起来万般神奇. 例如, 我学会了怎样证明

$$\int_{-\infty}^{\infty} \frac{\cos x}{1+x^2} \mathrm{d}x = \frac{\pi}{\mathrm{e}}.$$

那时候在我看来, 这种计算似乎是不可能的, 除非你有巫师那样的魔法. 但是我错了——实际上, 创建这种计算背后的理论的人, 不过是法国正统世袭王朝的一个古怪而虔诚的天主教支持者.

7.2 奥古斯丁-路易·柯西

当1793年恐怖统治①横扫巴黎时，柯西的父亲，一位政府高级官员，携全家逃到了乡下的一个村庄里. 在那里，他发现还有一些知识分子也逃离了那座城市，在此等待着人头滚滚、血流成河的日子过去. 例如，有一位同样从断头台死里逃生的邻居，就是拉普拉斯. 他作为一名政治动荡的幸存者，与他作为一位数学物理学家一样伟大. 这种暂时性的颠沛流离实际上可能是令人兴奋的，因为柯西明显地表现出了他那非凡天才的早期迹象. 例如，据说伟大的法国数学家拉格朗日就对柯西的父亲说过，他的儿子有朝一日将成为一位科学明星，但拉格朗日警告说，不能让这个孩子在17岁之前看任何一本高等数学书！

柯西早年接受了成为土木工程师的教育，到1810年，他就参与了拿破仑打算用来向英国发动进攻的海军基地的建造. 由于健康方面的未知原因——事实上可能是由于童年全家离开巴黎期间患了好几年的儿童营养不良症——柯西于1811年放弃了对身体条件要求苛刻的军事工程师职业，开始了他那硕果累累、成就显赫的数学家生涯. 到他逝世时，他已写了800多篇论文和7本著作，这个数量仅次于欧拉.

188

1814年的那篇论文在他开始这个新的职业生涯后仅三年就问世了，它本该让任何一位年龄是他两倍的数学家感到高兴和满意. 然而在最初的时候，那些审阅这篇论文的前辈们并没有这样认为. 他们在总体上认可了这篇论文——尽管特别地，勒让德批评了柯西对一个积分的计算，因为勒让德刚刚在他新出版的《积分学习题集》(*Exercises du Calcul Intégral*)中发表了这个积分，而他们的答案并不相同(柯西是对的)——但他们也没能认识

① 法国大革命时期的1793年10月至1794年7月，当时最大的政治组织雅各宾俱乐部建立专政，严厉镇压反对者. 史称“恐怖统治时期”. ——译者注

到柯西即将开辟一个全新的数学分支，即复变函数论．这种错失几乎确定归咎于柯西所陈述的写这篇论文的理由．理由分为两个方面，而且多少有点儿乏味．首先，他打算解释为什么一个累次积分的值可能会依积分顺序的不同而发生差别，这两者之差柯西称为*留数*(residue)．第二个理由是给早先数学家在用涉及复数的技巧来计算某些定积分(例如第 6 章中讨论的欧拉对菲涅耳积分的计算)时的那种相当不严谨的做法一个坚实的基础．这个做成这一切的人并不简单，是个人格十分复杂的人物．

虽然出生于攻占巴士底狱[①]和法国大革命发生后的仅几个星期，但柯西一生都是波旁王朝[②]近乎狂热的支持者．例如，当拉扎尔·卡诺和卡诺的前数学老师蒙日(Gaspard Monge)在 1816 年由于政治原因被开除出法国科学院时，柯西欣然接受了一项非选举产生的任命，取代了蒙日的职位．蒙日曾经是"篡位者"拿破仑的老朋友，而卡诺，尤其是 23 年前他在投票处决路易十六[③]时所起的作用，无疑使柯西在做出这个决定时心安理得——一个是伪国王的支持者，一个是弑君党人，看到他们受处分，他完全无所谓．

作为一个普通人，柯西似乎一直有点不谙人情世故，他以天真、孩子气，甚至行为莽撞而出名．例如，当 1830 年的"七月革命"[④]把奥尔良家族[⑤]

---

① 1789 年 7 月 14 日，巴黎人民起义，攻占了国家监狱巴士底狱，法国大革命爆发．——译者注

② 波旁家族(因其祖先的封地在法国中部的波旁地区而得名)在法国建立的封建王朝．始建于 1589 年，1792 年在法国大革命中被推翻，1814 年复辟，至 1830 年七月革命彻底结束．——译者注

③ 路易十六(Louis XVI，1754—1793)，法国国王．1774 年即位．在位时，法国大革命爆发．1792 年 9 月被废黜，1793 年 1 月在巴黎革命广场断头台被处死．——译者注

④ 1830 年 7 月 26 日，法国国王查理十世试图实行高压统治，激起民众反抗，并发生了三天战斗．结果查理十世退位，路易-菲力普即位．史称"七月革命"．——译者注

⑤ 法国波旁家族的一个支系．因其祖先的公爵领地在法国中北部的奥尔良地区而得名．——译者注

的“平民国王”、代表中产阶级的路易-菲力浦[1]推上王位时，柯西被要求作效忠国王的宣誓，否则将失去在三个机构的学术职位. 柯西拒绝作这种宣誓(他并不是普遍地反对国王及其阶层，他只是反对那些非波旁王朝的国王)，189 并且自愿跟着已下台的查理十世[2]一起流亡. 或许他害怕再一次爆发流血革命，但把家庭抛下不管达 4 年之久，看来确实有点奇怪. 他最终于 1838 年回到了法国. 早先，挪威数学家阿贝尔(Niels Abel)曾于 1826 年拜访过柯西，他写道，他发觉这个人是一个宗教“偏执狂”，甚至更坏. 这并不是说柯西是一个“可怕的”人. 一个能给他后来的妻子写出下面这首情诗的人，看来不可能真的有那么坏：

> 我将爱你，我娴雅温良的朋友，
> 直到我生命的尽头；
> 既然那里又开始另一种生命，
> 你的路易[3]将爱你到永久.

但是柯西的个性如何到今天又有什么关系呢？——重要的是，他的数学是美丽的. 就在柯西死前几个小时，他与巴黎大主教就(柯西的)慈善工作计划进行了谈话——他那不寻常性格中的又一个古怪的癖好. 这位大主教回忆道，柯西对他说的最后一句话是，“人消逝了，但他们的业绩继续存在. ”只要人们研究数学，柯西的业绩就继续存在.

在高斯本人的私人笔记和信件(日期均早于 1814 年)中有直接的证据证明，哪怕不是知道全部，他对柯西 1814 年那篇论文中的成果也知道得很

---

① 路易-菲力浦(Louip-Philippe，1773—1850)，法国国王. 原为奥尔良公爵，1830 年即位，建立七月王朝(又称奥尔良王朝)，实行君主立宪制，代表金融资产阶级利益. 1848 年在民众起义的压力下退位. 后客死英国. ——译者注

② 查理十世(Charles Ⅹ，1757—1836)，法国波旁王朝的最后一个国王，路易十六的弟弟. 1824 年即位. 实行反动统治，导致 1830 年“七月革命”的爆发，被迫逃往英国. 后客死国外. ——译者注

③ 柯西的名. ——译者注

多. 但高斯的作风就是这样，他总是把事情瞒得严严实实，直到他能把一切都弄得“很好”的时候，才予以公开. 因此这份荣誉完全应当属于柯西. 正如 19 世纪德国数学家克罗内克(Leopold Kronecker)在柯西和高斯都逝世后许多年所写的，“一个人发表了一个数学证明，并完整地指出了它的涉及范围，而另一个人只是私下向一位朋友不经意地传达了这个意思，这两者是有很大差别的. 因此，这条定理[即 7.5 节中所称的**第一积分定理**]可以正当地被命名为**柯西定理**”. 不过，当然不是什么事情都是柯西做的. 已经有一个确立的基础，使他可以据此建筑自己的理论. 例如，柯西的论文在一开始就假定他的读者基本上理解如今所说的复函数 $f(x)$ 在复平面中一个区域内解析[2]是什么意思. 因此，就让我们从解释这个开始，来介绍本书最后一个专业内容的历史吧.

7.3　解析函数与柯西-黎曼方程组

首先，我要强调 x 和 y 将是我们最原始的变量，它们都是实数. x 定义于实轴，而 y 则在虚轴上游荡，当然，后者实际上代表了 $\mathrm{i}y$. 更进一步是复变量 $z=x+\mathrm{i}y$. 最后，当我说到一个复函数的时候，我是指 $f(z)$，例如，$f(z)=f(x+\mathrm{i}y)=z^2$，或者 $f(z)=f(x+\mathrm{i}y)=\mathrm{e}^z$. 当然，函数 $f(z)$ 具有实部和虚部，它们又都是 x 和 y 的函数. 例如 190

$$f(z)=z^2=(x+\mathrm{i}y)^2=x^2-y^2+\mathrm{i}2xy$$

和

$$f(z)=\mathrm{e}^z=\mathrm{e}^{x+\mathrm{i}y}=\mathrm{e}^x\cos y+\mathrm{i}\mathrm{e}^x\sin y.$$

一般地，我会写 $f(z)=u(x, y)+\mathrm{i}v(x, y)$，于是，在 $f(z)=z^2$ 的情况中，我们有 $u(x, y)=x^2-y^2$，而 $v(x, y)=2xy$. 你心中要非常清楚这一点：u 和 v 都是实变量 x 和 y 的实函数.

复变函数论的肇始可以在对下面这个问题的回答中找到：$f(z)$的**导数**

是什么？形式上的回答会正如你所预料，只要回忆在微积分入门课程中单变量实函数的导数是怎样定义的：形式上，如果 $f(z)$ 的导数 $f'(z)$ 在 $z=z_0$ 有定义，那么

$$f'(z_0)=\left.\frac{\mathrm{d}f}{\mathrm{d}z}\right|_{z=z_0}=\lim_{\Delta z\to 0}\frac{f(z_0+\Delta z)-f(z_0)}{\Delta z}.$$

不过，这里的 Δz 趋近于零并不像在单个实变量的情况中那样直接. 在那种简单的情况中，我们令 $\Delta x\to 0$ 来计算 $f'(x)$，Δx 只要在一维的实轴上趋近于零即可，因为单个实变量 x 只存在于实轴上. 但既然 z 存在于二维复平面上的任何地方，那么 Δz 还可以有无穷多种方式趋近于零. 因此，Δz **究竟**怎样趋近于零呢？

回答是，我们想要 $f'(z)$ 的尽可能最没有条件限制的定义，因此我们将坚持认为，Δz 趋近于零的方式不应该有什么关系. 当然，这是一种哲学上的态度. 我们**为什么**需要最没有条件限制的定义呢？是的，在数学中，我们当然可以自由地以我们乐意的任何方式定义任何东西，但如果我们实际采用的某个定义被证实为有用，即可以让我们解决难题，那总是最好的. 结果将会表明，以这种方式定义 $f'(z)$，正为我们做到了这一点. 然而，世上没有免费的午餐，强调了这种自由性，我们就会发现已在其他地方施加了某些限制. 作为对有关情况的预先说明，让我告诉你，我们会发现，如果不管 Δz 怎样趋近于零，$f'(z)$ 要在 $z=z_0$ 处存在，那么对于 $f(z)$ 的实部和虚部 $u(x, y)$ 和 $v(x, y)$ 是有条件限制的. 这些条件由柯西-黎曼偏微分方程组给出，这个方程组是：

191

$$\frac{\partial u}{\partial x}=\frac{\partial v}{\partial y},$$

$$\frac{\partial u}{\partial y}=-\frac{\partial v}{\partial x},$$

其中的偏导数都是指它们在 $z=z_0$ 处的值.

这个柯西-黎曼方程组，或称 C-R 方程组，是 $f=u+\mathrm{i}v$ 在 $z=z_0$ 处有

唯一导数的关于 u 和 v 的必要条件和差不多充分的条件. 下面是对必要性的证明. 写 $z_0=x_0+\mathrm{i}y_0$, 和 $\Delta z=\Delta x+\mathrm{i}\Delta y$. 那么, $\Delta z\to 0$ 相当于要求 $\Delta x\to 0$ 和 $\Delta y\to 0$. 于是

$$f'(z_0)=\lim_{\substack{\Delta x\to 0\\ \Delta y\to 0}}\frac{f(x_0+\Delta x,\ y_0+\Delta y)-f(x_0,\ y_0)}{\Delta x+\mathrm{i}\Delta y}.$$

好, 在所有令 Δx 和 Δy 都趋近于零的无穷多种方式中, 让我们仅考虑其中的两种. 第一, 让我们假定 $\Delta y=0$, 于是 $\Delta z=\Delta x$, 即 z 与实轴保持平行地接近 z_0. 第二, 让我们假定 $\Delta x=0$, 于是 $\Delta z=\mathrm{i}\Delta y$, 即 z 与虚轴保持平行地接近 z_0. 如果要使 $f'(z_0)$是唯一的, 是与 Δz 到底怎样趋近于零毫无关系的, 那么这两个特殊情况下的结果当然必定要相等.

在第一种情况下, 我们有

$$\begin{aligned}
f'(z_0)&=\lim_{\Delta x\to 0}\frac{f(x_0+\Delta x,\ y_0)-f(x_0,\ y_0)}{\Delta x}\\
&=\lim_{\Delta x\to 0}\frac{[u(x_0+\Delta x,\ y_0)+\mathrm{i}v(x_0+\Delta x,\ y_0)]-[u(x_0,\ y_0)+\mathrm{i}v(x_0,\ y_0)]}{\Delta x}\\
&=\lim_{\Delta x\to 0}\frac{[u(x_0+\Delta x,\ y_0)-u(x_0,\ y_0)]+\mathrm{i}[v(x_0+\Delta x,\ y_0)-v(x_0,\ y_0)]}{\Delta x}\\
&=\frac{\partial u}{\partial x}+\mathrm{i}\frac{\partial v}{\partial x}.
\end{aligned}$$

在第二种情况下, 我们有

$$\begin{aligned}
f'(z_0)&=\lim_{\mathrm{i}\Delta y\to 0}\frac{f(x_0,\ y_0+\Delta y)-f(x_0,\ y_0)}{\mathrm{i}\Delta y}\\
&=\lim_{\mathrm{i}\Delta y\to 0}\frac{[u(x_0,\ y_0+\Delta y)+\mathrm{i}v(x_0,\ y_0+\Delta y)]-[u(x_0,\ y_0)+\mathrm{i}v(x_0,\ y_0)]}{\mathrm{i}\Delta y}\\
&=\lim_{\mathrm{i}\Delta y\to 0}\frac{[u(x_0,\ y_0+\Delta y)-u(x_0,\ y_0)]+\mathrm{i}[v(x_0,\ y_0+\Delta y)-v(x_0,\ y_0)]}{\mathrm{i}\Delta y}\\
&=\frac{1}{\mathrm{i}}\frac{\partial u}{\partial y}+\frac{\partial v}{\partial y}\\
&=\frac{\partial v}{\partial y}-\mathrm{i}\frac{\partial u}{\partial y}.
\end{aligned}$$

192

令这两个关于 $f'(z_0)$的表达式的实部和虚部分别相等，就给出了C-R方程组.

以上的分析证明了必要性，但是要证明充分性，我们接下来就得证明，不仅仅对于上面考虑的两种方式，对于 Δz 趋近于零的**任何**可能的方式，都会有同一个 $f'(z_0)$. 这件事做起来并不是十分困难，但我还是请你到任何一本优秀的复变函数论教科书里去查阅有关的内容. 在这里，我们将不加怀疑地认为：如果 C-R 方程组被满足，而且这些偏导数都是连续的，那么函数 $f(z)$就是解析的.

我这里讲述的数学论证，是以 ζ 函数而闻名的黎曼在 1851 年的博士论文中率先使用的. 它是现在标准教科书所采用的方法. 不过，其实在柯西和黎曼之前很久，C-R 方程组就由于物理学上的原因而被发现了. 1753 年，达朗贝尔在进行一项流体动力学的研究时，具体地说，是在确定一团自旋流体处于平衡状态的必要条件时，推出了等价于 C-R 方程组的表达式. 达朗贝尔要证明这样的一团流体是不可压缩且无内流的，从而得到了这个方程组. 但这当然是物理学，而不是数学家所希望的纯粹数学.

如果 $f(z)=u+iv$ 不仅在 $z=z_0$ 处，而且在 $z=z_0$ 周围一个**区域**(或称**域或邻域**)内的所有点上都满足C-R 方程组，那么 $f(z)$被称为在这个区域内**解析**. 以或许是最简单的非平凡函数 $f(z)$为例，设 $f(z)=z=x+iy$，于是，$u=x$，而 $v=y$，因此

$$\frac{\partial u}{\partial x}=1, \frac{\partial v}{\partial y}=1,$$

$$\frac{\partial u}{\partial y}=0, \frac{\partial v}{\partial x}=0.$$

显然，对于所有的 x 和 y，C-R 方程组都满足，即 $f(z)=z$ 在整个有限复平面的区域内解析. 这种函数事实上被称为**整函数**. 冠以“有限”作为警示很有必要，因为当$|z|\to\infty$时$|f(z)|$会“爆炸”. 因此 $f(z)=z$ 在无穷大处当然

不可能解析. 事实上, 有一条定理说, 在整个**无穷**复平面上是整函数的复函数只有**常值函数**——这时那四个偏导数都恒等于零.

并非所有的 $f(z)$ 都是解析的. 为了看清这一点, 现在令(作为第二个例子) $f(z)=\overline{z}=x-\mathrm{i}y$. 于是, $u=x$, 而 $v=-y$, 因此

$$\frac{\partial u}{\partial x}=1,\ \frac{\partial v}{\partial y}=-1.$$

显然, C-R 方程组中的一个方程永远得不到满足, 即 $f(z)=\overline{z}$ 在复平面上任何一个区域内都不解析. 对于 $f(z)$ 的如此一个差之毫厘的变化, 竟在函数的解析性上失之千里, 我想, 这是很令人惊异的. 193

现在让我向你展示 C-R 方程组的一个推论, 它暗示着复变函数论在物理学和工程学上的价值. 如果对 C-R 方程组进行微分, 形成所有可能的二阶偏导数, 那么我们有

$$\frac{\partial^2 u}{\partial y\partial x}=\frac{\partial^2 v}{\partial y^2},$$

$$\frac{\partial^2 v}{\partial y\partial x}=-\frac{\partial^2 u}{\partial y^2},$$

$$\frac{\partial^2 u}{\partial x^2}=\frac{\partial^2 v}{\partial x\partial y},$$

$$\frac{\partial^2 v}{\partial x^2}=-\frac{\partial^2 u}{\partial x\partial y}.$$

第一个和最后一个表达式给出

$$\frac{\partial^2 v}{\partial x^2}+\frac{\partial^2 v}{\partial y^2}=0,$$

而中间的两个表达式给出

$$\frac{\partial^2 u}{\partial x^2}+\frac{\partial^2 u}{\partial y^2}=0.$$

这两个方程都是**拉普拉斯方程**——以法国数学物理学家拉普拉斯(Pierre Simon de Laplace, 1749—1827)的名字命名, 他在恐怖统治时期是

柯西的邻居——这种方程出现在流体动力学、静电学和光学等各种各样的应用领域中. 每个解析函数的实部和虚部各自是拉普拉斯方程的解，这个事实可以用来解决许多源自物理学的重要问题. 它首先在黎曼那篇开创性的博士论文中得到证明. 实部和虚部，即 u 和 v，被称作互为**调和共轭**.

解析函数显然是所有可能的复函数全体的一个相当特殊的子集，但是某些包罗广泛的函数类确实达到了标准. 它们包括：

(1) z 的任何多项式都是解析的.

(2) 两个解析函数的和与积总是解析的.

(3) 解析函数的商在除去使得分母为零的那些 z 值之外的区域内是解析的.

194 (4) 解析函数的解析函数是解析的.

于是，由(1)，$f(z)=z^2$ 和 $f(z)=e^z$ 是解析的：第一个案例是因为这是一个多项式，第二个案例是因为指数函数可以展开成一个幂级数多项式①. 由(2)，$f(z)=z^2e^z$ 是解析的. 而由(3)，$f(z)=\frac{e^z}{z^2+1}$ 在除去 $z=\pm i$ 之外的区域内是解析的($z=\pm i$ 称为这个函数的**奇点**)，因为对于 z 的这些值，$f(z)$是无穷大. 在历史上，解析函数被定义为任何能展开成一个幂级数的函数.

7.4 柯西的第一个结果

假定我们从函数 $f(z)=e^{-z^2}$ 说起. 如果你把这个函数的实部和虚部算出来，你可以几乎不费吹灰之力地首先证明

① 原文为 a power series polynomial. 这是一个很含糊的说法. 虽然幂级数在形式上可以看成是具有无穷多个项的多项式，但毕竟幂级数涉及一个极限过程，而多项式只涉及有限多次加法和乘法，这两者是有本质区别的. 事实上，$f(z)=e^z$ 的解析性通常是根据 $e^z=e^{x+iy}=e^x(\cos y+i\sin y)$ 用柯西-黎曼方程组来直接验证的. ——译者注

$$u(x, y)=\mathrm{e}^{-x^2}\mathrm{e}^{y^2}\cos 2xy,$$
$$v(x, y)=-\mathrm{e}^{-x^2}\mathrm{e}^{y^2}\sin 2xy.$$

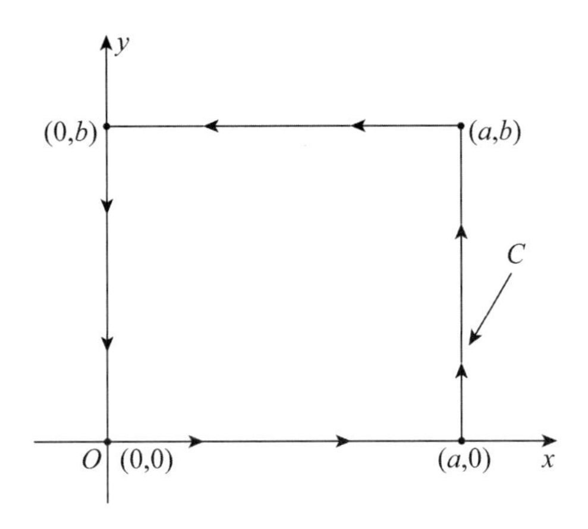

图 7.1 取自柯西 1814 年论文的矩形围道

然后证明，对于所有有限的 x 和 y，这两个函数满足 C－R 方程组. 这就是说，$f(z)$在有限复平面上处处解析，因而是整函数. 好，柯西在他 1814 年那篇论文中所做的事情就是，计算这个 $f(z)$沿着如图 7.1 所示的矩形封闭路径的积分，我将把这个积分表达式写成$\oint_C f(z)\mathrm{d}z$. C 表示这个矩形**围道**，它就是积分路径. 在积分符号上串个圆圈的意思是这个围道是**封闭的**. 这种积分常常被称作线积分或围道积分. “围道”通常专指封闭的路径，而“线”则指积分路径的起点和终点可以是同一点，也可以不是同一点.

195

围道积分的记号看起来可能有点怪怪的，但你很快就会看到，计算这种表达式的实际程序一点儿也不难. 在写复值函数的积分时，我们必须规定路径 C，对此你不应该感到惊奇. 这是因为复函数与实函数不同，实函数把它们积分区间限制在实轴上，复函数则有整个复平面让变量 z 在上面游荡. 这个额外的自由确实带来了一些新问题——当我们遇到其中的一些时我会给你说明——但也提供了大量的新的可能性. 例如，正如我就要向你展示的，对于同一个 $f(z)$，仅仅是选择了不同的 C，将导致完全不同的结论.

法国数学家泊松于 1815 年讨论了这种可能性的一个著名例子，并于 1820 年发表，其形式是积分 $I=\int_{-1}^{1}\frac{\mathrm{d}x}{x}$. 在一种对称性推理的诱惑下，人们会说这个积分是零，因为$\frac{1}{x}$是个奇函数，也就是说，从-1 到 0 有个负无穷大的面积，从 0 到 1 有个正无穷大的面积. 然而，这给我们一种玩诈骗的不舒服感，因为$\infty+(-\infty)$可以是任何东西，不一定是零[3]. 事实上，问题在于沿着实轴积分，会经过一个使得被积函数“爆炸”的点——原点. 然而，泊松注意到从-1 到$+1$ 有另一条路可走，它避免了被积函数的“爆炸”. 那就是，如果我们做变量代换 $x=-\mathrm{e}^{\mathrm{i}\theta}$，其中 $0\leqslant\theta\leqslant\pi$ 弧度，那么这个积分就变为

$$I=\int_{0}^{\pi}\frac{-\mathrm{i}\mathrm{e}^{\mathrm{i}\theta}d\theta}{-\mathrm{e}^{\mathrm{i}\theta}}=\int_{0}^{\pi}\mathrm{i}d\theta=\mathrm{i}\pi.$$

现在这个被积函数处处有明确定义，因为积分路径绕过了致命的点 $x=0$，沿着上半复平面的一条半圆周弧行进.

柯尔莫戈罗夫(А. Н. Колмогоров)和尤什克维奇(А. П. Юшкéвич)在评述泊松这个主意时(见注释 1)采用了一种似乎不经意的幽默笔法，从中我们读到：“显然，泊松走在正确的路径上.”这个计算是有趣的，是的，的确如此，但要看出它可能试图在告诉我们什么，尚有点为时过早. 然而，从历史的角度看，这是特别有趣的，因为泊松这篇 1820 年的论文代表了第一次有一条不在实轴上的积分路径明确地出现在出版物上：柯西 1814 年的论文直到 1825 年才发表. 不过，我应该补充一点：柯西 1814 年的论文最初提交给法国科学院的时候，泊松看到过它.

196

好，让我们开始认真对付手头这件现实的事情. 柯西为什么要计算他这个特殊的围道积分？令人意外的是，并不是为了要知道答案——他已经知道答案是零，他知道这一点是因为对于**任何一条**非自相交的封闭路径 C 来

说，一个在 C 的内部和 C 上处处解析的函数沿着 C 的围道积分总是零. 也就是说，如果 C 及其内部区域是 $f(z)$ 的解析域，那么

$$\oint_C f(z)\mathrm{d}z = 0.$$

这个令人惊异的结果就是柯西第一积分定理，我过一会儿将为你展示它那美丽的证明. 在本节的其余部分中，让我们假设这条定理是成立的.

既然这样，你可能再次问道，如果柯西已经知道结果是零，那他为什么还要费心去计算这个围道积分呢？回答是，不错，这整个儿的积分是零，但是我们将会把它分为若干个部分，而你知道的，若干个不同的非零量可以加起来等于零. 通过做这个围道积分，柯西可以计算各个部分的值，而这些部分值正是我们特别有兴趣想要知道的. 利用本节开头那个特定的 $f(z)$ 进行计算，正是柯西 1814 年论文开头所做的事，而其结果就是我在 6.12 节所讨论的那个积分（开尔文勋爵对它是如此满怀热情）的一种推广. 下面就是柯西在本质上所做的事.

首先，我们写

$$\begin{aligned}\oint_C f(z)\mathrm{d}z &= \oint_C (u+\mathrm{i}v)(\mathrm{d}x+\mathrm{i}\mathrm{d}y).\\ &= \oint_C (u\mathrm{d}x - v\mathrm{d}y) + \mathrm{i}\oint_C (v\mathrm{d}x + u\mathrm{d}y)\\ &= I_1 + \mathrm{i}I_2,\end{aligned}$$

其中

$$I_1 = \oint_C (u\mathrm{d}x - v\mathrm{d}y) = 0,$$

$$I_2 = \oint_C (v\mathrm{d}x + u\mathrm{d}y) = 0.$$

I_1 和 I_2 必定都为零，这是因为一个复数 $I_1 + \mathrm{i}I_2$ 只有当它的实部和虚部都等于零时才为零. 好，请回想本节开头关于 u 和 v 的表达式，并再次观看图 7.1. 当我们从原点出发，按逆时针方向沿着 C 行进时（沿着一条闭曲线进行

积分显然有两种方式，按惯例，标准的选择是按逆时针方向)，我们可以写出下列情况：

$(0,0)\to(a,0)$：$y=0$ 且 $\mathrm{d}y=0$，于是，$u=\mathrm{e}^{-x^2}$，$v=0$.

$(a,0)\to(a,b)$：$x=a$ 且 $\mathrm{d}x=0$，于是，$u=\mathrm{e}^{-a^2}\mathrm{e}^{y^2}\cos 2ay$，$v=-\mathrm{e}^{-a^2}\mathrm{e}^{y^2}\sin 2ay$.

$(a,b)\to(0,b)$：$y=b$ 且 $\mathrm{d}y=0$，于是，$u=\mathrm{e}^{-x^2}\mathrm{e}^{b^2}\cos 2bx$，$v=-\mathrm{e}^{-x^2}\mathrm{e}^{b^2}\sin 2bx$.

$(0,b)\to(0,0)$：$x=0$ 且 $\mathrm{d}x=0$，于是，$u=\mathrm{e}^{y^2}$，$v=0$.

当我们沿 C 行进时，利用上述表达式，把 I_1 详细地写出来，就把 I_1 表示成了若干个实积分的和：

$$I_1=\int_0^a \mathrm{e}^{-x^2}\,\mathrm{d}x+\int_0^b \mathrm{e}^{-a^2}\mathrm{e}^{y^2}\sin 2ay\,\mathrm{d}y+\int_a^0 \mathrm{e}^{-x^2}\mathrm{e}^{b^2}\cos 2bx\,\mathrm{d}x=0.$$

整理，并请回想有 $\int_0^a=-\int_a^0$，

$$\int_0^a \mathrm{e}^{-x^2}\,\mathrm{d}x=\mathrm{e}^{b^2}\int_0^a \mathrm{e}^{-x^2}\cos 2bx\,\mathrm{d}x-\mathrm{e}^{-a^2}\int_0^b \mathrm{e}^{y^2}\sin 2ay\,\mathrm{d}y.$$

好，令 $a\to\infty$，即让 C 变为一个无限宽的矩形. 既然高度 b 保持有限，那么最右边的积分就是有限的，但它的系数 e^{-a^2} 趋近于零，因此我们最后得到

$$\int_b^\infty \mathrm{e}^{-x^2}\,\mathrm{d}x=\mathrm{e}^{b^2}\int_0^\infty \mathrm{e}^{-x^2}\cos 2bx\,\mathrm{d}x,$$

即

$$\int_0^\infty \mathrm{e}^{-x^2}\cos 2bx\,\mathrm{d}x=\mathrm{e}^{-b^2}\int_0^\infty \mathrm{e}^{-x^2}\,\mathrm{d}x.$$

但右边的积分正是开尔文勋爵喜爱的那个 6.2 节中的积分，它等于 $\frac{\sqrt{\pi}}{2}$，因此我们有

$$\int_0^\infty \mathrm{e}^{-x^2}\cos 2bx\,\mathrm{d}x=\frac{1}{2}\mathrm{e}^{-b^2}\sqrt{\pi}.$$

这是开尔文喜爱的那个积分的一种推广(当 $b=0$ 时就简化为那个积分)[4].

难道这不让人感到匪夷所思？这个结果看起来简直是无中生有. 当然，

其实不是这样——是柯西第一积分定理给了柯西强大的力量，让他完成了这个神奇的计算. 那么，I_2 的情况如何？它等于什么？你可以对 I_2 仔细地重复我对 I_1 所做的事，从而证明(正如柯西在他 1814 年论文中所做的那样)从 I_2 得到了这样的结果：

$$\int_0^{\infty} \mathrm{e}^{-x^2} \sin 2bx \, \mathrm{d}x = \mathrm{e}^{-b^2} \int_0^b \mathrm{e}^{y^2} \, \mathrm{d}y.$$

当 $b=0$ 时，这就化为平凡的 $0=0$，不过除此之外，我们总算还得到了一个用另一个积分所表示的积分. 当然，这个式子是成立的，但它基本上不是一个像 I_1 的积分那样有用的结果. 要计算这个恒等式右边的值，需要一个幂级数展开，由斯托克斯(George Stokes)在 1857 年的一篇论文中完成[5].

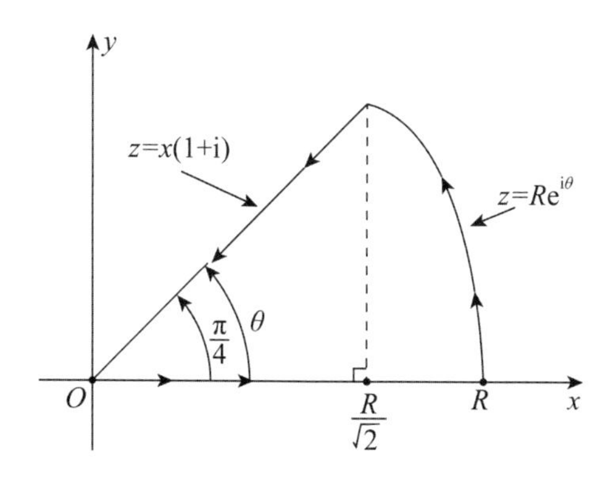

图 7.2　一条可获得菲涅耳积分的不同围道

好，为了真正令你叹服，让我向你展示：只要把围道 C 从图7.1 的矩形变为图 7.2 的馅饼状楔形，就会得到一个获得菲涅耳积分(在第 6 章中我们用欧拉的方法得到过它)的美妙方法. 同以前一样，令 $f(z)=\mathrm{e}^{-z^2}$. 这个楔形围道是从一个半径为 R 的圆形馅饼上切下来的一块. 由于 $0\leqslant\theta\leqslant\frac{\pi}{4}$，因此更确切地说，它是这个馅饼的八分之一. 好，沿着实轴，我们有 $z=x$，于是 $\mathrm{d}z=\mathrm{d}x$. 沿着那条圆弧，我把 z 写成极坐标形式，即 $z=R\mathrm{e}^{\mathrm{i}\theta}$，于是 $\mathrm{d}z=$

199

$\mathrm{i}R\mathrm{e}^{\mathrm{i}\theta}d\theta$. 在 C 的最后一段(它使这条积分路径封闭起来)，我们有 $z=(1+\mathrm{i})x$，于是 $\mathrm{d}z=(1+\mathrm{i})\mathrm{d}x$. 因此，根据柯西第一积分定理，我们可以写

$$\oint_C f(z)\mathrm{d}z=0=\int_0^R \mathrm{e}^{-x^2}\mathrm{d}x+\int_0^{\frac{\pi}{4}}\mathrm{e}^{-R^2\mathrm{e}^{\mathrm{i}2\theta}}\mathrm{i}R\mathrm{e}^{\mathrm{i}\theta}\mathrm{d}\theta$$

$$+\int_{\frac{R}{\sqrt{2}}}^0 \mathrm{e}^{-\mathrm{i}2x^2}(1+\mathrm{i})\mathrm{d}x.$$

好，令 $R\to\infty$，如参考阅读 7.1 所证明的，第二个积分趋近于零，因此

$$\int_0^\infty \mathrm{e}^{-x^2}\mathrm{d}x=\frac{\sqrt{\pi}}{2}=\int_0^\infty \mathrm{e}^{-\mathrm{i}2x^2}(1+\mathrm{i})\mathrm{d}x$$

$$=\int_0^\infty(\cos 2x^2-\mathrm{i}\sin 2x^2)(1+\mathrm{i})\mathrm{d}x.$$

令最后一个积分的实部和虚部分别等于纯实数 $\frac{\sqrt{\pi}}{2}$ 的实部和虚部，得

$$\int_0^\infty \cos 2x^2\mathrm{d}x=\int_0^\infty \sin 2x^2\mathrm{d}x$$

和

$$\int_0^\infty \cos 2x^2\mathrm{d}x+\int_0^\infty \sin 2x^2\mathrm{d}x=\frac{\sqrt{\pi}}{2}.$$

于是

$$\int_0^\infty \cos 2x^2\mathrm{d}x=\int_0^\infty \sin 2x^2\mathrm{d}x=\frac{\sqrt{\pi}}{4}.$$

或者，做变量代换 $s^2=2x^2$，这就变为

$$\int_0^\infty \cos s^2\mathrm{d}s=\int_0^\infty \sin s^2\mathrm{d}s=\frac{\sqrt{2\pi}}{4}=\frac{1}{2}\sqrt{\frac{\pi}{2}},$$

正如欧拉在这之前 30 年推导出来的结果.

本节的所有内容都依赖于柯西第一积分定理，迄今为止我都要求你对此给予信任. 现在让我证明，你的信任并没有白给.

* * *

参考阅读 7.1

为什么 $I=\lim\limits_{R\to\infty}\int_0^{\frac{\pi}{4}} e^{-R^2 e^{i2\theta}} iRe^{i\theta}\,d\theta=0$?

$$|I|=\left|\int_0^{\frac{\pi}{4}} e^{-R^2 e^{i2\theta}} iRe^{i\theta}\,d\theta\right|\leqslant\int_0^{\frac{\pi}{4}} |e^{-R^2 e^{i2\theta}}||iRe^{i\theta}|\,d\theta$$

$$=\int_0^{\frac{\pi}{4}} |e^{-R^2(\cos 2\theta+i\sin 2\theta)}|R\,d\theta=R\int_0^{\frac{\pi}{4}} |e^{-R^2\cos 2\theta}e^{-iR^2\sin 2\theta}|\,d\theta.$$

所以 $|I|\leqslant R\int_0^{\frac{\pi}{4}} e^{-R^2\cos 2\theta}d\theta$. 做变量代换 $\phi=2\theta$, 我们有 $|I|\leqslant\frac{1}{2}R\int_0^{\frac{\pi}{2}} e^{-R^2\cos\phi}d\phi$. 由几何图像，我们有 $\cos\phi\geqslant\frac{2}{\pi}\left(\frac{\pi}{2}-\phi\right)$，其中 $0\leqslant\phi\leqslant\frac{\pi}{2}$. 这一点很容易看出来，只要画出 $y=\cos\phi$ 的从 $\phi=0$ 到 $\phi=\frac{\pi}{2}$ 这四分之一周期的图像，并在同一套坐标轴上画出直线 $y=\frac{2}{\pi}\left(\frac{\pi}{2}-\phi\right)=1-\left(\frac{2}{\pi}\right)\phi$ 的图像. 这两个图像交于 $\phi=0$ 和 $\phi=\frac{\pi}{2}$，而在 ϕ 介于 0 与 $\frac{\pi}{2}$ 之间的所有值上，余弦曲线显然在这条直线的上方. 因此，

$$|I|\leqslant\frac{1}{2}R\int_0^{\frac{\pi}{2}} e^{-R^2\frac{2}{\pi}\left(\frac{\pi}{2}-\phi\right)}\,d\phi=\frac{1}{2}R\int_0^{\frac{\pi}{2}} e^{-R^2}e^{\frac{2R^2}{\pi}\phi}d\phi$$

$$=\frac{1}{2}Re^{-R^2}\int_0^{\frac{\pi}{2}} e^{\frac{2R^2}{\pi}\phi}d\phi=\frac{1}{2}Re^{-R^2}\left(\frac{\pi}{2R^2}e^{\frac{2R^2}{\pi}\phi}\right)\Bigg|_0^{\frac{\pi}{2}}$$

$$=\frac{\pi e^{-R^2}}{4R}(e^{R^2}-1)=\frac{\pi}{4R}(1-e^{-R^2})\to 0,\ \text{当}\ R\to\infty\ \text{时}.$$

200

7.5 柯西第一积分定理

任意给定一个在围道 C 上和以 C 为边界的区域 R 内处处解析的复函数 $f(z)$，如图 7.3 所示. 柯西第一积分定理说：

$$\oint_C f(z)\mathrm{d}z=0.$$

201 1811年，高斯在给一位朋友的信中写道，“这是一条美丽的定理，它的简单证明我将在一个适当的时机给出”. 他没有做到这一点，是柯西获得了这一荣誉. 前面提过，按惯例，我们把围道积分的方向取为逆时针方向，也就是说，当我们在 C 上围绕着 R 行进时，R 总是在我们的左侧. 这就定义了 C 的**内部**. 如果我们在 C 上按相反的方向行进，那么这个积分的代数符号将反过来.

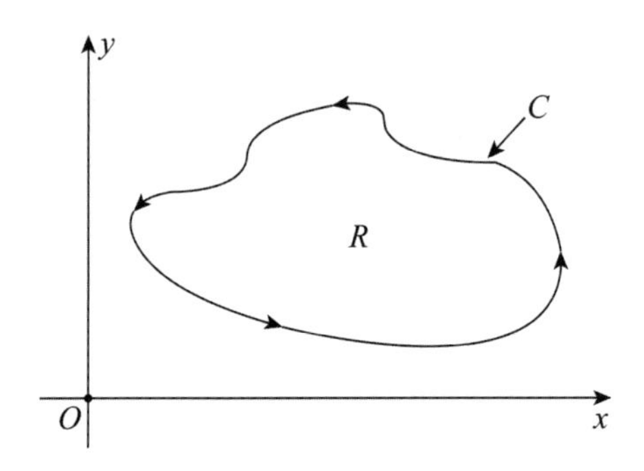

图 7.3　一条简单曲线，它有一个里面和一个外面

一条非自相交的闭曲线，即所谓的**简单**曲线，把一个“里面”和一个“外面”分隔了开来，这个想法对大多数人来说很显然，但人们发现它并不是那么容易证明的. 把它陈述为一条定理，就是所谓的若尔当曲线定理. 这条定理以法国数学家若尔当(Camille Jordan，1838—1922)的名字命名，因为若尔当在1887年为它提供了一个错误的证明. 第一个正确的证明直到1905年才问世. 在本书中，我们将考虑的简单曲线都是**如此**简单，例如矩形和圆，因此我将认为若尔当曲线定理是显然成立的. 一条简单曲线的内部是一个**单连通区域**，它在几何上意味着这个区域内的每条闭曲线——不管是不是简单曲线——所包围的仅是这个区域内的点. 一个区域如果不是单连通的，那么就称为多连通区域——多连通区域的一个简单的(啊，词儿都用完了!)例子是先取一个单连通区域，然后在里面挖一个洞，掉在这个“大漏洞”里的点于是就成了**外面**的一部分.

202

为了证明柯西的定理，令

$$\oint_C f(z)\mathrm{d}z = \oint_C [u(x, y) + \mathrm{i}v(x, y)](\mathrm{d}x + \mathrm{i}\mathrm{d}y)$$
$$= \oint_C [(u\mathrm{d}x - v\mathrm{d}y) + \mathrm{i}(v\mathrm{d}x + u\mathrm{d}y)]$$
$$= \oint_C (u\mathrm{d}x - v\mathrm{d}y) + \mathrm{i}\oint_C (v\mathrm{d}x + u\mathrm{d}y).$$

因为我们假设 $f(z)$ 是解析的，所以 C-R 方程组成立；而如果 C-R 方程组成立，那么最后那两个围道积分都将为零. 为证明这一点，我将求助于一个著名的结果，称为**格林(Green)定理**. 这条定理说，如果 $P(x, y)$ 和 $Q(x, y)$ 是 x 和 y 的两个实函数[①]，那么

$$\oint_C (P\mathrm{d}x + Q\mathrm{d}y) = \iint_R \left(\frac{\partial Q}{\partial x} - \frac{\partial P}{\partial y}\right)\mathrm{d}x\,\mathrm{d}y.$$

好，就像之前对柯西第一积分定理的做法，请你暂时相信它. 我许诺很快就将证明这个重要的结果——就在下一节.

在柯西 1814 年的论文中，他并没有使用格林定理，原因很简单，那时格林还没有将它发表. 柯西使用了一种完全等价的方法. 但既然格林定理要清晰得多，那我在这儿就使用它. 柯西显然持有相同的看法，因为他在后来的(1846 年)一次报告中采用了格林定理. 当下一节展示格林定理的证明时，你将清楚地看到上式右边那个二重积分所给出的在区域 R 上(即在 C 的内部区域上)的积分有些什么细节. 但是对于这里我们的目的，这些细节不起作用. 这是因为对于柯西定理中的第一个围道积分，即 $\oint_C (u\mathrm{d}x - v\mathrm{d}y)$，我们有 $P=u$ 而 $Q=-v$，于是根据格林定理，有

$$\oint_C (u\mathrm{d}x - v\mathrm{d}y) = \iint_R \left(-\frac{\partial v}{\partial x} - \frac{\partial u}{\partial y}\right)\mathrm{d}x\,\mathrm{d}y.$$

---

① 严格地说，这里的条件是：$P(x, y)$ 和 $Q(x, y)$ 在 R 和 C 上连续，而且具有对 x 和 y 的连续偏导数. ——译者注

但是C-R方程组告诉我们，$-\frac{\partial v}{\partial x}-\frac{\partial u}{\partial y}=0$，因此

$$\oint_C (u\mathrm{d}x-v\mathrm{d}y)=0.$$

同样，对于柯西定理中的第二个围道积分，即$\oint_C (v\mathrm{d}x+u\mathrm{d}y)$，我们令$P=v$而$Q=u$，于是根据格林定理，有

203

$$\oint_C(v\mathrm{d}x+u\mathrm{d}y)=\iint_R\left(\frac{\partial u}{\partial x}-\frac{\partial v}{\partial y}\right)\mathrm{d}x\,\mathrm{d}y.$$

但是C-R方程组告诉我们，$\frac{\partial u}{\partial x}-\frac{\partial v}{\partial y}=0$，因此

$$\oint_C(v\mathrm{d}x+u\mathrm{d}y)=0.$$

这就完成了柯西第一积分定理的证明.

当你在下一节读格林定理的证明时，会看到我不仅假设$f'(z)$存在，而且假设它是连续的. 直到1900年，柯西逝世以后许多年，法国数学家古尔萨(Edouard Goursat，1858—1936)才证明，即使$f'(z)$不是连续的，这个第一积分定理仍然成立. 两年后，意大利数学家莫雷拉(Giacinto Morera，1856—1909)证明，柯西第一积分定理的逆定理也成立. 这就是说，如果$f(z)$是一个单连通区域内的连续函数，而且对于这个区域内的任何一条简单曲线C都有$\oint_C f(z)\mathrm{d}z=0$，那么$f(z)$就是这个区域内的解析函数.

7.6 格林定理

上一节用来证明柯西第一积分定理的定理，即

$$\oint_C(P\mathrm{d}x+Q\mathrm{d}y)=\iint_R\left(\frac{\partial Q}{\partial x}-\frac{\partial P}{\partial y}\right)\mathrm{d}x\,\mathrm{d}y,$$

(其中围道C是复平面中二维区域R的边界)是以自学成才的英格兰数学家

格林(George Green, 1793—1841)的名字命名的. 这条定理一般都用这个名字，尽管我也看到过各种各样的教科书编写者称它为高斯定理或斯托克斯定理. 然而，他们都是在指上面这个陈述，那么，它为什么会有多个名字呢?

事实上，与围道积分、曲面积分和体积积分有关的定理，都是 19 世纪上半叶十分热门的东西. 正如数学史家吕岑(Jesper Lützen)所说，“任何一位在[电理论或引力理论的领域中]进行研究的数学家都遇到了一些与体积积分和曲面积分[吕岑本可以再加上线积分]有关的定理. 因此，格林定理、高斯定理和斯托克斯定理的历史充满了独立的发现”[6]. 高斯可能是最早获得这条定理的人，但是按照他的作风，他没有把它发表. 高斯**没有**发表的成果足以让十个数学家闻名天下.

1828 年，格林在他私人印刷的《关于数学分析应用于电和磁的理论的论述》(*Essay on the Application of Mathematical Analysis to the Theories of Electricity and Magnetism*)中**正式**发表了这条定理. 但它不是发表在一本会被人们作为档案保存的杂志上. 正是由于这样，格林的这篇“论述”很快就成为稀有之物，几乎绝迹[7]. 当格林于 1833 年被剑桥大学录取为一名正式学生，并且才华受到那里权威学者们的赏识之后，他的“论述”就成了一份人人都听说过但几乎谁也没看到过的文献. 1839 年格林本人成了剑桥大学的研究员，但他的职业生涯仅仅过了两年就戛然而止——他因酒精中毒或肺部疾病而英年早逝. 后来，在 1845 年，威廉 · 汤姆生(William Thomson, 即后来的开尔文勋爵)刚从剑桥大学毕业，他向他的数学导师打听格林的“论述”，结果一下子就得到了三本.

204

很清楚汤姆生在 1845 年就知道格林定理，但在给剑桥大学的一位学者朋友，即斯托克斯(George Stokes, 1819—1903) 的一封信(日期是 1850 年 7 月 2 日)的附言中，汤姆生提到了这条定理，却既没有给出证明也没有提到证明者是格林. 1854 年 2 月，斯托克斯把这条定理的证明作为一道试题用在剑桥大学的一次测验中. 说起来很有趣的是，有一位名叫麦克斯韦(James

Clerk Maxwell, 1831—1879)的年轻人参加了这次测验. 麦克斯韦后来在他1873年出版的传世杰作《电磁学通论》(*Treatise on Electricity and Magnetism*)中发展了电磁学的数学理论. 在其中第24节的一条脚注中, 他把这条定理归功于斯托克斯. 因此, 这条定理如今常常被称为——你猜到了——斯托克斯定理.

那么, 这条定理到底是谁的? 如果以首先发表为判断的准则, 那么回答就是非格林莫属, 而且在事实上, 他看来也是占压倒性多数的教科书编写者的不二之选. 但是柯西呢? 你可能会问. 我已经竭尽全力把这件事全部理清了, 格林定理的基本思想**存在**于柯西1814年的那篇论文之中. 但是柯西对它的使用是嵌在一篇以复积分为中心题材的文章之中的, 而格林则将这条定理本身作为一个明确的论题. 柯西最终还是采用了我就要向你展示的途径来证明第一积分定理, 但正如我在前面提到过的, 那是在格林的"论述"出版之后了.

为了**真正地**再加点料, 请回想我前面说到过, 麦克斯韦在他的《电磁学通论》中把我所称的格林定理归功于斯托克斯. 不过, 在同一本书的第96节, 麦克斯韦**确实**写到了一条格林定理——而且他以"论述"为引用出处. 但他在那里所写的这条积分定理不是把一个二重(曲面)积分与沿着一个开曲面①的边界的单(线)积分联系起来, 而是联系一个在被一个闭曲面所包围的空间上的三重(体积)积分. 这条定理在今天通常被称为高斯定理. 最后, 我应该告诉你, 在俄罗斯, 格林定理用的是奥斯特罗格拉茨基定理这个名称②, 是以奥斯特罗格拉茨基(Мнханл Остроградский, 1801—1862)的名字

---

① 这里的"开曲面", 与下文的"闭曲面"(即"封闭的曲面")相对应, 指"张开的曲面", 与拓扑意义下的"开集"和"闭集"不是一回事. ——译者注

② 原文如此, 疑有误. 在俄罗斯被称为奥斯特罗格拉茨基定理的似是这里所说的高斯定理. 在我国, 这条定理一般称为奥斯特罗格拉茨基-高斯公式, 简称奥-高公式. 顺便说一下, 格林定理在我国一般称为格林公式. 还有一个斯托克斯公式, 它把一个曲面上的积分与沿着这个曲面的边界的曲线积分联系了起来, 即把格林公式从平面推广到了曲面上. ——译者注

命名的. 19世纪20年代在巴黎，他与柯西颇有交往，1831年，他独立地发现了这条定理. 晕乎了吧？没关系——重要的事情是知道这些**定理**，而不是它们的名称. 说完了这些，就让我们来证明这条定理吧. 205

我要从一个非常简化的假设着手：假设 R 是一块矩形区域，相邻两边分别平行于 x 轴和 y 轴，如图7.4所示. 它的边界是 $C=C_1+C_2+C_3+C_4$——这意味着这条边界只不过是由四条边组成的. 这样，在最后，我就要努力使你相信，这个证明所适用的情况实际上比这个初始假设更加一般. 好，让我们首先考虑格林定理中右边 $\iint\limits_R -\frac{\partial P}{\partial y}\mathrm{d}x\,\mathrm{d}y$ 这一项. 我们有

$$\begin{aligned}
-\iint\limits_R \frac{\partial P}{\partial y}\mathrm{d}x\,\mathrm{d}y &= -\int_{x_0}^{x_1}\left(\int_{y_0}^{y_1}\frac{\partial P}{\partial y}\mathrm{d}y\right)\mathrm{d}x \\
&= -\int_{x_0}^{x_1}[P(x,y_1)-P(x,y_0)]\mathrm{d}x \\
&= \int_{x_0}^{x_1}P(x,y_0)\mathrm{d}x+\int_{x_1}^{x_0}P(x,y_1)\mathrm{d}x \\
&= \int_{C_1}P(x,y)\mathrm{d}x+\int_{C_3}P(x,y)\mathrm{d}x.
\end{aligned}$$

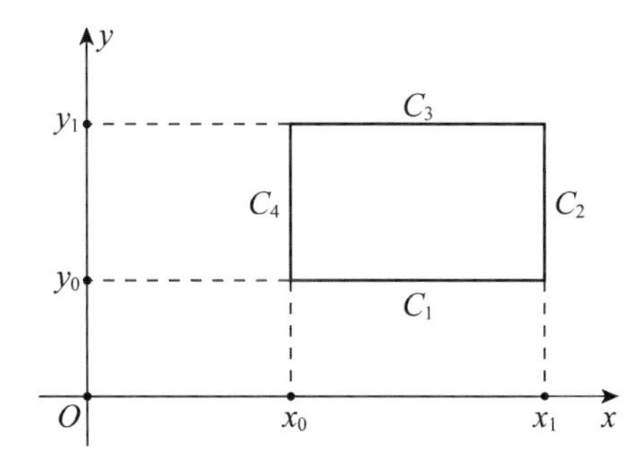

图7.4　用于证明格林定理的样本区域

请仔细注意，在最后那两个积分中我去掉了 y_0 和 y_1 的下标，而在前面的积分中我是把它们写在那里的. 我可以这样做是因为在那里要用这两个下标来区分沿矩形边界下边(y_0)的积分与沿其上边(y_1)的积分，而在上 206

面两个积分中这件事已通过在相应的积分号下面写 C_1(下边)和 C_3(上边)而做好了. 还请注意，写出 $\int_{y_0}^{y_1}\frac{\partial P}{\partial y}\mathrm{d}y=P(x,y_1)-P(x,y_0)$ 用到了隐含的假设：$\frac{\partial P}{\partial y}$没有不连续的情况，即这个导数是连续的. 事实上，这无非就是微积分基本定理.

对于另外两条边(C_2 和 C_4)，同样可以写出关于 x 的类似积分，而由于这两条边是竖直方向的，因此我们知道沿着它们有 $\mathrm{d}x=0$，于是这两个积分必定等于零. 我们可以形式地将它们保持不变，并与 C_1 和 C_3 上的积分相加. 因此，有

$$-\iint_R\frac{\partial P}{\partial y}\mathrm{d}x\,\mathrm{d}y=\int_{C_1}P(x,y)\mathrm{d}x+\int_{C_3}P(x,y)\mathrm{d}x+\int_{C_2}P(x,y)\mathrm{d}x+\int_{C_4}P(x,y)\mathrm{d}x=\oint_C P(x,y)\mathrm{d}x.$$

如果你对于格林定理中的 $\iint_R\frac{\partial Q}{\partial y}\mathrm{d}x\,\mathrm{d}y$ 这一项重复上述过程，并注意到沿着水平边 C_1 和 C_3 有 $\mathrm{d}y=0$，就可以很容易地证明

$$\iint_R\frac{\partial Q}{\partial y}\mathrm{d}x\,\mathrm{d}y=\oint_C Q(x,y)\mathrm{d}y.$$

这就对我们这个放置端正的矩形完成了格林定理的证明. 然而，上述证明其实可以很容易地扩展到其他形状更加复杂的 R 上.

例如，在图 7.5 中，我展示了一个半圆盘，它可以由许多非常窄的矩形构成——每个矩形越窄，这些矩形就越多. 但这样很好，让每个矩形的高度小到像最薄的薄光泽纸的厚度那样——那就十分接近这个半圆盘了. 如果把这个半圆盘的边界记作 C，而把这些矩形的边界记为 C_1, C_2, C_3, …，那么显然有

$$\oint_C (P\mathrm{d}x + Q\mathrm{d}y) = \int_{C_1} (P\mathrm{d}x + Q\mathrm{d}y) + \int_{C_2} (P\mathrm{d}x + Q\mathrm{d}y) + \int_{C_3} (P\mathrm{d}x + Q\mathrm{d}y) + \cdots,$$

这是因为各条矩形边界中平行于 x 轴的边被经过了两次，一次是顺时针方向，一次是逆时针方向[①]，于是它们对右边各个积分的贡献都抵消掉了(你将在本章结束前再次看到这个技巧). 唯一的例外是最底下的水平边 C_1[②]. 只有沿着各个矩形的整直边所进行的积分没有被抵消. 如果我们使这些矩形变得真的很窄，这些竖直边合起来就是 C[③]. 对于 R，我在本章中要用到的形状不过是矩形、半圆盘和圆盘，因此，现在我们所知道的已经足够了. 但事实上，格林定理适用于远比我所能画出的更复杂的形状.

207

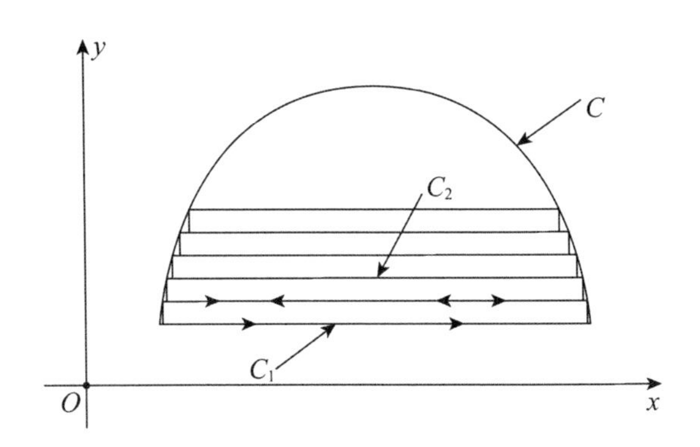

图 7.5　用任意多个矩形来逼近一个单连通区域

---

① 原文如此，似有误. 式中的每个积分都是按逆时针方向进行的，但是对于这些矩形的每条平行于 x 轴的边(除了最下面一个矩形的底边)来说，一个积分沿着它从左往右进行，另一个积分则沿着它从右往左进行. 由于被积函数都一样，因此在这些边上的积分相互抵消. ——译者注

② 刚才用 C_1 表示第一个矩形的边界，这里又用 C_1 仅表示它的一条底边. 特作说明，以免混淆. ——译者注

③ 准确地说，还要加上最底下的水平边才能形成 C. ——译者注

7.7 柯西第二积分定理

现在你要准备接受柯西 1814 年论文中的**真正**神奇结果. 柯西问道, 如果我们沿着一条围道对一个复函数进行积分, 而在这条围道所包围的一个(或多个)点上, 这个函数不解析, 那么情况会怎样? 准确地说, 设 $f(z)$ 在作为 C 之内部的区域内处处解析, 这个区域包含着点 $z=z_0$, $f(z_0)\neq 0$, 那么在这个区域内, $\frac{f(z)}{z-z_0}$ 除了在 $z=z_0$ 也处处解析, 这时 $\frac{f(z)}{z-z_0}$ 在 z_0 点是无穷大. z_0 是一个所谓的一阶**奇点**(singularity), 或称**单极点**(simple pole). 我想, "一阶"这个术语是不言而喻的. 推而广之, $\frac{f(z)}{(z-z_0)^2}$ 和 $\frac{f(z)}{(z-z_0)^3}$ 在 $z=z_0$ 有二阶和三阶奇点. 你甚至可能会遭遇到无穷阶奇点, 例如, 用指数函数的幂级数展开, 可以证明 $e^{-\frac{1}{z}}$ 在 $z=0$ 就有一个这样的奇点.

208

不过, 称 $z=z_0$ 为一个**极点**(pole), 可能需要某种解释. 我在做一名电工学本科生时听到过这样一个说法: 请设想一种三维的作图, 实轴(x 轴)和虚轴(y 轴)用掉两个维度, 以形成复平面, 而 $|f(z)|$ 标在第三根轴上. $|f(z)|$ 的图像将在复平面上方的空间中形成一个曲面, 它随着 z 在底下复平面上的变化而上下起伏, 非常像一顶撑在马戏团表演场上的帐篷. 在那些有帐篷支柱(pole)①顶着的地方, 这顶帐篷向上高高地突出. 谁说搞技术的人不是诗人[8]?

于是, 柯西的问题就是

$$\oint_C \frac{f(z)}{z-z_0}dz=?$$

① "支柱"的英文为 pole, 又义"极点", 此处语涉双关. ——译者注

柯西的答案就是他的第二积分定理，而在我看来，这是整个数学中最美丽、最深刻，甚至是最不可思议的结果. 它也很容易导出——但是话说回来，当你知道了某位天才人物先前是怎样做的，一切事情都很容易！

在图 7.6 中，我画出了 C，以及在它内部的点 $z=z_0$. 此外，C^* 是一个以 $z=z_0$ 为圆心、ρ 为半径的圆周. ρ 充分小，使得 C^* 总在 C 的内部. 好，设想我们从某点 A 出发，开始我们在 C 上的旅行，我们按逆时针方向行进，一直走到点 a，在这里我们转向内侧，向着 C^* 上的点 b 进发，一来到 C^* 上，我们就按顺时针方向(即负方向)行进，兜了一圈后我们回到点 b. 然后，我们转向外侧，沿着我们当初向内进发的原路回到点 a，继续我们先前在 C 209

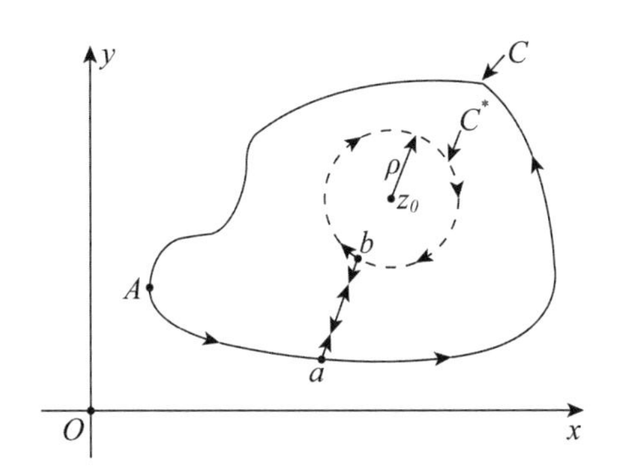

图 7.6 一条包围了一个一阶奇点的简单围道，通过一条横切线与其内部的一个圆周相连

上被中断的旅行，一路回到我们的出发处——点 A. 现在，关于我们所做的，这里是第一个关键——**这条旅行路径总是让 C 与 C^* 之间的环形区域**[①]**在我们的左侧**，这就是说，这条路径是一个让点 $z=z_0$ 总是在其外部的区域的边界. 在这个环形区域内(由这个区域的构造，$z=z_0$ 已被

① 严格地说，应该是带有“裂缝”ab 的环形区域. 环形区域不是单连通区域，带上“裂缝”ab 后才是，才能在下文应用柯西第一积分定理. ——译者注

排除在外)，$\frac{f(z)}{z-z_0}$处处解析. 因此，根据柯西第一积分定理，既然$z=z_0$在外部，那么

$$\oint_{C,\,ab,\,-C^*,\,ba}\frac{f(z)}{z-z_0}\mathrm{d}z=0.$$

好，关于这条积分路径，这里是第二个重要的观察结果. 沿着连在 C 与 C^* 之间的 ab 所走的两次行程，方向是相反的，因此它们各自对整个积分的贡献相互抵消——这条连在 C 与 C^* 之间的双向通道被数学家称为**横切线**. 于是，我们可以把我的上个式子简化为

$$\oint_{C,\,-C^*}\frac{f(z)}{z-z_0}\mathrm{d}z=0,$$

或者一种也许更有启迪性的形式，即

$$\oint_C\frac{f(z)}{z-z_0}\mathrm{d}z-\oint_{C^*}\frac{f(z)}{z-z_0}\mathrm{d}z=0.$$

在 C^* 围道积分的前面用负号的理由是，这个沿着 C^* 兜一圈的行程实际上是按负方向走的(这就是为什么我先前写的是$-C^*$)，但在这最后一个表达式中，两个积分都是按正方向计算的. 也就是说，我只不过是把负号从$-C^*$移到这个积分号的前面来了.

让我在这里提醒你，C 是一条任意的包围着 $z=z_0$ 的简单(非自相交)的曲线，而 C^* 则是一个以 $z=z_0$ 为圆心、ρ 为半径的圆周. 于是，在 C^* 上，我们可以写 $z=z_0+\rho\mathrm{e}^{\mathrm{i}\theta}$，从而有 $\mathrm{d}z=\mathrm{i}\rho\mathrm{e}^{\mathrm{i}\theta}\mathrm{d}\theta$. 由于在一个沿着 C^* 兜一圈的行程上，θ 是从 0 变化到 2π 弧度，所以

210

$$\oint_C\frac{f(z)}{z-z_0}\mathrm{d}z=\int_0^{2\pi}\frac{f(z_0+\rho\mathrm{e}^{\mathrm{i}\theta})}{\rho\mathrm{e}^{\mathrm{i}\theta}}\mathrm{i}\rho\mathrm{e}^{\mathrm{i}\theta}\mathrm{d}\theta=\mathrm{i}\int_0^{2\pi}f(z_0+\rho\mathrm{e}^{\mathrm{i}\theta})\mathrm{d}\theta.$$

如果最左边的那个积分(即我们感兴趣的原始目标)有一个值，那么不管这个值是什么，它必定与 ρ 的值无关. 毕竟，左边的那个积分中根本就没有 ρ！因此，最右边那个积分的值也必定与 ρ 无关，对 ρ 我们可以采用任何我们需

要的值——我们会采用一个方便的值. 确切地说，让我们采用一个非常小的ρ. 其实，我们可以选择ρ充分小，使得对于C^*上所有的z来说，$f(z)$与$f(z_0)$的差小于任何我们的选定值. 能这样做是因为：既然$f(z)$是解析的，那么它在C的内部(包括在$z=z_0$)处处有导数，因此当然是连续的. 于是，当$\rho\to 0$时，我们可以有理由认为，在整个C^*上都有$f(z)=f(z_0)$，因此把常数$f(z_0)$拿到积分号外面并写出如下答案是正确的：如果$z=z_0$在C的内部，那么

$$\oint_C \frac{f(z)}{z-z_0}\mathrm{d}z = \mathrm{i}f(z_0)\int_0^{2\pi}\mathrm{d}\theta = 2\pi\mathrm{i}f(z_0).$$

换一种写法，我们可以把上式写成

$$f(z_0)=\frac{1}{2\pi\mathrm{i}}\oint_C \frac{f(z)}{z-z_0}\mathrm{d}z.$$

这种形式告诉我们，解析函数$f(z)$在任意一个内部点$z=z_0$上的值，完全由$f(z)$在边界上的值所决定. $f(z)$在C内部的值与$f(z)$在C上的值的这个密切联系，又一次显示了解析复值函数与过去任何形式的函数相比之下的特殊本质. 事实上，正是解析函数的这种从复平面上一个部分到另一个部分的全局性影响力，使得它具有了我在前面6.4节所讨论的解析延拓性质. 好，让我给你看看，利用这个称为柯西第二积分定理的结果，我们可以做些什么.

让我们计算围道积分

$$\oint_C \frac{\mathrm{e}^{\mathrm{i}az}}{b^2+z^2}\mathrm{d}z,$$

其中C是图7.7所示的围道，a和b是正常数，目的是考虑$R\to\infty$时的极限情况. 你会看到这将导致一个有趣的结果. 沿着C的实轴部分，我们有$z=x(\mathrm{d}z=\mathrm{d}x)$，而沿着那条半圆周弧，我们有$z=R\mathrm{e}^{\mathrm{i}\theta}(\mathrm{d}z=\mathrm{i}R\mathrm{e}^{\mathrm{i}\theta}\mathrm{d}\theta)$，其中在$x=R$处$\theta=0$，而在$x=-R$处$\theta=\pi$弧度. 于是

$$\oint_C \frac{\mathrm{e}^{\mathrm{i}az}}{b^2+z^2}\mathrm{d}z=\int_{-R}^{R}\frac{\mathrm{e}^{\mathrm{i}ax}}{b^2+x^2}\mathrm{d}x+\int_0^{\pi}\frac{\mathrm{e}^{\mathrm{i}aR\mathrm{e}^{\mathrm{i}\theta}}}{b^2+R^2\mathrm{e}^{\mathrm{i}2\theta}}\mathrm{i}R\mathrm{e}^{\mathrm{i}\theta}\mathrm{d}\theta.$$

211

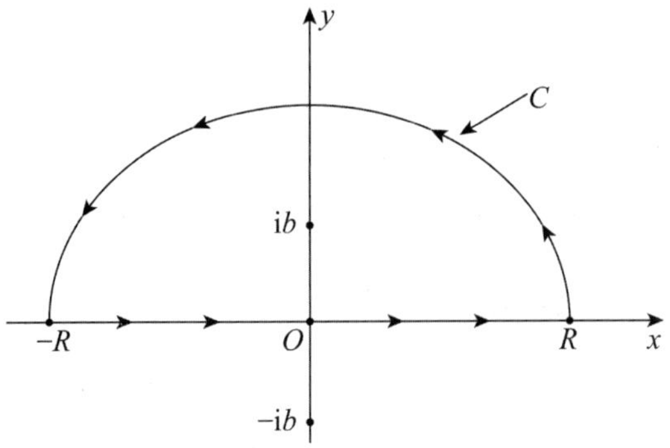

图 7.7　又一条包围了一个一阶奇点的简单围道

左边那个原来的围道积分，其被积函数可以写成

$$\frac{e^{iaz}}{b^2+z^2}=\frac{e^{iaz}}{(z+ib)(z-ib)}=\frac{e^{iaz}}{i2b}\left(\frac{1}{z-ib}-\frac{1}{z+ib}\right),$$

于是我们有

$$\frac{1}{i2b}\left(\oint_C\frac{e^{iaz}}{z-ib}dz-\oint_C\frac{e^{iaz}}{z+ib}dz\right)$$

$$=\int_{-R}^{R}\frac{e^{iax}}{b^2+x^2}dx+\int_0^{\pi}\frac{e^{iaRe^{i\theta}}}{b^2+R^2e^{i2\theta}}iRe^{i\theta}d\theta.$$

既然左边第二个围道积分的被积函数在 C 的**内部**处处解析——这个被积函数其实有个奇点，这不错，但那是在 $z=-ib$，它在 C 的**外部**，如图 7.7 所示——那么我们由柯西第一积分定理知道，这个围道积分为零. 于是

$$\frac{1}{i2b}\oint_C\frac{e^{iaz}}{z-ib}dz=\int_{-R}^{R}\frac{e^{iax}}{b^2+x^2}dx+\int_0^{\pi}\frac{e^{iaRe^{i\theta}}}{b^2+R^2e^{i2\theta}}iRe^{i\theta}d\theta.$$

而且，一旦 $R>b$（请回想，我最终是要让 $R\to\infty$ 的），那么对于留下的那个围道积分的被积函数来说，它的奇点是在 C 的**内部**，即在 $z=ib$. 这个被积函数的样子正好像 $\frac{f(z)}{z-z_0}$，只要令 $f(z)=e^{iaz}$，以及当然，令 $z_0=ib$ 即可. 柯西第二积分定理告诉我们，如果 $R>b$，那么这个围道积分就等于

$2\pi i f(z_0)$，于是最后一个等式的左边等于

$$\frac{1}{\mathrm{i}2b}2\pi \mathrm{i}\mathrm{e}^{\mathrm{i}a(\mathrm{i}b)}=\frac{\pi}{b}\mathrm{e}^{-ab}.$$

这就是说

$$\int_{-R}^{R}\frac{\mathrm{e}^{\mathrm{i}ax}}{b^2+x^2}\mathrm{d}x+\int_0^{\pi}\frac{\mathrm{e}^{\mathrm{i}aR\mathrm{e}^{\mathrm{i}\theta}}}{b^2+R^2\mathrm{e}^{\mathrm{i}2\theta}}\mathrm{i}R\mathrm{e}^{\mathrm{i}\theta}\mathrm{d}\theta=\frac{\pi}{b}\mathrm{e}^{-ab},\ R>b.$$

好，如果最后让 $R\to\infty$，那么，利用在参考阅读 7.1 中给出的那种证明方法，你可以证明左边第二个积分趋近于零. 于是，有

$$\int_{-\infty}^{\infty}\frac{\mathrm{e}^{\mathrm{i}ax}}{b^2+x^2}\mathrm{d}x=\frac{\pi}{b}\mathrm{e}^{-ab}=\int_{-\infty}^{\infty}\frac{\cos ax}{b^2+x^2}\mathrm{d}x+\mathrm{i}\int_{-\infty}^{\infty}\frac{\sin ax}{b^2+x^2}\mathrm{d}x.$$

令实部和虚部分别相等，我们得到

$$\int_{-\infty}^{\infty}\frac{\sin ax}{b^2+x^2}\mathrm{d}x=0,$$

这一点儿也不令人意外，因为被积函数是 x 的奇函数；还有，对于 $a,b>0$，有

$$\int_{-\infty}^{\infty}\frac{\cos ax}{b^2+x^2}\mathrm{d}x=\frac{\pi}{b}\mathrm{e}^{-ab},$$

我想，这可**十分**令人意外！事实上，它曾被拉普拉斯于 1810 年用不同的方法所发现. 对于 $a=b=1$ 这一特殊情况，这就化为

$$\int_{-\infty}^{\infty}\frac{\cos x}{1+x^2}\mathrm{d}x=\frac{\pi}{\mathrm{e}}.$$

它就是我在本章开头一节中用来引起你兴趣的那个积分. 好，让我们来算一个更难的积分.

在柯西 1814 年的那篇论文中，他推导了许多有趣的公式，来展示围道积分的威力. 这些计算中比较著名的例子之一是计算

$$\int_0^{\infty}\frac{x^{2m}}{1+x^{2n}}\mathrm{d}x$$

的值，其中 m 和 n 都是非负整数，且 $n>m$. 答案既令人意外又十分美丽. 我现在要向你展示怎样利用柯西第二积分定理来算出它，采取的是现代的方　213

法[你可以在埃特林格(Ettlinger)的文章中——见注释 1——找到柯西当初那多少有点累赘[9]的详细分析过程].

我将从这样一个围道积分着手:

$$\oint_C \frac{z^{2m}}{1+z^{2n}}\mathrm{d}z,$$

其中 C 是一条包围着被积函数的一些但不是全部奇点的围道. 我过一会儿再比较具体地给出 C 的精确形式. 好, 这个被积函数的奇点就是分圆方程 $1+z^{2n}=0$的解, 根据第 3 章中对棣莫弗公式的讨论, 你知道它们就是 $-1=1\angle 180^\circ=-1\angle\pi$ 的 $2n$ 个 $2n$ 次方根, 它们间隔均匀地分布在单位圆周上, 其中有一个显然是 $1\angle\frac{\pi}{2n}$. 其他的根以$\frac{2\pi}{2n}$为间隔均匀分布, 因此这 $2n$ 个根是

$$\begin{aligned} z_k &= 1\angle\left(\frac{\pi}{2n}+k\,\frac{2\pi}{2n}\right)=1\angle\frac{2k+1}{2n}\pi \\ &= \mathrm{e}^{\frac{i\pi(2k+1)}{2n}},\ k=0,\ 1,\ 2,\ \cdots,\ 2n-1. \end{aligned}$$

如果说这看上去很眼熟, 那么本该如此——我在 3.3 节中对分圆多项式 $z^{2n}-1$进行因式分解时, 用的也是这种论证.

正如我在那儿所论述的, 由对称性, 这些根显然有一半在复平面的上半部(即那些由 $k=0,\ 1,\ \cdots,\ n-1$给出的根), 有一半在复平面的下半部(即那些由 $k=n,\ n+1,\ \cdots,\ 2n-1$ 给出的根). 事实上, 实轴将这两半分得干净利落——通过证明没有一个整数 k 可以使得一个根的方位角为 0 或 π 弧度, 你可以很容易地证明没有一个根**在实轴**上. 好, 让我们把积分围道 C 取为图 7.7 中的那条, 于是 C 将只包围被积函数的一半奇点, 另一半奇点(在复平面的下半部)被排除在外. 你可能会认为, 这样做我们就没有用到被积函数所含有的所有信息, 但是别忘了 $1+z^{2n}=0$ 的根是共轭**对**, 也就是说, 如果你知道上半平面的极点在哪儿, 那么你自然也会知道下半平面的极点在哪儿. 于是

$$\oint_C \frac{z^{2m}}{1+z^{2n}}\mathrm{d}z = \int_{-R}^{R}\frac{x^{2m}}{1+x^{2n}}\mathrm{d}x + \int_{C_R}\frac{z^{2m}}{1+z^{2n}}\mathrm{d}z,$$

其中, C_R 是那条半圆周弧. 在这条弧上, $z=R\mathrm{e}^{\mathrm{i}\theta}$, 因此 214

$$\int_{C_R}\frac{z^{2m}}{1+z^{2n}}\mathrm{d}z = \int_0^{\pi}\frac{R^{2m}\mathrm{e}^{\mathrm{i}2m\theta}}{1+R^{2n}\mathrm{e}^{\mathrm{i}2n\theta}}\mathrm{i}R\mathrm{e}^{\mathrm{i}\theta}\,\mathrm{d}\theta.$$

既然 $n>m$, 那么 R^{2n} 至少比 R^{2m+1} 高一阶, 于是当 $R\to\infty$时, C_R 积分的大小将至少与$\frac{1}{R}$同样快地趋近于零. 因此

$$\oint_C \frac{z^{2m}}{1+z^{2n}}\mathrm{d}z = \int_{-\infty}^{\infty}\frac{x^{2m}}{1+x^{2n}}\mathrm{d}x = 2\int_0^{\infty}\frac{x^{2m}}{1+x^{2n}}\mathrm{d}x.$$

于是, 如果我们能算出左边的围道积分, 那么我们就将算出右边的实积分, 而我们能用柯西第二积分定理算出这个围道积分. 下面就是计算过程.

既然被积分函数的分母可写成

$$1+z^{2n} = \prod_{k=0}^{2n-1}(z-z_k),$$

乘积中的每个因式都是一次的, 那么被积函数的奇点都是单极点. 好, 我说这个被积函数可写成一个部分分式展开式, 即写成

$$\frac{z^{2m}}{1+z^{2n}} = \frac{N_0}{z-z_0}+\frac{N_1}{z-z_1}+\frac{N_2}{z-z_2}+\cdots+\frac{N_{2n-1}}{z-z_{2n-1}},$$

其中这些 N 都是常数. 我将通过实际计算它们的方法来直接证明这一点.

但是在做这件事之前, 你应该理解为什么我要这样做. 准确地说, 假设我已经知道了这些 N, 那么我可以写

$$\oint_C \frac{z^{2m}}{1+z^{2n}}\mathrm{d}z = \left(\oint_C \frac{N_0}{z-z_0}\mathrm{d}z + \cdots + \frac{N_{n-1}}{z-z_{n-1}}\right) + \left(\oint_C \frac{N_n}{z-z_n}\mathrm{d}z + \cdots + \frac{N_{2n-1}}{z-z_{2n-1}}\right).$$

既然从 z_0 到 z_{n-1}都在 C 的内部, 从 z_n 到 z_{2n-1}都在 C 的外部, 那么柯西第一积分定理说, 最右边那对括号里的所有积分都为零, 而柯西第二积分定理说, 第一对括号里的积分就是 $2\pi\mathrm{i}N_0$, $2\pi\mathrm{i}N_1$, $\cdots$, $2\pi\mathrm{i}N_{n-1}$, 即 215

$$\oint_C \frac{z^{2m}}{1+z^{2n}}\mathrm{d}z = 2\pi\mathrm{i}\sum_{k=0}^{n-1} N_k = 2\int_0^{\infty} \frac{x^{2m}}{1+x^{2n}}\mathrm{d}x.$$

这是根据这样一个事实：如果 z_0 在 C 的内部，并在柯西第二积分定理中令 $f(z)=1$，从而特别地有 $f(z_0)=1$，那么

$$\oint_C \frac{1}{z-z_0}\mathrm{d}z = 2\pi\mathrm{i}.$$

于是，我们这道题目的解答就是

$$\int_0^{\infty} \frac{x^{2m}}{1+x^{2n}}\mathrm{d}x = \pi\mathrm{i}\sum_{k=0}^{n-1} N_k.$$

这就是这些 N 对我们很重要的原因. 下面是计算它们的过程.

让我们把目标锁定为某个特定的 N，比方说 N_p，其中 $0 \leqslant p \leqslant n-1$. 在被积函数的那个部分分式展开式中遍乘以$(z-z_p)$，我们得到

$$\frac{(z-z_p)z^{2m}}{1+z^{2n}} = \frac{(z-z_p)N_0}{z-z_0} + \frac{(z-z_p)N_1}{z-z_1} + \cdots + N_p + \frac{(z-z_p)N_{p+1}}{z-z_{p+1}} + \cdots.$$

我们可以通过令 $z \to z_p$ 来解出 N_p，这个极限过程使得右边除了 N_p 这一项以外的每一项都趋近于零，因为 N_p 项中没有因式$(z-z_p)$把它带向零. 这就是说，

$$N_p = \lim_{z \to z_p} \frac{(z-z_p)z^{2m}}{1+z^{2n}} = \lim_{z \to z_p} \frac{z^{2m+1}-z_p z^{2m}}{1+z^{2n}}.$$

由于 p 是任意的，这事实上求出了所有的 N. 这个极限是个不定式$\frac{0}{0}$，我们可用洛必达法则来计算它的值. 在每一本初等微积分教科书中都有这个法则的证明，它是说，如果 $\lim\limits_{x \to x_0} \frac{f(x)}{g(x)} = \frac{0}{0}$，那么这个极限就是$\lim\limits_{x \to x_0} \frac{f'(x)}{g'(x)}$，除非这又给出一个不定式结果(这意味着再用一次这个法则). 这个法则首先发表在 1696 年出版的教科书《无穷小分析》(*Analysedes des Infinimens Petits*)中，作者是洛必达侯爵(Marquis Guillaume F. A. de L'Hopital, 1661—1704). 然而，它最初是欧拉的导师约翰·伯努利发现的，他在一封信中把这个法则告诉了洛必达.

继续下去，于是有

$$N_p=\lim_{z\to z_p}\frac{(2m+1)z^{2m}-2mz^{2m-1}z_p}{2nz^{2n-1}}=\frac{z_p^{2(m-n)+1}}{2n}.$$

216

这就是说，

$$N_p=\frac{e^{i\pi\frac{2p+1}{2n}}(2m+1-2n)}{2n}=\frac{e^{\frac{i\pi(2p+1)(2m+1)}{2n}}e^{-i\pi(2p+1)}}{2n}=-\frac{e^{i\pi\frac{(2p+1)(2m+1)}{2n}}}{2n}.$$

于是

$$\int_0^\infty\frac{x^{2m}}{1+x^{2n}}dx=-\frac{\pi i}{2n}\sum_{p=0}^{n-1}e^{i\pi\frac{(2p+1)(2m+1)}{2n}}.$$

这个求和式是一个几何级数，相邻两项的公比是 $e^{i\pi\frac{2m+1}{n}}$. 如果你仔细地做一下代数运算(请回想 5.2 节中的技巧)，并记得欧拉恒等式，应该能够证明，这个和是

$$i\frac{1}{\sin\frac{2m+1}{2n}\pi}.$$

将这乘以 $-\frac{\pi i}{2n}$，我们终于得到结果：

$$\int_0^\infty\frac{x^{2m}}{1+x^{2n}}dx=\frac{\pi}{2n\sin\frac{2m+1}{2n}\pi}.$$

如今标准的实际做法是令 $2m+1=\alpha$ 和 $2n=\beta$，于是这个积分变成

$$\int_0^\infty\frac{x^{\alpha-1}}{1+x^\beta}dx=\frac{\pi}{\beta\sin\frac{\alpha}{\beta}\pi}.$$

这个结果欧拉曾在 1743 年(用其他的方法)得到过. 你会回想起我在前面 6.13 节中推导关于欧拉伽马函数的反射公式时用了这个结果. 请注意，对于 $\alpha=1(m=0)$ 和 $\beta=2(n=1)$ 这种特殊情况，这个积分化为

$$\int_0^\infty\frac{dx}{1+x^2}=\frac{\pi}{2\sin\frac{\pi}{2}}=\frac{\pi}{2},$$

217

这与下面这个著名的定积分相一致：

$$\int_0^\infty \frac{\mathrm{d}x}{1+x^2}=\arctan x\Big|_0^\infty=\arctan\infty-\arctan 0=\frac{\pi}{2}$$

(例如，请参看前面 6.7 节中关于法尼亚诺伯爵的定积分的讨论).

到这里你肯定已经发现了藏在柯西对 $\int_{-\infty}^{\infty} f(x)\mathrm{d}x$ 形式的非常规定积分计算背后的一般思想. 确切地说，通过复平面上的围道积分来计算这种积分有两个步骤：第一，选择适当的复函数；第二，选择一条围道，这条围道在经过某种极限过程后，要将整条有限实轴作为积分路径的 $z=x$ 部分包括在内. 在实轴上，这个复函数必须化为 $f(x)$. 在这个过程中，会发生许多复杂的情况，我都没有予以讨论，我在本章的引言中提出“讲到什么地方结束”这个问题时就是这样打算的. 是的，我们越来越接近结束了，但是现在还没有结束. 我要给你看一个最后的计算，它既阐明了怎样计算一种完全不同类型的**正常**积分，也把我在第 5 章中没有处理的一个地方收拾干净了.

7.8 开普勒第三定律：最后的计算

我在第 5 章中曾告诉你

$$\int_0^{2\pi} \frac{\mathrm{d}\theta}{(1+E\cos\theta)^2}=\frac{2\pi}{(1-E^2)^{\frac{3}{2}}},\ 0\leqslant E<1.$$

这个积分出现在对开普勒第三定律的一般性推导中，而我仅就圆形轨道(即离心率 $E=0$ 的轨道)的特殊情况对这条定律进行了推导. 因此，作为最后一个具体计算围道积分的例子，让我来给你展示怎样利用复函数来计算上面这个作为 E 的函数的三角函数积分.

这个积分以 0 到 2π 为积分限，这强烈地提示我们应该沿着复平面上的某条围道兜一圈，但是取什么样的围道？用什么样的复函数？仿效欧拉恒

等式, 并令 $z=e^{i\theta}$, 我们就能同时回答这两个问题. 此时

$$\cos\theta=\frac{e^{i\theta}+e^{-i\theta}}{2}=\frac{z+\frac{1}{z}}{2},$$

218

$$dz=ie^{i\theta}d\theta=iz\,d\theta.$$

因此

$$\int_0^{2\pi}\frac{d\theta}{(1+E\cos\theta)^2}=\oint_C\frac{dz}{iz\left[1+E\frac{z+\frac{1}{z}}{2}\right]^2},$$

其中 C 是围道 $|z|=1$, 也就是说, C 是单位圆的边界.

经过一些初等的代数运算, 你可以把它变成形式

$$\frac{4}{iE^2}\oint_C\frac{z\,dz}{\left(z^2+\frac{2}{E}z+1\right)^2}$$

$$=\frac{4}{iE^2}\oint_{|z|=1}\frac{z\,dz}{\left(z+\frac{1}{E}+\sqrt{\frac{1}{E^2}-1}\right)^2\left(z+\frac{1}{E}-\sqrt{\frac{1}{E^2}-1}\right)^2}.$$

也就是说, 这个积分有两个奇点, 它们都是二阶的, 在

$$z=-\frac{1}{E}\pm\sqrt{\frac{1}{E^2}-1}.$$

既然我们只对封闭的、不断重复的(即周期性的)卫星轨道感兴趣, 那么我们就知道有 $0\leqslant E<1$, 因此这两个极点都在负实轴上. 然而, 这两个极点有一个至关重要的区别: 在 $-\frac{1}{E}-\sqrt{\frac{1}{E^2}-1}$ 的那个极点位于 C 的**外部**, 而在 $-\frac{1}{E}+\sqrt{\frac{1}{E^2}-1}$ 的那个在 C 的**内部**. 因此, 我们的积分具有这样的形式:

$$\frac{4}{\mathrm{i}E^2}\oint_C \frac{f(z)}{(z-z_0)^2}\mathrm{d}z,$$

其中 $f(z)$在 C 上和C 的内部处处解析，即

$$f(z)=\frac{z}{\left(z+\frac{1}{E}+\sqrt{\frac{1}{E^2}-1}\right)^2}\text{和 } z_0=-\frac{1}{E}+\sqrt{\frac{1}{E^2}-1}.$$

但是我们好像遇到了一个问题！这个积分不是柯西第二积分定理中的形式，因为分母并不是$(z-z_0)$，而是$(z-z_0)^2$. 也就是说，我们具有的是一个二阶极点，而不是一个单极点. 那么，我们现在该怎么办？你会发现，其实我们完全不需要再费多少事.

219

再次写出柯西第二积分定理，对于任何一个在 C 内部的点 z_0，我们有

$$f(z_0)=\frac{1}{2\pi\mathrm{i}}\oint_C \frac{f(z)}{z-z_0}\mathrm{d}z.$$

于是

$$f(z_0+\Delta z)=\frac{1}{2\pi\mathrm{i}}\oint_C \frac{f(z)}{z-(z_0+\Delta z)}\mathrm{d}z=\frac{1}{2\pi\mathrm{i}}\oint_C \frac{f(z)}{(z-z_0)-\Delta z}\mathrm{d}z.$$

接下来，将此代入 $f(z)$的导数的定义式：

$$f'(z_0)=\lim_{\Delta z\to 0}\frac{f(z_0+\Delta z)-f(z_0)}{\Delta z}$$

$$=\lim_{\Delta z\to 0}\frac{1}{2\pi\mathrm{i}\Delta z}\oint_C\left[\frac{f(z)}{(z-z_0)-\Delta z}-\frac{f(z)}{z-z_0}\right]\mathrm{d}z$$

$$=\lim_{\Delta z\to 0}\frac{1}{2\pi\mathrm{i}\Delta z}\oint_C f(z)\,\frac{(z-z_0)-(z-z_0)+\Delta z}{(z-z_0)^2-\Delta z(z-z_0)}\mathrm{d}z$$

$$=\frac{1}{2\pi\mathrm{i}}\oint_C \frac{f(z)}{(z-z_0)^2}\mathrm{d}z.$$

或者说，我们最终有

$$\oint_C \frac{f(z)}{(z-z_0)^2}\mathrm{d}z = 2\pi \mathrm{i} f'(z_0).$$

现在我们原本积分的样子就像这个等式左边的围道积分. 这种把针对单极点情况而推导出的柯西第二积分定理变成了一个包含二阶奇点的形式的技巧, 显然可以被推广到任何阶奇点的情况, 只要不断地微分即可. 一般的结果是

$$f^{(n)}(z_0) = \frac{n!}{2\pi \mathrm{i}}\oint_C \frac{f(z)}{(z-z_0)^{n+1}}\mathrm{d}z,$$

其中 $f^{(n)}(z_0)$表示 $f(z)$的 n 阶导数在被积函数的极点 $z=z_0$ 的值. 当然, 这个极点在 C 的内部. 在柯西 1814 年的论文中, 他只考虑了单极点, 对于我们这道题目, 有

$$\frac{4}{\mathrm{i}E^2}\cdot 2\pi \mathrm{i} f'\left(-\frac{1}{E}+\sqrt{\frac{1}{E^2}-1}\right) = \frac{8\pi}{E^2} f'\left(-\frac{1}{E}+\sqrt{\frac{1}{E^2}-1}\right).$$

如果你对

$$f(z) = \frac{z}{\left(z+\frac{1}{E}+\sqrt{\frac{1}{E^2}-1}\right)^2}$$

220

微分, 然后计算所得结果在 $z=z_0$ 的值, 你就会求得

$$\int_0^{2\pi} \frac{\mathrm{d}\theta}{(1+E\cos\theta)^2} = \frac{8\pi}{E^2}\cdot\frac{E^2}{4(1-E^2)^{\frac{3}{2}}} = \frac{2\pi}{(1-E^2)^{\frac{3}{2}}},$$

这就是我在第 5 章给你的答案.

7.9　尾声: 接下来是什么

发表了 1814 年的那篇论文后, 柯西用接下来的 35 年慢慢地为复变函数论铺设基础. 当然, 并非每一件事都是他做的, 但是他几乎做了每一件事.

甚至在其他人的开创性工作中，也有柯西的影响. 这可以用洛朗(Pierre Alphonse Laurent，1813—1854)的重要贡献为例来说明. 像柯西一样，洛朗原先接受的也是成为一名土木工程师的教育，而且他作为法国军事工程部队的一名官员在水利工程建设规划方面工作了一些年头. 在洛朗开始他作为数学家的第二个职业之前，柯西是不知道解析函数有幂级数展开形式的. 后来，在1843年，洛朗在这个领域取得了巨大的进展(“洛朗级数”是每一本关于复变数的大学本科教科书都要讨论的一个主题)，但是他的工作能在他有生之年为人所知，完全是因为柯西把这一工作写信报告了法国科学院，并积极支持发表. 不过，出于某种原因，这直到1863年才实现，当时他们两人都已逝世多年了.

19世纪的解析函数论中注定要对20世纪的技术产生重大影响的其他工作，有**共形映射**和**系统稳定性**理论. 对这两个方面我将仅仅简短地说一下，但是它们的内容都能很容易写满一整本书来专门论述——其实，它们已经有了**许多的**书. 先说共形映射. 这是这样一种一般方法：取复平面上的一个复杂形状，然后设法找出一个变换方程①，它把这个形状的边界**映射**(或者说重画)成某种非常简单的样子，例如圆或矩形. 这种事情是很重要的，其理由之一是拉普拉斯方程对于这些简单的形状通常是容易解的，其中复函数 $f(z)=u+iv$ 中的 u 和 v 在边界上已被定义. (事实上可以证明，这也就在这个形状内部的所有点上定义了 u 和 v.)这样，应用共形的变换方程，人们就能对原来那个复杂形状解出拉普拉斯方程中的 u 和 v，它们在

221

① 确切地说，这是一个所谓的单叶函数，即在定义区域内任意两个不同点上函数值也不同的解析函数. 由这样的函数所确定的将区域变换成区域的映射，在每个局部具有近似地保持形状相似的性质. 故称为共形映射. ——译者注

其边界上已被定义，现在在其内部也有了定义①. 德国人施瓦茨(Herman Amandus Schwarz, 1843—1921)和克里斯托费尔(Elwin Bruno Christoffel, 1829—1900)——后者是狄利克雷的学生——的名字与这种技巧联系在一起. 在所有关于复变数的优秀大学本科教科书中，对此都有详细的讨论[10].

稳定性理论在物理学家和工程师的研究下，不可避免地会导致形式为 $e^{(\sigma+i\omega)t}$ 的时间函数，其中 σ 和 ω 都是实数. 如果 $\sigma>0$，那么当 $t\to\infty$ 时这个函数会是无穷大，因此 $\sigma\leqslant 0$ 是被分析系统具有一种有限(或者说稳定)行为的条件. 好，结果常常会是这种情况：$s=\sigma+i\omega$ 是某个方程 $f(s)=0$ 的一个复根. 如果 $f(s)$ 是一个多项式，那么 $f(s)$ 是解析的. 问题通常不在于 σ 是些什么具体的值，而仅仅在于是不是 σ 的所有值都小于等于零. 这个条件保证了系统的稳定性. 判断 $f(s)=0$ 的所有解是不是都有非正实部的问题是由麦克斯韦在 1868 年提出来的(他在 19 世纪 50 年代中期研究土星环的动力学时对稳定性问题产生了兴趣). 在 1877 年被麦克斯韦在剑桥大学的竞争对手劳思(Edward John Routh, 1831—1907)用代数方法解决. 后来，在 1895 年，德国数学家赫尔维茨(Adolf Hurwitz, 1859—1919) 用复函数的思想解决了这个问题. 如今，所有的电气工程师都要学会关于多项式系统稳定性的劳思-赫尔维茨方法.

在柯西 1814 年论文发表之前的 19 世纪初，即 1807 年，傅里叶(Jean Baptiste Joseph Fourier, 1768—1830)已经做了关于周期信号的傅里叶级数

---

① 原文的说法似有点含糊，虽然在翻译时作了技巧性处理，但还是想补充两点. (1)事实上，这就是所谓的狄利克雷问题：设在某个区域的边界上定义了连续的二元实函数 $u(x, y)$，请求出在这个区域内满足拉普拉斯方程 $\frac{\partial^2 u}{\partial x^2}+\frac{\partial^2 u}{\partial y^2}=0$，在这个区域及其边界所组成的闭区域上连续，并在边界上取已定义值的 $u(x, y)$. (2)如前所述，解析函数的实部 u 和虚部 v 满足拉普拉斯方程. 反过来说，如果在一个区域内有一个二元实函数 u 满足拉普拉斯方程，那么一定能找到一个在这个区域内同样满足拉普拉斯方程的二元实函数 v，使得 $f(z)=u+iv$ 在这个区域内解析. 当然，对于 v，也可以找到相应的 u. ——译者注

展开和非周期信号的傅里叶积分的关键工作. 在更高等的书中有展示, 傅里叶积分其实是复平面上围道积分的一种. 傅里叶的工作, 以及这种紧密的关联, 即拉普拉斯变换, 全世界的物理学家和电气工程师每天都在使用. 不过, 哪怕这些新术语的定义, 我也不准备去费神解释了, 因为这里确确实实是本书收场的地方.

222 在这结尾部分, 我只是想告诉你: 到 1850 年, 复变函数论已经有了很大的进展——以至于麦克斯韦在 1873 年写《电磁学通论》时, 可以用下面这段简洁的文字来作为其中第 183 节的开头: "如果 $\alpha+\sqrt{-1}\beta$ 是 $x+\sqrt{-1}\,y$ 的一个函数, 那么 α 和 β 这两个量被称为 x 和 y 的共轭函数. 从这个定义推出

$$\frac{\mathrm{d}\alpha}{\mathrm{d}x}=\frac{\mathrm{d}\beta}{\mathrm{d}y},\ \frac{\mathrm{d}\alpha}{\mathrm{d}y}+\frac{\mathrm{d}\beta}{\mathrm{d}x}=0."$$

当然, 这就是柯西-黎曼方程组. 但是它们肯定不能从麦克斯韦对于复函数的定义推出, 除非他能十拿九稳地假定, 他所有的读者都已经懂得导数的求得与 Δx 和 Δy 怎样趋近于零无关. 显然, 到 1873 年, 黎曼在他的博士论文中首先作出那个论证之后仅仅 20 多年, 麦克斯韦就能够作出这样的假定了.

黎曼(他在 1859 年狄利克雷英年早逝后接替了格廷根大学的数学教授职位)在他 1851 年的博士论文中, 继承柯西的工作, 发现了多值复函数(例如对数函数)与拓扑之间的联系, 从而开发了又一个爆炸性生长点. 我们在 7.5 节关于单连通区域和多连通区域的讨论中看到了拓扑怎样在复函数中起作用的仅仅一点儿意思. 这样一个理论上的进展, 正是黎曼在关于 ξ 函数的函数方程(在 6.13 节中给予了描述)的推导过程中出现的积分所需要的. 顺便说一下, 现在你可以领会到为什么传统上在那个积分中用 s 作为复变数了. 用围道方法来计算这个积分, 我们需要把实的哑变量 x 替换为复的哑变量 z, 这就是说, 在这个积分中包含了两个复变数, 因此我们需要两个符

号(s 和 z)[11]. 不过这些是另一个故事了.

在科学幻想小说纸浆杂志《超级科学故事》(*Super Science Stories*)的 1942 年 11 月号上，阿西莫夫发表了一篇题为《虚数》(The Imaginary)[12]的小说. 这个充满想象的故事说的是一位外星人心理学家发现了怎样用纯数学——包含$\sqrt{-1}$的数学——做出心理过程的模型. 不过，他的一位同行对这一工作持批评态度，宣称这种方程不可能有任何意义. 对此，这个新理论的一位支持者回应道：

> 意义！听听这位数学家说的话. 伟大的太空啊，朋友，数学与意义有什么关系？数学是一种工具，只要它可以被用来给出合适的答案，作出正确的预言，实际上的意义无关紧要.

223

对此另一位怀疑者说道：

> 好吧，好吧. 不过在心理学方程中用了虚数还是把我对科学的信仰增强了一点点. -1 的平方根啊！

第二位支持者用下面的话结束了这个讨论：

> 只要在最后的结果中都被平方成了-1，你觉得他会在乎在中间过程中有多少虚数吗？他想要的仅仅是它们让他在答案中得到正确的正负号……至于它的物理意义，那又有什么关系？无论怎么说，数学只是一种工具.

我对这个虚构的讨论的感觉很复杂. 当然，对于做实际工作的工程师和应用科学家来说，数学是一种工具，但是我料想，哪怕是最纯粹的数学家，也会发现让那些正在被操作的符号在脑海中具有一种图像是有助益的. 毕竟，正是伟大的高斯本人，为$\sqrt{-1}$的几何解释作了最终辩护. 我将把这个形而上的问题留给你，让你自己得出个人的结论. 不过，对于我来说，复平面上的旋转与乘以$\sqrt{-1}$的联系是牢不可破的.

然而，$\sqrt{-1}$与物理现实的密切联系仍然并不总是被人们所领会，甚至不被受过良好教育的、并宣称懂一点数学的人士所领会. 例如, 请仔细看看"明星知识分子"玛丽莲·沃斯·萨万特①所说的这段话(这段话听起来非常像 1.2 节中奥登的对句):

> +1 的平方根是个实数, 因为(+1)×(+1)=+1; 然而, −1 的平方根却是个虚数, 因为 −1 乘以 −1 也等于 +1, 而不是 −1. 这显然是个矛盾. 它还是被接受了, 虚数也被人们贯常使用. 但使用它们却证明了一个矛盾, 我们怎么能自圆其说呢?[13]

沃斯·萨万特的话表明她对复平面的理解出奇地不成熟. 她显然一点儿也不怕实数, 但实数至多(或者至少)与复数同样可靠.

是的, 或许沃斯·萨万特只不过是在她写作的过程中有几个星期过得不称心(或许她本应该在写她那本书上多花点时间). 因此, 我们只能轻声苦笑: 哪怕这些有幸具有高智商的人也会写些胡话. 接下来就是本书的终点了. 确实, 我们已经覆盖了海伦及其"没有解的"平截头方锥、卡尔丹的三次方程求根公式和柯西的围道积分之间的大片土地. 这些都源起于本书开头的那个问题——$\sqrt{-1}$ 到底意味着什么? 我希望这本书已经使你相信, 它意

---

① 玛丽莲·沃斯·萨万特(Marilyn vos Savant, 1946—), 美国专栏作家. 1986 年被《吉尼斯世界纪录》列为"世界上智商最高的人". 常年在美国《波瑞》(*Parade*)杂志上主持"请问玛丽莲"(Ask Marilyn)专栏, 回答读者的各种问题. 关于她, 有两件事值得一提. 一是她在 1990 年 9 月 9 日的专栏文章中, 解答了所谓"蒙蒂·赫尔问题"(Monty Hall problem), 引起轰动, 绝大多数人(包括一些博士)认为她的解答不对. 事实上, 萨万特的解答至少在结论上是对的. 详情可参见译者在《自然杂志》1992 年第 12 期上的文章《汽车、山羊及其他》(署名淑生). 二是 1993 年 6 月英国数学家怀尔斯(Andrew Wiles, 1953—)宣布证明了费马大定理后, 萨万特于 11 月出版了一本书(见本章的注释 13), 书中对怀尔斯的证明提出了异议, 虽然当时怀尔斯的证明中确有一个漏洞, 但萨万特提出异议却是因为这个证明用了双曲几何, 她写道, 化圆为方被认为是一个"著名的不可能问题", 而在双曲几何中它倒是可以解决的. 因此"如果我们拒绝解决化圆为方问题的双曲几何方法, 那么我们也应该拒绝证明费马大定理的双曲几何方法". 当然, 她的说法受到了数学界的批评. 1995 年 7 月, 她在上述书的一篇补遗中收回了自己的意见. ——译者注

味着很多很多的事情. 1799 年 5 月，托马斯・杰斐逊①收到了一位与他有通信往来的人的来信. 这位写信者刚刚学完了欧几里得几何，他想知道作为一名即将跨入 19 世纪的有教养的人士，还应该懂得一些什么数学知识. 杰斐逊从他的住宅蒙蒂塞洛庄园发了一封又长又详细的回信(日期为 1799 年 7 月 19 日)，信中他写道，三角“对每一个人来说都是最有价值的”，还有，“开平方和开立方、到二次方程为止的代数、对数的使用，都是有价值的……但是所有超出这些内容的东西，都只是一种奢侈；这种奢侈确实令人愉悦，但是不应该让一个为谋生而从事某种职业的人沉溺于其中”[14]. 杰斐逊写这些话正好是在韦塞尔完成他那篇关于$\sqrt{-1}$的伟大论文之后两年，而杰斐逊肯定会认为$\sqrt{-1}$是一种“奢侈”.

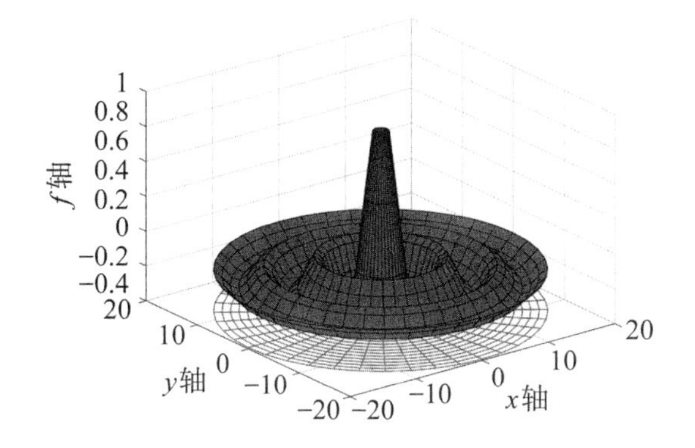

图 7.8　现代的计算机已经使得复变函数的可视化很容易实现. 例如，上图就是由 $f=\frac{\sin|z|}{|z|}$ 定义在三维空间中的曲面. 它有时被称为“水花”(splash)函数或“投石入池”(rock-in-the-pond)函数，理由显然. 这是在我的 IBM ThinkPad 365ED 笔记本电脑(用的是一个 80486 处理器芯片，频率 75 MHz)上运行功能强大的数学程序语言 MATLAB 而创建的. 构作这幅图像需要 295 000 次浮点算术运算，计算机执行起来不到 2 秒. 你想，如果欧拉、柯西和黎曼有一个能做这种事情的小玩意，他们会玩得很高兴吧?

① 托马斯・杰斐逊(Thomas Jefferson，1743—1826)，美国第三任总统(1801 年至 1809 年在职).《独立宣言》的主要起草人，民主共和党的创建者. ——译者注

人们只能好奇杰斐逊会怎样看待我们现在这个时代了(他会怎样看图7.8呢?),有那么多人在他们的职业工作和谋生活动中使用着$\sqrt{-1}$.我想他会把关于未来事情的任何一个这样的断言都看作是大脑发烧的结果,而且会把这样的一个预言称作"一个虚构的故事".但是现在,当你合上这本书的时候,你可以体会到这个事实的讽刺性:关于$\sqrt{-1}$,根本就没有什么东西是虚构的.

226

附录 A 代数基本定理

作为本附录主题的**代数基本定理**很容易陈述，看上去也很合理，但并不容易证明. 事实上，它难得足以成为高斯 1799 年的博士论文的最主要部分. 以现代的标准来看，高斯 1799 年的证明是通不过的，因为他在他的证明中作了一个他认为“显然”的假设，但是这个假设直到 1920 年才正式确立. 高斯自己显然也不甚满意，因为他后来又回到了这个问题，并在生命结束前又提供了三个证明[1]. 这条定理说的是，每一个 n 次多项式方程

$$f(z)=a_nz^n+a_{n-1}z^{n-1}+\cdots+a_1z+a_0=0$$

(其中 a 是任意的数——甚至可能是复数，这一点最早是阿尔冈指出的，不是高斯——而 n 是任意的正整数)在复数系总是有正好 n 个根. 有一个细节很重要：如果有重数为 m 的重根，那么它们算 m 个根，而不是只算一个[2].

在高斯很早之前的数学家就已经相信这条定理是成立的. 例如，笛卡儿在他的《几何学》(1637 年)中说道，“一个方程的不同根(未知量的值)可以有方程中未知量因次的数目那么多”. 笛卡儿对这条基本定理的“证明”是一种直观的方法，很容易理解. 它就是这么简单的几句. 多项式方程 $f(x)=0$ 的每一个根 r 必定是以 $f(x)$的因式分解中的因式$(x-r)$出现. 如果 $f(x)$ 的次数是 n，那么它就需要有 n 个这样的因式(因此有 n 个根)以给出必须要有的 x^n 项. 然后笛卡儿在《几何学》中用几个特殊的例子简单地说明了这

个想法，但是没有提供一般的证明.

甚至在更早的时候，他的同时代同胞吉拉尔(Albert Girard, 1590—1632)在其《关于代数的新发明》(*L'Invention Nouvelle en L'Algebra*, 1629年)中就写道，“每一个代数方程的解有最高项指数所表示的数目那么多”. 吉拉尔特别讨论了方程 $x^4-4x+3=0$ 的根，并注意到，除了两重根 1，它还有两个复根 $-1\pm i\sqrt{2}$，这样就给出了必须要有的四个根. 在高斯之前，其他一些著名的数学家曾尝试正式证明这条基本定理，其中有达朗贝尔、欧拉和拉格朗日. 他们都失败了.

总而言之，这条基本定理很容易理解，也很容易使人相信，但它的证明却是一根难啃的硬骨头. 在本书中我们将不加怀疑地认可它. 不过，另外有一个结果，对我们用复数来做事有很大价值，却远不是那么难证明. 它是说，如果实系数多项式方程 $f(z)=0$ 确实解出了复根，那么这些复根将以**共轭对**的形式出现，也就是说，如果 $z=x+iy$ 是一个根，那么 $\overline{z}=x-iy$ 也是一个根. 这首先是由达朗贝尔于 1746 年证明的. 要证明这个论断，先确立一个有助益的预备性结果：两个复数 z_1 和 z_2 的和或积的共轭，是它们的共轭的和或积. 即

$$\overline{z_1+z_2}=\overline{z_1}+\overline{z_2},$$

$$\overline{z_1z_2}=\overline{z_1}\,\overline{z_2}.$$

证明这一点的最直接方法就是直接代数代入. 也就是说，令 $z_1=a_1+ib_1$ 和 $z_2=a_2+ib_2$，对上述等式的两边进行计算，就可以看到计算结果是相等的.

好，假设多项式方程 $f(z)=0$ 中所有的 a 都是实数. 根据 $f(z)$的构造(它完全是由复数的积与和构成的)，用上一自然段中确立的那两个预备性结果，我们立即有结论 $f(\overline{z})=\overline{f(z)}$. 接下来假设 z_1 是 $f(z)=0$ 的一个解，那么由于 $f(\overline{z_1})=\overline{f(z_1)}=\overline{0}=0$，$\overline{z_1}$也是一个解. 这里我们看到，与任何实数一样，零是它本身的共轭. 现在你看出为什么根以共轭对出现就必须让 a

227

是实数了吗？这是因为当我们构成$\overline{f(z)}$的时候，我们生成了 z 及其幂的共轭，同样也生成了a的共轭. 为了不让它们把事情弄乱，我们需要每一个 $\overline{a}$ 都等于a，即每一个 a 都是实数. 因此，一个**任意次**的**实系数**(这个附带条件很重要[3])多项式方程的复根以复共轭对的形式出现. 特别是，一个三次方程的三个根要么全是实数，要么是一个实根和一个共轭对. 不可能是三个复根，因为这样就一定会有一个复根没有共轭伴侣.

看过第 3 章中韦塞尔的工作后再看

作为关于共轭的最后一个评注，请注意对于任何复数 $z=x+\mathrm{i}y$，还成立

$$\overline{\sqrt[k]{x+\mathrm{i}y}}=\sqrt[k]{\overline{x+\mathrm{i}y}}.$$

228

这就是说，k 次根的共轭等于共轭的 k 次根. 这一点用极式最容易证明. 为此，我们可以令(其中 n 是任意整数)

$$x+\mathrm{i}y=\sqrt{x^2+y^2}\,\mathrm{e}^{\mathrm{i}\left(\arctan\frac{y}{x}+2\pi n\right)},$$

于是有

$$\sqrt[k]{x+\mathrm{i}y}=(x^2+y^2)^{\frac{1}{2k}}\,\mathrm{e}^{\mathrm{i}\left(\frac{1}{k}\arctan\frac{y}{x}+\frac{2\pi n}{k}\right)}.$$

因此

$$\overline{\sqrt[k]{x+\mathrm{i}y}}=(x^2+y^2)^{\frac{1}{2k}}\,\mathrm{e}^{-\mathrm{i}\left(\frac{1}{k}\arctan\frac{y}{x}+\frac{2\pi n}{k}\right)}.$$

如果你用同样方式把$\sqrt[k]{\overline{x+\mathrm{i}y}}$写成极式，你会发现得到的结果与此一样.

例如，既然 $1+\sqrt{-3}$ 与 $1-\sqrt{-3}$ 共轭，那么它们的平方根也共轭，于是莱布尼茨那个著名的表达式(在第 1 章末尾讲过)就变得显然了. 当年莱布尼茨对这种现象十分惊讶，他真是不明白**为什么**老是会有这样的式子，结果在他那些没有发表的文章中就包含了许多类似的东西. 对此，加利福尼亚理工学院的数学家和数学史家贝尔(Eric Temple Bell)写道，“他对那些把一个实[数]表示为共轭复数之和的式子可以得到……验证……感到十分惊讶. 关于历史上莱布尼茨对复数的行为态度，真正令人惊讶的事情是，在距

今不到三个世纪前[贝尔是1940年写下这些话的]，历史上最伟大的数学家之一竟会认为那种[这种]结果比一只平底玻璃杯被接连翻转两次的后果更为出乎意料”[4]．当然，这种态度傲慢的话，说明贝尔奉行的是辉格史观①，229 他站在莱布尼茨死后发展了300年才达到的制高点上嘲笑着过去的无知.

① 简单地说，辉格史观(Whig History)就是一种用现在的标准评判历史的思想方法. 19世纪初，英国辉格党(现英国自由党的前身)的一些历史学家把英国政治史描写成朝着该党所主张的目标不断进步的历史. 英国历史学家巴特菲尔德(Herbert Butterfield，1900—1979)借用这一事例，创造了这个历史学术语. ——译者注

附录 B　一个超越方程的复根

在这个附录中，我将带你看看怎样用复数在并不实际解出方程的情况下确定一个方程的根的性质. 我采用的这个例子基于 20 世纪 20 年代一位数学家对一个纯技术问题发生兴趣而做的工作，他在当时的物理学文献中看到了这个问题. 我这里将仅限于这个问题的纯数学方面，而激发这方面工作的灵感来自何处，就完全由你去查阅了，如果你感兴趣的话[1]. 从这个例子学到的功课不是怎样对一个特定方程解出它的特定根，恰恰相反，我们将看到某种基于复数的推理和论证，它可以引导我们对一个方程得到许多关于其根的性质的信息，而完全不必算出这些根.

我们要研究的方程是 $f(z)=(1+2z)e^{z}-z=0$. 既然在 e^{z} 的幂级数展开(第 6 章中曾作阐述)中出现了 z 的所有幂，那么我们面对的就是一个无穷次方程，于是我们可以认为它应该有无穷多个根. 首先，让我们确定，这无穷多个根当中没有一个是实根. 为此，假设 $z=x$，其中 x 是实数，那么

$$e^{x}=\frac{x}{1+2x},$$

而图 B-1 粗略地显示了这个方程左边和右边的图像. 如图所示，代表 e^{x} 的曲线和代表$\frac{x}{1+2x}$的曲线不相交，因此没有实根 x. 这一点对你来说

可能很“显然”，也可能不“显然”. 皮尔庞特(James Pierpont)[1]对于这些曲线写道，“我们马上看出，[它们]不相交于一个实数点”，但是我乍看之下却看不出来，如果你也需要一点儿提示，那么下面的叙述或许会有所帮助.

双曲线$\frac{x}{1+2x}$的两个分支(图B-1中的A和C)具有如虚线所示的渐近

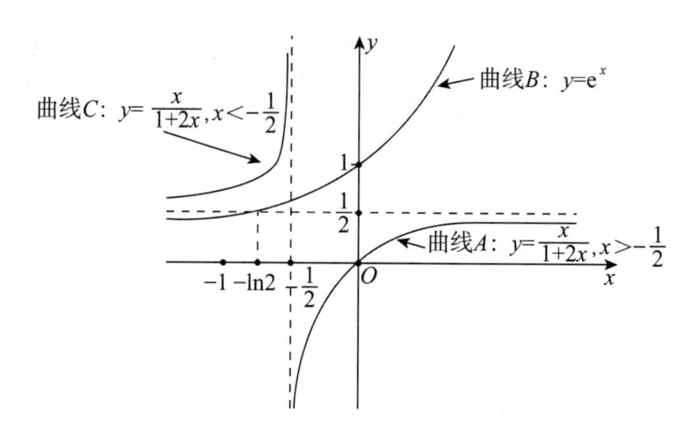

图B-1　$f(z)=(1+2z)e^z-z=0$ 没有实根的几何表述

线，我想指数曲线B不与A相交是很清楚的，指数曲线与分支C的情况则有那么一点不太清楚. 既然当$x<-\ln 2=-0.69$时e^x小于$\frac{1}{2}$，那么唯一可能存在一个交点(即一个实根)的区间应该是区间$-\ln 2<x<-0.5$. 这个指数函数的斜率就是e^x，因此它在$x=-\ln 2$处的斜率是$\frac{1}{2}$. 分支C的斜率是$\frac{1}{(1+2x)^2}$，因此它在$x=-\ln 2$处的斜率大约是$\frac{1}{(1-2\times 0.69)^2}=\frac{1}{(0.38)^2}>$ 230 1. 确切地说，指数函数的斜率总是小于分支C的斜率，而由于在$x=-\ln 2$处C在指数函数的上方，因此这两条曲线永远不会相交.

既然没有实根，那么所有的根必定都是复根. 事实上，我们甚至可以有

① 即20世纪20年代做这项工作的那位数学家. ——译者注

更强的论断：**所有的**根都不在虚轴上，即不存在纯虚根. 为了看清这一点，假设**存在**虚根 $z=\mathrm{i}y$，其中 y 是实数，于是

$$(1+2\mathrm{i}y)\mathrm{e}^{\mathrm{i}y}=\mathrm{i}y,$$

而如果我们在两边取绝对值，就有

$$|(1+2\mathrm{i}y)\mathrm{e}^{\mathrm{i}y}|=|1+2\mathrm{i}y||\mathrm{e}^{\mathrm{i}y}|=|\mathrm{i}y|.$$

但是，由于 $|\mathrm{e}^{\mathrm{i}y}|=1$，因此这等于说 $1+4y^2=y^2$，或者 $3y^2=-1$. 在 y 为实数的情况下，这当然是不可能的. 这个矛盾意味着原来的假设 $z=\mathrm{i}y$ 肯定不成立，因此 $f(z)=0$ 的所有的根都具有非零的实部，这样，**所有的**根都取一般形式 $z=x+\mathrm{i}y$，$x\neq 0$. 231

但是，我们还可以说得再多一些. 正如接下来我将给你看的，每一个根都有一个共轭伴侣，也就是说，如果 z 是一个根，那么 $\bar{z}$ 也是一个根，令 $z=x+\mathrm{i}y$，并将它代入原来那个关于 $f(z)$ 的方程，我们有

$$[1+2(x+\mathrm{i}y)]\mathrm{e}^{x+\mathrm{i}y}-(x+\mathrm{i}y)=0.$$

如果你利用复指数函数与三角函数之间的关系——即第 3 章的欧拉恒等式——把这个方程全部展开，然后归并实部和虚部（当然，它们必定各自等于零），你就会发现

$$[(1+2x)\cos y-2y\sin y]\mathrm{e}^{x}-x=0,$$

$$[(1+2x)\sin y+2y\cos y]\mathrm{e}^{x}-y=0.$$

好，如果做替换 $x\to x$ 和 $y\to -y$（这显然代表一个从 z 到 $\bar{z}$ 的变换），那么你就会发现这两个式子不变. 这就是说，如果 z 是一个根，那么 $\bar{z}$ 也是.

对我们至此已得知的东西做一个总结：$f(z)=(1+2z)\mathrm{e}^{z}-z=0$ 的根在数量上有无穷多个，它们都是实部不为零的复数，而且每一个都是一个共轭对中的一个，但仍然还有更多的信息有待发掘. 例如，我接下来将给你展示，对于每一个根，都有 $x<0$. 既然我们知道不可能有 $x=0$，那么要么是 $x>0$，要么是 $x<0$. 为了把事情搞定，首先请注意，如果 z 是一个根，那么有

$$e^{-z}=2+\frac{1}{z},$$

而且既然对于每一个根都有 $z\neq0$(因为 $x\neq0$),其右边总是有定义.

为了符号表示上的方便,让我们令 $T=e^{-z}$,而 $t=2+\frac{1}{z}$,于是 $T=t$,当然就有 $|T|=|t|$. 好,

$$|T|=|e^{-(x+iy)}|=|e^{-x}||e^{-iy}|=|e^{-x}|=e^{-x}.$$

现在假定 $x>0$,那么 $|T|<1$. 接下来我将向你展示这马上会导致一个矛盾.我们有

$$t=2+\frac{1}{x+iy}=2+\frac{x}{x^2+y^2}-i\frac{y}{x^2+y^2}.$$

于是

$$|t|^2=\left(2+\frac{x}{x^2+y^2}\right)^2+\left(\frac{y}{x^2+y^2}\right)^2.$$

对于 $x>0$,这个式子是说 $|t|^2>4$,或者 $|t|>2$. 这就是说,在 $x>0$ 的假定下,我们得出了 $|T|<1$ 和 $|t|>2$ 的结论,这就违反了 $|T|=|t|$ 这个条件.因此,我们的结论是: $x>0$ 这个前提肯定不成立. 于是 $x<0$ 肯定成立,即所有的根都必定位于虚轴的左侧(且不在虚轴上).

不过,同样类型的推理将告诉我们,这些根也不是在复平面左半部分的随便什么地方都可以待的,对于它们还有着进一步的限制. 例如,让我们把 $f(z)=0$ 的根写作 $z=-x+iy$,其中 $x>0$,那么 $|T|=e^{-x}$. 同样有

$$t=2+\frac{1}{-x+iy}=2-\frac{x}{x^2+y^2}-i\frac{y}{x^2+y^2},$$

于是

$$|t|^2=\left(2-\frac{x}{x^2+y^2}\right)^2+\left(\frac{y}{x^2+y^2}\right)^2.$$

将它展开,有

$$|t|^2=4-4\frac{x}{x^2+y^2}+\frac{1}{(x^2+y^2)^2}.$$ ①

这样，由于第二项总是正的(因为我们假设 $x>0$)，我们有

$$|t|^2<4+\frac{1}{x^2+y^2}<4+\frac{1}{x^2},$$

因此，如果 $x>1$，则下式成立：

$$|t|<\sqrt{4+\frac{1}{x^2}}<\sqrt{5}<2.5<\mathrm{e}(=2.718\cdots).$$

但是，如前所述，$|T|=\mathrm{e}^x$，对于 $x>1$，我们有 $|T|>\mathrm{e}$. 我们又一次违反了 $|T|=|t|$，因此 $x>1$ 这个前提肯定不成立. 这样，这些根 $z=x+\mathrm{i}y$ 必定都要满足 $-1<x<0$，即 $f(z)=0$ 的无穷多个根都位于由 $-1<x<0$ 定义的平行于虚轴的竖直条形内.

233

事实上，关于 $f(z)=0$ 的根，还有许多事情可说，而且皮尔庞特教授在他的论文中都详细地说了，但我的讨论只能进行到这里. 你可以在他的论文中看到其余的内容. 但是，皮尔庞特教授在没有任何真正计算的情况下，从他的方程中巧妙地套出这么多关于根的性质的信息，你不认为这绝对令人瞠目吗?

234

① 原文作 $|t|^2=4-4\frac{x}{(x^2+y^2)^2}+\frac{1}{(x^2+y^2)^2}$，显然有误，现将这个差错以及由其引起的一系列差错改正，好在它们并不影响结论. ——译者注

附录 C　到第 135 位小数的 $\sqrt{-1}^{\sqrt{-1}}$ 以及它是怎样算出来的

问题：$(-1)^{\sqrt{-163}}$ 是整数吗？不要急于否定这种可能性——毕竟，你在 3.3 节中看到过，样子或许更为复杂的表达式 $e^{\pi\sqrt{-1}}$ 是一个整数. 这个问题的答案在这个附录的注释 4 的末尾给出，但不要去看，还是先把下面的内容从头到尾看一遍. 如果你照我说的做，那么你对这个意外答案的美好感觉将比去"偷看"要大得多.

那些富有好奇心和创造精神的头脑，似乎有着一个共同的品性，即迷恋于计算某些特定的数. 在这方面，e 和 π 的情况是众所周知的，特别是 π，它已被计算到几百万位小数. 牛顿在发展他的微积分的时候，用微积分推导出了一个关于 π 的收敛级数，然后用这个级数把 π 计算到 16 位小数. 后来在解释为什么这样做时他写道，"我羞于告诉你我把这些计算做到了多少位数字，因为在那个时候我没有其他事情好做".[1] 伟大的高斯也被这类复杂的计算所吸引，他死后，人们在他的手稿中发现，他把诸如 $e^{\frac{\pi}{2}}$ 和 $2e^{-9\pi}$ 这样的数计算到几十位小数.

1921 年，有人做了一个更长的计算，大大地扩展了欧拉关于 $\sqrt{-1}^{\sqrt{-1}}$ 的精彩计算结果，其计算*方法*至少与计算结果同样令人感兴趣[2]. 那一年，耶鲁大学的物理学家尤勒(Horace Scudder Uhler, 1872—1956)发表了i^i的算到50多位小数的值. 在讲述他怎样做这个计算之前，我必须告诉你，尤勒教授对于捣弄数字绝非偶尔为之. 这是一种认真的终身迷恋. 例如，在1947年，他把注意力放在了仅用三个数码所能写出的最大的十进制数9^{9^9}上，人们已知这个数具有369 693 100位. 他把这个巨魔般的数的对数计算到250位小数. 为什么？他说他发觉做这种事使人精神放松，我想我们应该相信他说的是真话.

好吧，回到i^i. 有一种显然的蛮干方法，就是直接取一个带有很长一串小数的π值，用它通过e^x的幂级数展开算出$e^{-\frac{\pi}{2}}$——采用一份非常大的对数表. 然而，为了避免计算结果对所取π的小数值的依赖，和对数表中可能暗藏不为人知的差错而把事情搞砸，尤勒采用了另一种出人意料的方法. 至少，他说他这样做是"为了避免使用任何数学常数表"，但我怀疑他这样做就是为了做某种以前从未有人做过的事而得到一点乐趣.　235

尤勒所做的事是定义函数$f(x)=e^{\arcsin x}$，并把它展开成一个幂级数. 他这样做的原因是，对于$x=\pm\frac{1}{2}$，他注意到有$f\left(\pm\frac{1}{2}\right)=e^{\pm\frac{\pi}{6}}$. 这样，将它立方，他就得到$e^{\pm\frac{\pi}{2}}$(于是他不用精确地知道π就能有$i^i=e^{-\frac{\pi}{2}}$). 他在论文中描述了怎样首先确定

$$f(x)=1+x+\frac{1}{2!}x^2+\frac{2}{3!}x^3+\frac{5}{4!}x^4+\cdots$$

$$=(1+\sum_{k=1}^{\infty}t_{2k+1})+(1+\sum_{k=1}^{\infty}t_{2k+2}),\ |x|<1,$$

其中

$$t_{2k+1}=\frac{(0^2+1)(2^2+1)(4^2+1)\cdots[(2k-2)^2+1]x^{2k}}{(2k)!},$$

$$t_{2k+2}=\frac{(1^2+1)(3^2+1)(5^2+1)\cdots[(2k-1)^2+1]x^{2k+1}}{(2k+1)!}.$$

他用这些一般的公式对 x 的偶次幂和奇次幂各计算了 85 项，每一项都四舍五入为 54 位小数(5×10^{-55}上入为 1×10^{-54}). 尤勒得出结论，这个过程给了他 $e^{\pm\frac{\pi}{6}}$ 的 52 位准确小数. 他分别计算了 $f\left(\frac{1}{2}\right)=e^{\frac{\pi}{6}}$ 和 $f\left(-\frac{1}{2}\right)=e^{-\frac{\pi}{6}}$，并把这两个结果乘起来——到 52 位小数，结果正好是 1，这使他对自己的计算结果信心倍增.

然而，许多年之后，尤勒表示了某种担忧，因为他这个幂级数的“收敛慢得无法承受”[3]，至少在用它来继续计算 50 位以上的小数时是如此. 于是，为了一种新的更加不畏艰险的计算，尤勒改用了我先前提到的那种“显然的”方法，即采用 137 位对数表，根据 e^x 的幂级数展开来计算 e^x. 确切地说，他采用了两份不同的表，并把根据这两份表算得的结果相互对照检验，目的是捉出表中的印刷差错.

他根据一份表计算了 $e^{\frac{\pi}{2}}$ 和 $e^{-\frac{\pi}{2}}$，并通过计算它们的积来检验结果——他得到了小数点后的接连 150 个 9. 然后，他用另一份表计算了 $e^{-\frac{\pi}{192}}$，并通过不断平方确定了 $e^{-\frac{\pi}{6}}$ 和 $e^{-\frac{\pi}{3}}$. 最后，他把刚才这两个数乘起来，于是再一次得到了 $e^{-\frac{\pi}{2}}$ 的一个值. 他把这个值与先前根据另一张表算得的值进行比较，发现这两个值直到 139 位小数都完全一致，第一个差异出现在第 140 位小数. 由此，尤勒写道，他“觉得可以理直气壮地保证有准确的 136 位小数”. 我个人的观点是，尤勒教授的正确性，比任何对这个断言的合理怀疑都更令人信服[4].

你能想象做所有这一切要付出多大的努力吗? 我引用尤勒的话：“这项工作中最容易出错的部分，照例在于心算从对数得出的二项式因子的乘积(请记住，在 1947 年，比尔・盖茨、微软，以及每个房间一台的个人电脑，都还是很久的将来). 因此，这套运算做了三次. ”我对此的唯一解释是，对于尤勒来说，玩弄数字就像一个学龄前儿童玩泥巴一样.

接下来我们不再讨论了，下面就是 i^i 的算到 135 位小数的值，其中最后那个数码是 3，这是把第 136 位的 9 直接舍去的结果. 欧拉本人肯定会感到钦佩.

$$
\begin{aligned}
\sqrt{-1}^{\sqrt{-1}} &= \mathrm{i}^{\mathrm{i}} \\
&= 0.207\,879\,576\,350\,761\,908\,546\,955\,619\,834\,978\,770\,033\,877\,841 \\
&\quad 631\,769\,608\,075\,135\,883\,055\,419\,877\,285\,482\,139\,788\,600\,277 \\
&\quad 865\,426\,035\,340\,521\,773\,307\,235\,021\,808\,190\,619\,730\,374\,663.
\end{aligned}
$$

237

附录 D 克劳森难题的解答

在参考阅读 3.3 的第二行数学式子中，我们有

$$e=e^{1+i2\pi n}.$$

到这一步，一点儿也没有错，但然后就在下一行，对两边取 $1+i2\pi n$ 次幂，得到

$$e^{1+i2\pi n}=(e^{1+i2\pi n})^{1+i2\pi n},$$

即，如果用 e 代替左边，我们就得到(也就是说，克劳森得到)

$$e=e^{(1+i2\pi n)^2}.$$

让我们仔细地考察这个式子.

假设 z 是一个任意的复数，即 $z=x+iy$，那么，由于对任何整数 n，$e^{i2\pi n}=1$，因此我们有

$$e^z=e^{x+iy}=e^x\cdot e^{iy}=e^x\cdot e^{iy}\cdot e^{i2\pi n},$$

即

$$e^z=e^x\cdot e^{i(y+2\pi n)},$$

对两边取 z 次幂，得到

$$(e^z)^z=[e^x\cdot e^{i(y+2\pi n)}]^{x+iy}=e^{x(x+iy)}\cdot e^{i(y+2\pi n)(x+iy)}$$
$$=e^{x^2+ixy}\cdot e^{ixy-y^2+i2\pi nx-2\pi ny},$$

即

$$(\mathrm{e}^z)^z=\frac{\mathrm{e}^{x^2}}{\mathrm{e}^{y^2+2\pi ny}}\cdot\mathrm{e}^{\mathrm{i}(2xy+2\pi nx)}.$$

现在我们可以看到某种离奇的事情发生了，因为如果我们假设 z 是实数(即如果我们取 $y=0$)，那么我们在左边有

$$(\mathrm{e}^x)^x,$$

而在右边我们则有

$$\frac{\mathrm{e}^{x^2}}{\mathrm{e}^0}\cdot\mathrm{e}^{\mathrm{i}2\pi nx}=\frac{\mathrm{e}^{x^2}}{\mathrm{e}^0}\cdot\mathrm{e}^{\mathrm{i}2\pi nx}.$$

238

这就是说，$(\mathrm{e}^x)^x$ **并不是**对于所有的 x 都等于 e^{x^2}，**除非** $\mathrm{e}^{\mathrm{i}2\pi nx}=1$. 而 $\mathrm{e}^{\mathrm{i}2\pi nx}=\cos 2\pi nx+\mathrm{i}\sin 2\pi nx=1$ 意味着 $\cos 2\pi nx=1$ 而 $\sin 2\pi nx=0$，它们**只有**当 nx 是一个整数时才能同时成立. 而**这**只有当 $n=0$ 时才能**对所有的** x 成立. 你可以看到同样的结论也能从假设 z 是纯虚数(即如果我们取 $x=0$)推出，那样我们会得到

$$(\mathrm{e}^{\mathrm{i}y})^{\mathrm{i}y}=\mathrm{e}^{-y^2}=\mathrm{e}^{-y^2}\cdot\mathrm{e}^{-\mathrm{i}2\pi ny}.$$

用与前面同样的论证，可知这个式子只有当 $n=0$ 时才能对所有的 y 成立.

因此，更一般地说，$(\mathrm{e}^z)^z$ 等于 e^{z^2}，这个我们从

$$(\mathrm{e}^{1+\mathrm{i}2\pi n})^{1+\mathrm{i}2\pi n}$$

推到

$$\mathrm{e}^{(1+\mathrm{i}2\pi n)^2}$$

时认为理所当然的大前提，**只是**对 $n=0$ 这种特殊情况才成立. 这就是克劳森难题看似无中生有的“秘制番茄”①. 但是**现在**我们可以看到这只番茄是从哪里来的了：在 $\mathrm{e}^z=\mathrm{e}^{x+\mathrm{i}y}=\mathrm{e}^x\cdot\mathrm{e}^{\mathrm{i}y}\cdot\mathrm{e}^{\mathrm{i}2\pi n}$ 这个步骤中，克劳森塞进了 $\mathrm{e}^{\mathrm{i}2\pi n}(=1)$ 这个外表温良的因子，于是就产生了令人瞠目的结论.

239

① 原文为 tomato surprise，西方一种以番茄为主要原料的菜肴. 通常在番茄顶部切下一小片，将内部掏空，塞进配料，然后盖上小片，恢复番茄原样. 配料可以是蔬菜、谷类、海鲜、肉制品等，但要出乎人们意料. 这里即喻指克劳森难题给人造成的意外. ——译者注

附录E 关于相移振荡器的微分方程的推导

“解出”5.6 节中那有 9 个变量的 8 个方程，得出文中那个将电压 v 和 u 联系起来的微分方程，这可能是一项令人气馁的计算工作，因为有一些时间导数散布在那些方程中. 这使人想到处理这个问题的一种方法，即干脆用拉普拉斯变换来摆脱这些微分. 这种变换能做到这一点是因为它有着把微分运算转变为较简单的乘法运算的奇妙性质，也就是说，它把一个微分方程变换为一个代数方程. 这个过程可以同对数把乘法变换为较简单的加法运算相比拟，即 $\log xy=\log x+\log y$. 下面是具体做法.

如果 $f(t)$是一个时间函数，而且对于 $t<0$，有 $f(t)=0$，那么 $f(t)$的拉普拉斯变换写作 $\mathcal{L}[f(t)]$，它的定义是

$$\mathcal{L}[f(t)]=\int_0^{\infty} \mathrm{e}^{-st}f(t)\mathrm{d}t=F(s), \tag{1}$$

其中 s 是**变换变量**(s 是一个复变量，通常写作 $\sigma+\mathrm{i}\omega$). 其实，对于 $t<0$，是不是有 $f(t)=0$ 是无关紧要的，因为这个积分不理会时间为负时 $f(t)$在干什么，但是这个限制给出了 $f(t)$与 $F(s)$的一种唯一的对应. 从一种工程实践的角度看，在一个我们可以实际构建的真实电路中，只要我们在时间上回往走得足够远(比方说，回到这个电路还没造出来的时候!)，每一个代表

电压或电流的 $f(t)$ 都会是零——而这种时间平移就定义了我们将称之为 $t=0$ 的瞬间.

使得(1)中的定义十分有用的是下述性质：如果 $f(0)=0$，那么

$$\mathcal{L}\left[\frac{\mathrm{d}f}{\mathrm{d}t}\right]=\int_0^\infty \mathrm{e}^{-st}\frac{\mathrm{d}f}{\mathrm{d}t}\mathrm{d}t=sF(s). \tag{2}$$

在拉普拉斯变换的比较复杂的应用中，并不用到 $f(0)=0$ 的假设，但是对于我们的相移振荡器问题，这个假设有助于让相应的代数运算始终可操作[①]. 我们可以用分部积分法推导出(2). 也就是说，以所有微积分教科书中使用的传统记号，有 240

$$\int_0^\infty u\mathrm{d}v=uv\Big|_0^\infty-\int_0^\infty v\mathrm{d}u,$$

其中，我们令 $\mathrm{d}v=\frac{\mathrm{d}f}{\mathrm{d}t}\mathrm{d}t=\mathrm{d}f$（于是 $v=f$）而 $u=\mathrm{e}^{-st}$（于是 $\mathrm{d}u=-s\mathrm{e}^{-st}\mathrm{d}t$）.

因此

$$\mathcal{L}\left[\frac{\mathrm{d}f}{\mathrm{d}t}\right]=f(t)\mathrm{e}^{-st}\Big|_0^\infty-\int_0^\infty f(t)(-s\mathrm{e}^{-st}\mathrm{d}t)$$

$$=f(t)\mathrm{e}^{-st}\Big|_0^\infty+s\int_0^\infty \mathrm{e}^{-st}f(t)\mathrm{d}t.$$

即

$$\mathcal{L}\left[\frac{\mathrm{d}f}{\mathrm{d}t}\right]=f(t)\mathrm{e}^{-st}\Big|_0^\infty+sF(s). \tag{3}$$

现在我们证明(3)右边的第一项是零. 这一项的下限就等于 $f(0)$，我们已经说过它为零. 其上限，我们形式地有 $f(\infty)$ 乘以 $\lim\limits_{t\to\infty}\mathrm{e}^{-st}$，我们将认为 $f(\infty)$ 是有限的，对于任何一个我们可以实际构建的电路中的电压和电流来说，这总是一个可靠的假设. 而如果我们规定 s 的实部(σ)为正[②]，那么 $\lim\limits_{t\to\infty}\mathrm{e}^{-st}$ 也

① 但是这样一来，就需要对每个时间函数重新定义 $t=0$ 时的值，从而有可能产生一个第一类间断点. 这样做只要实际问题允许，在理论上是没有问题的，因为据拉普拉斯变换理论，$f(t)$ 可以有有限多个第一类间断点. ——译者注

② 如果假设 $|f(t)|\leqslant M\mathrm{e}^{\sigma_0 t}$，则规定 $\sigma>\sigma_0$. ——译者注

为零. 因此，正如所说，我们有(2). 你可以无休止地重复这种论证方法，证明 $f(t)$的 n 阶导数的拉普拉斯变换为

$$\mathcal{L}\left[\frac{\mathrm{d}^n f}{\mathrm{d}t^n}\right]=\int_0^{\infty} \mathrm{e}^{-st}\frac{\mathrm{d}^n f}{\mathrm{d}t^n}\mathrm{d}t=s^n F(s). \tag{4}$$

还有一条拉普拉斯变换的性质我们要用到，那就是**线性**，也就是说，如果 $g(t)$和 $f(t)$是两个时间函数，而 a 和 b 是常数，那么

$$\mathcal{L}[ag(t)+bf(t)]=aG(s)+bF(s). \tag{5}$$

这一点可从(1)中关于这种变换的定义直接推得. 请注意用小写字母表示时间函数而用大写字母表示相应变换[①]的惯例.

241

好，下面就是上述一切是怎样为我们工作的. 如果我们对 5.6 节中那 8 个所谓的时域方程做拉普拉斯变换，我们就得到下面的 s 域代数方程：

$$I=I_1+I_2, \tag{6}$$

$$I=CsV-CsX, \tag{7}$$

$$I_1=\frac{1}{R}X, \tag{8}$$

$$I_2=I_3+I_4, \tag{9}$$

$$I_2=CsX-CsY, \tag{10}$$

$$I_3=\frac{1}{R}Y, \tag{11}$$

$$I_4=CsY-CsU, \tag{12}$$

$$I_4=\frac{1}{R}U, \tag{13}$$

合并(12)和(13)，我们有

$$\frac{1}{R}U=CsY-CsU.$$

---

① “变换”一词，有时表示变换本身，有时表示经变换而得到的函数. 这里是指后者. 严格的说法是“象函数”. ——译者注

对上式做一点儿代数运算，得

$$Y=\frac{1+RCs}{RCs}U. \tag{14}$$

接下来，合并(9)，(10)，(11)和(13)，得

$$CsX-CsY=\frac{1}{R}Y+\frac{1}{R}U,$$

它可变为

$$X=\frac{1+RCs}{RCs}Y+\frac{1}{RCs}U. \tag{15}$$

利用(14)中关于 Y 的表达式，把(15)变为

$$X=\left[\frac{(1+RCs)^2}{(RCs)^2}+\frac{1}{RCs}\right]U. \tag{16}$$

合并(6)和(7)，我们有

$$I_1+I_2=CsV-CsX.$$

利用(8)和(10)，把上式变为

$$\frac{1}{R}X+CsX-CsY=CsV-CsX.$$

242

再做一点儿代数运算，它又变为

$$V=\frac{1+2RCs}{RCs}X-Y. \tag{17}$$

然后，对 X 用(16)，对 Y 用(14)，(17)就变为

$$V=\frac{1+2RCs}{RCs}\left[\frac{(1+RCs)^2}{(RCs)^2}+\frac{1}{RCs}\right]U-\frac{1+RCs}{RCs}U.$$

还是再做一点儿代数运算，它变为

$$V=\frac{(1+2RCs)(1+RCs)^2+(1+2RCs)RCs-(1+RCs)(RCs)^2}{(RCs)^3}U. \tag{18}$$

将(18)的分子中的各项展开，进行所有可能的简化，然后遍乘以 s^3，我们得到

$$s^3V=s^3U+\frac{6}{RC}s^2U+\frac{5}{(RC)^2}sU+\frac{1}{(RC)^3}U. \tag{19}$$

好,最后,对(19)逐项用(4),再利用(5),我们就回到了时域,经检验写出了 5.6 节中的那个三阶微分方程:

$$\frac{\mathrm{d}^3v}{\mathrm{d}t^3}=\frac{\mathrm{d}^3u}{\mathrm{d}t^3}+\frac{6}{RC}\frac{\mathrm{d}^2u}{\mathrm{d}t^2}+\frac{5}{(RC)^2}\frac{\mathrm{d}u}{\mathrm{d}t}+\frac{1}{(RC)^3}u.$$

附录 F　伽马函数在临界线上的绝对值

在 6.13 节中推导出的伽马函数的反射公式是

$$\Gamma(n)\Gamma(1-n)=\frac{\pi}{\sin n\pi},$$

其中伽马函数被定义为

$$\Gamma(n)=\int_0^\infty \mathrm{e}^{-x}x^{n-1}\mathrm{d}x.$$

在本书的讨论中，n 被取为正实数①，但如果我们不理会这个枝节，令 $n=\frac{1}{2}+\mathrm{i}b$，仅在形式上继续做下去②，那么有

$$\Gamma(n)=\Gamma\left(\frac{1}{2}+\mathrm{i}b\right)$$

和

$$\Gamma(1-n)=\Gamma\left(\frac{1}{2}-\mathrm{i}b\right).$$

---

① 其实在第 6 章中已将 n 扩展到全体实数，特别是 $n=-\frac{1}{2}$. ——译者注

② 伽马函数确实可以扩展到全体复数，而且成为一个解析函数，不过零和负整数是它的单极点. ——译者注

既然 $\Gamma(n)$ 和 $\Gamma(1-n)$ 在临界线上的唯一差别是 i 的符号[①]，那么我们就得知 $\Gamma\left(\frac{1}{2}+ib\right)$ 和 $\Gamma\left(\frac{1}{2}-ib\right)$ 是一对共轭复数[②]. 因此，在临界线上，有

$$\Gamma\left(\frac{1}{2}+ib\right)\Gamma\left(\frac{1}{2}-ib\right)=\left|\Gamma\left(\frac{1}{2}+ib\right)\right|^2,$$

而这等于

$$\left|\frac{\pi}{\sin\left(\frac{1}{2}+ib\right)\pi}\right|=\frac{\pi}{\left|\sin\left(\frac{1}{2}+ib\right)\pi\right|}.$$

根据欧拉恒等式，我们有

$$\begin{aligned}\sin\left(\frac{1}{2}+ib\right)\pi&=\frac{e^{i\left(\frac{1}{2}+ib\right)\pi}-e^{-i\left(\frac{1}{2}+ib\right)\pi}}{2i}\\&=\frac{e^{i\frac{\pi}{2}}\cdot e^{-\pi b}-e^{-i\frac{\pi}{2}}\cdot e^{\pi b}}{2i}\\&=\frac{ie^{-\pi b}+ie^{\pi b}}{2i}=\frac{e^{-\pi b}+e^{\pi b}}{2}\\&=\cosh\pi b.\end{aligned}$$

既然 $\cosh\pi b$ 对于任何实数 b 都不会是负的，那么我们就可以把那个正弦上的绝对值符号扔掉，写成

$$\left|\Gamma\left(\frac{1}{2}+ib\right)\right|^2=\frac{\pi}{\cosh\pi b},$$

或

---

① 这句话的意思是：将 $n=\frac{1}{2}+ib$ 和 $1-n=\frac{1}{2}-ib$ 形式地代替伽马函数定义式中的 n，则分别有 $\Gamma(n)=\Gamma\left(\frac{1}{2}+ib\right)=\int_0^\infty e^{-x}x^{-\frac{1}{2}+ib}dx$ 和 $\Gamma(1-n)=\Gamma\left(\frac{1}{2}-ib\right)=\int_0^\infty e^{-x}x^{-\frac{1}{2}-ib}dx$. 这两个积分式在形式上的差别仅在于被积函数中 i 的符号. ——译者注

② 把上一脚注中所指的被积函数中的 $x^{\pm ib}$ 化为以 e 为底的幂(取主值)，然后用欧拉恒等式将被积函数写成实部与虚部的和，再利用积分的线性性，即可在形式上推得这个结论. ——译者注

$$|\Gamma(z)|_{z=\frac{1}{2}+ib}=\sqrt{\frac{\pi}{\cosh \pi b}}.$$

这正是我们要证明的.

245

注　　释

平装本前言

1. H. M. Edwards, *Riemann's Zeta Function*, Academic Press 1974, p. 166.

2. Ibid.

3. 更多内容，请见 Aleksandar Ivic, *The Riemann Zeta-Function*, Wiley-Interscience 1985，特别是其中第 197 页.

前　　言

1. 有一个科学幻想作品，仅仅因为－1(完全是凭它自身的魅力，甚至不用取它的平方根)，也曾把我迷住. 在《大众电子学》进入我的生活之前，我是 20 世纪 50 年代的星期广播剧“X 负一”(X Minus One)的一名铁杆“粉丝”. 每星期一次，晚上 9:30，我听着这个节目的开场白，听着播音员说道，“从遥远的未知世界，传来了关于时空新维度的录音故事，它们是关于未来的传说，它们是你将在其中活上一百万个可能的年份和周游一千个可能的世界的历险记，全国广播公司与《星系科学幻想小说》(*Galaxy Science Fiction*)杂志合作，给你献上……”然后传来了那令人毛骨悚然的话语，这话语在我那已熄灯的卧室中(这时我本该在睡觉)回荡：“Xxxx，负，负，负，负，一，一，一，一.”紧接着是阴森恐怖的音乐. 啊，多么美好的时光！

引 子

1. Richard J. Gillings, *Mathematics in the Time of the Pharaohs*, MIT Press 1972. pp. 246—247.

2. George Sarton, *A History of Science* (Volumn 1), Harvard University Press 1952. p. 39.

3. 关于古埃及人是怎样推导出这个公式的，有一些令人感兴趣的猜测，见 Gillings(注释 1), pp. 187—193, 以及 B. L. van der Waerden, *Science Awakening*, P. Noordhoff 1954, pp. 34—35. 这后一本书中有着一张莫斯科数学纸草书的平截头台计算部分的照片.

4. W. W. Beman, "A Chapter in the History of Mathe-matics", *Proceedings of the American Association for the Advancement of Science* 46(1897): pp. 33—50.

5. 研究丢番图的权威性著作仍然是 Thomas L. Heath 爵士的 *Diophantus of Alexandria: A Study in the History of Greek Algebra*, 1885 年初版, 1910 年修订(修订版现有 Dover 出版公司的重印本可购). 这本经典著作包含了 Heath 所知道的全部《算术》, 以及 Heath 那非常广博、非常有帮助的脚注. 在更近一些时候, 又有若干卷被人们发现——见 Tascques Sesiano, *Books* Ⅳ *to* Ⅶ *of Diophantus's Arithmetica*, Springer-Verlag 1982. 246 247

6. *The Ganita-Sara-Sangraha of Mahaviracarya* (附有 M. Rangacarya 的英译文和注释), The Government Press, Madras 1912, (译文部分的)p. 7.

第 1 章 虚数之谜

1. 这并不是说当时的数学家不知道怎样对付像 7－5 这样的式子. 区别在于负号是用以标记减法运算(这已被理解)还是标记一个比零或者说比一无所有还要小的数(这不可思议). 这样, 5－7 *就应该*是个问题了, 因为就 16

世纪初任何一位数学家的知识范围来说，-2 这个答数是没有物理意义的. -2 有时会被称为*亏损*(defect)2，这个用语的贬义色彩或许反映了负数是多么令数学家感到不舒服.

2. 如果你对我为什么不理会负根感到奇怪，那就对了. 你*应该*奇怪. 这个负根是完全没有问题的，但是如果你从这里开始用它进行分析，那么你将发现，你得到的答案与我用正根得到的完全一致. 你试一下看看.

3. 关于卡尔丹那充满传奇色彩的一生，有一本既让你大开眼界又让你兴趣盎然的传记. 这本书虽然较老，但仍值得推荐. 它就是 Oystein Ore 的 *Cardano*，*the Gambling Scholar*，Princton Press 1953. 任何一个人，如果他在智能上如此接近现代水平，以致能解三次方程，但在思想上却如此滞后地停留在中世纪，以致要用星象为基督算命(为此卡尔丹于 1570 年以信奉异教罪而遭牢狱之灾)，那么他的一生就值得一读.

4.《大术》的一个英译本由麻省理工学院出版社(MIT Press)于 1968 年出版，译者是 T. Richard Witman. 卡尔丹在书中三次提到塔尔塔利亚，下面的引文(在第 8 页)是其中的第一次："在我们这个时代，博洛尼亚的费罗解决了三次项加一次项等于一常数的情况. 这是一项非常优美和值得赞赏的成就. 既然这一成就在技巧性上超越了人间所有的精妙发明，在明晰性上超越了世上所有的天才佳作，既然这是真正由上天赐予的一份礼物，是对人类智能极限的一次非常明确的测试，那么不管是谁，只要用心对它作一番考察，就会相信其中没有什么东西是他不能理解的. 我的朋友，布雷西亚的塔尔塔利亚不甘居人之后，为了超赶费罗，他在与他的[费罗的]学生进行一场比赛时解决了同样的问题，并被我的多次请求所感动，把这个解法告诉了我. "这些话几乎不可能是由一个盗窃他人成果的人说出的. 我应该提一下，有某种证据表明，最晚不超过 14 世纪 90 年代，在佛罗伦萨至少有两位已永远无法得知身份的意大利数学家，已经在解三次方程上取得了进展，费罗和卡尔丹确实有可能被人抢先了，尽管我们一点儿也不清楚他们是不是知道前人的这个结果. 见

R. Franci and L. Toti Rigatelli, "Towards a History of Algebra from Leonardo of Pisa to Luca Pacioli", *Janus* 72(1985): pp. 17—82.

5. 在今天，任何一名学习数学、科学或工程的学生都会认为这个说法是显而易见的. 也就是说，给出一个任意形式的复数，它的共轭复数就是凡有$\sqrt{-1}=\mathrm{i}$出现就把它改为$-\sqrt{-1}=-\mathrm{i}$而得到的数.

6. 韦达是用一种无穷乘积而不是一种无穷和来表示π的第一人. 他那著名的公式(1593年)是:

$$\frac{2}{\pi}=\cos\frac{\pi}{4}\cos\frac{\pi}{8}\cos\frac{\pi}{16}\cos\frac{\pi}{32}\cdots.$$

我将在稍后的第3章中让你看到，这个美丽的结果作为一个更一般的三角公式的特例，是怎样从一个初等三角恒等式推出的，而这个恒等式我们用一点复几何的知识就可以很容易地求得. 韦达对直角三角形的研究现在已与复数的代数建立了联系，这种联系他本人从未作出过. 我将讨论(在第3章中)这种代数已知的历史发展，但是你可以在下面这篇文章中查到人们是怎样推测的: Stanislav Glushkov, "An Interpretation of Viete's 'Calculus of Triangles' As a Precursor of the Algebra of Complex Numbers", *Historia Mathematica* 4(May 1977): pp. 127—136.

7. E. T. Bell, *The Development of Mathematics* (2nd edition), McGraw-Hill 1945, p. 149.

8. R. B. McClenon, "A Contribution of Leibniz to the History of Complex Numbers", *American Mathematical Monthly* 30 (November 1930): pp. 369—374. 惠更斯与莱布尼茨同样困惑，这表现在他给莱布尼茨的回信中: "人们绝不会相信$\sqrt{1+\sqrt{-3}}+\sqrt{1-\sqrt{-3}}=\sqrt{6}$，其中一定暗藏着什么对我们来说不可理解的东西."

9. Gilbert Strang, *Introduction to Applied Mathematics*, Wellesley-Cambridge Press 1986, p. 330.

10. 这本书有一个由 E. L. Sigler 翻译的精彩的英译本：*The Book of Squares*, Academic Press 1987. 还可见 R. B. Mc-Clenon, "Leonardo of Pisa and His *Liber quadratorum*", *American Mathematical Monthly* 26 (January 1919)：pp. 1—8. 在今天，对于莱奥纳尔多，人们更为熟知的是他的别号"斐波那契"(Fibonacci)，这很可能是"Filiorum Bonacci"(即"波那契家族的")或"Filius Bonacci"(即"波那契的儿子")的一种缩写，这些用语出现在他许多著作的扉页上. 因此，著名的斐波那契数列即取名于莱奥纳尔多·皮萨诺. 这个数列是：1, 1, 2, 3, 5, 8, 13, …，其中从第三项开始，每一项都是其前两项的和. 它通常写成**递归式** $u_{n+2}=u_{n+1}+u_n$，而 $u_0=u_1=1$. 这个数列出现在莱奥纳尔多于 1202 年出版的《算盘书》(*Liber abaci*)中，而且是更一般的递归式 $u_{n+2}=pu_{n+1}+qu_n$ 的(其中 p 和 q 为任意常数)一个特例. 在第 4 章我将让你看到，对于 p 和 q 的某些值，复数是如何出现在这个递归方程的求解公式中的. 249

第 2 章　$\sqrt{-1}$ 几何意义之初探

1. 就其本身的形式说，《几何学》并不是一本书，而"仅仅"是笛卡儿的《论在科学中进行推理和寻求真理的方法》(*Discourse on the Method of Reasoning and Seeking Truth in Science*)的第三个说明性附录. 它被穆勒[①]称为"精确科学的发展史上最伟大的一步"，它是一本盖世无双的杰作，特别是高中的几何教师，非常值得花一些时间和精力去读一读 David E. Smith 和 Marcia L. Latham 那精彩的英译本 *The Geometry of René Descartes*, Dover 1954.

2. 笛卡儿本人并没有给出证明，但 Smith 和 Latham(注释 1)简述了一种可能的方法，在我看来，他们提出的证明过程太复杂了，而事实上有着一

---

① 穆勒(John Stuart Mill, 1806—1873)，著名英国哲学家、经济学家、逻辑学家. ——译者注

个简单得多的解法. 提示: 请看图 2.4 中的三角形 NQR, 把毕达哥拉斯定理用上两次①, 求出 QR. 于是 $MQ=\frac{1}{2}a-\frac{1}{2}QR$, 而 $MR=MQ+QR$.

3. 如果这个关于 T 的表达式为实数, 那么两个可能值中较小的那个, 即取减号而得到的那个值, 表示了这个人第一次赶上汽车的时刻. 但这时如果这个人没有跳上汽车, 而是继续向前跑, 那么他将超到汽车前面去. 你可以很容易验证这个人确实跑得比汽车还要快——毕竟这就是他能赶上汽车的原因. 但这辆汽车正在加速前进, 因此最终在那个较大的第二个 T 值所表示的时刻, 汽车赶上了这个奔跑着的人, 于是在这第二个时刻, 条件 $x_m=x_b$ 再一次得到满足.

4. 关于这个特定问题的更多内容, 见 Nathan Altshiller Court, "Imaginary Elements in Pure Geometry — What They Are and What They Are Not", *Scripa Mathematica* 17(1951): pp. 55—64 and pp. 190—201. 关于这个论题的更多的一般情况, 见 J. L. S. Hatton, *The Theory of the Imaginary in Geometry, Together with the Trigonometry of the Imaginary*, Cambridge University Press 1920.

5. Florian Cajori, "Historical Note on the Graphic Representation of Imaginaries Before the Time of Wessel", *American Mathematical Monthly* 19(October — November 1912): pp. 167—171.

6. 这个美丽的结果是一条关于圆周角的更为普遍的定理的一个特殊情况, 但是在你看完本章之前, 我只会再用这个特殊情况, 因此我仅给你看关于这个特殊情况的一个简短证明. 参见图 2.11, 我们有 $AC=BC=CD$, 因为这三条线段都是同一个圆的半径. 既然 $AC=BC$, 那么三角形 ABC 是等腰三角形, 即 $\angle BAC$ 和 $\angle ABC$ 这两个角相等(都等于 α). 既然 $BC=CD$,

250

---

① 似乎只要用一次, 求出 $\frac{1}{2}QR=\sqrt{\frac{1}{4}a^2-b^2}$ 即可. ——译者注

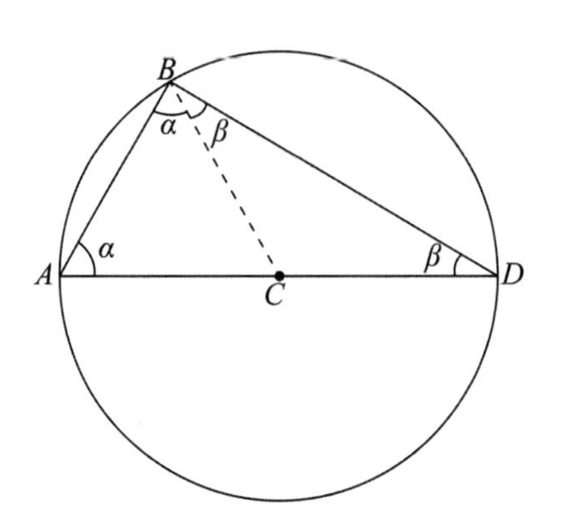

图 2.11　半圆周所对的圆周角是直角

那么三角形 BCD 也是等腰三角形，即$\angle CBD$ 和$\angle CDB$ 这两个角相等(都等于 β). 这样，$\sigma+\beta+(\sigma+\beta)=180°=2(\alpha+\beta)$，即 $\sigma+\beta=90°$. 这就是说，直径所对的圆周角是直角. 现在我们可以利用这个结果简短地证明笛卡儿关于一正长度之平方根的作图的正确性. 请回过去参见图 2.1，注意 FIG 和 IGH 这两个直角三角形，它们具有公共边 IG. 现在我们知道$\angle FIH$ 这个角等于 90°，由此立即可知三角形 FIG 和 IGH 相似. 特别是

$$\frac{GH}{IG}=\frac{IG}{FG}=\frac{IG}{1}.$$

因此 $IG=\sqrt{GH}$. 这个作图及其证明早为古希腊人所知.

7. Julian Lowell Coolidge, *The Geometry of the Complex Domain*, Oxford 1924, p. 14.

第 3 章　迷雾渐开

1. 人们在习惯上称韦塞尔是挪威人，但事实上在他出生的那个年代，挪威是丹麦的一部分，而且他一生中大多数时间都是在丹麦度过的，他最后逝世于哥本哈根.

2. 韦塞尔的论文于 1895 年被一位古董收藏家发现，而它的重要性是被丹麦数学家 Sophus Christian Juel 所确认的. 关于这个发现的更多内容，见 Viggo Brun, "Caspar Wessel et l'introduction géométrique des numbres

complexes", *Revue d'Histoire des Sciences et de Leurs Applications* 12 (1959): pp.19—24.

3. E. T. Bell, *Men of Mathematics*①, Simon and Schuster 1986, p. 234. 关于这一点有一个笑话, 即下面这段电话公司的录音信息, 电气工程师会觉得很好笑: "你拨打的是一个虚号(虚数). 如果你要拨到一个实号(实数), 请把你的电话旋转 90°, 再试一下."

251

4. James Gleick, *Genius*②, Pantheon 1992, p. 35.

5. 关于这种表达式是怎样出现在单边带无线电理论中的, 见本人著作 *The Science of Radio*, AIP Press 1995, pp. 173—175.

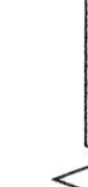

6. 出现在《数学年刊》上的这些争论被复制在韦尔的那本书里, 其中有许多又被韦尔这本重印本的英译本 *Imaginary Quantities*(由达特茅斯学院的数学教授 A. S. Hardy 编纂, D. Van Nostrand 出版公司于 1881 年出版)所复制.

7. Julian Lowell Coolidge, *The Geometry of the Complex Domain*, Oxford 1924, p. 24.

8. G. Windred, "History of the Theory of Imaginary and Complex Domain", *The Mathematical Gazette* 14(1929): pp. 533—541.

9. 这位数学家是拉克鲁瓦(Sylvestre Francois Lacroix, 1765—1843), 以他那些有巨大影响的教科书闻名于世.

10. Coolidge 和 Windred(注释 7 和 8)简略地说到了这一点, 并评价说穆雷的这本书[《关于负数和所谓虚数的真正理论》(*La Vraie Théorie des Quantités Négatives et des Prétendues Imaginaires*)]是一本高质量的著作.

11. 见 Bell 关于哈密顿的传记性论述, "An Irish Tragedy", *Men of*

① 有中译本:《数学大师——从芝诺到庞加莱》, 徐源译, 宋蜀碧校, 上海科技教育出版社 2004 年出版. ——译者注

② 有中译本:《费曼传》, 黄小玲译, 高等教育出版社 2004 年出版. ——译者注

Mathematics(注释 3), pp. 340—361.

12. John O'Neil, "Formalism, Hamilton and Complex Numbers", *Studies in History and Philosophy of Science* 17 (September 1986): pp. 351—372.

13. 关于哈密顿以其四元数的更多内容, 见本人著作 *Oliver Heaviside*: *Saga in Solitude*, IEEE Press 1988, pp. 187—215. (以我的观点)比哈密顿的数偶更为有趣的是形成 2×2 矩阵的数的四元组. 对于懂得矩阵运算的读者来说, 请注意

$$\begin{pmatrix} -1 & 0 \\ 0 & -1 \end{pmatrix}$$

的作用相当于−1, 这是因为它乘以任何 2×2 矩阵结果得到的就是这个矩阵的负矩阵. 然后, 只要注意到

$$\begin{pmatrix} 0 & 1 \\ -1 & 0 \end{pmatrix}\begin{pmatrix} 0 & 1 \\ -1 & 0 \end{pmatrix}=\begin{pmatrix} -1 & 0 \\ 0 & -1 \end{pmatrix}$$

因此,

$$\begin{pmatrix} 0 & 1 \\ -1 & 0 \end{pmatrix}$$

在 2×2 矩阵理论中的作用就相当于$\sqrt{-1}$. 这种 2×2 矩阵, 举例来说, 位于量子理论的核心.

252

14. 引自 Umberto Bottazzini, *The Higher Calculus*: *A History of Real and Complex Analysis from Euler to Weierstrass*, Springer-Verlag 1986, p. 96.

15. John Stillwell, *Mathematics and Its History*, Springer-Verlag 1991, p. 188.

16. A. R. Forsyth, "Old *Tripos* Days at Cambridge", *The Mathematical Gazette* 19(1935): pp. 162—179.

第4章 使用复数

1. 本节中采用的数值例子取自 Juan E. Sornito, “Vector Representation of Multiplication and Division of Complex Numbers”, *Mathematics Teacher* 47 (May 1954): pp. 320—322, p. 382.

2. 例如, 见 E. F. Krause, *Taxicab Geometry*, Dover 1986, 其中对所谓的城市街区距离函数 $ds = |dx| + |dy|$ 作了极为详细的探讨. 狭义相对论的几何解释实际上是德国数学家闵可夫斯基(Hermann Minkowski, 1864—1909)作出的, 他曾是爱因斯坦的老师. 然而, 这个理论则完全是属于爱因斯坦的.

3. 例如, 见本人著作 *Time Machines*: *Time Travel in Physics*, *Metaphysics*, *and Science Fiction*, AIP Press 1993, pp. 287—303.

4. 这实际上只对相对论的所谓**平坦**时空成立, **弯曲**时空, 例如出现在广义相对论(爱因斯坦关于引力的理论)中的那种时空, 则具有更为复杂的度量. 你可以在本人著作 *Time Machine*(注释 3)的 314 页上查到这方面的更多信息.

5. 至于爱因斯坦为什么要作出这个假设, 见本人著作 *Time Machine* (注释 3), p. 291 和 pp. 302—303.

6. 1889 年, 俄罗斯数学家柯瓦列夫斯卡娅(Софья Ковалевская, 1850—1891)利用复时间研究一种旋转质量体的力学. 她的工作在下列文献中得到描述: Michèle Audin, *Spinning Tops*, Cambridge University Press 1996.

7. Paul R. Heyl, “The Skeptical Physicist”, *Scientific Monthly* 46 (March 1938): pp. 225—229.

第5章 复数的进一步应用

1. 还可见我的 *Time Machines*: *Time Travel in Physics*, *Metaphysics*, *and Science Fiction*, AIP Press 1993, pp. 341—352.

2. Edward Kasner, "The Ratio of the Arc to the Chord of an Analytic Curve Need Not Be Unity", *Bulletin of the American Mathematical Society* 20(July 1914): pp. 524—531.

3. 对平方反比定律的一个只用几何的简短但巧妙的推导，见伽莫夫的 *Gravity*, Doubleday 1962. 还可见 S. K. Stein, "Exactly How Did Newton Deal with His Planets?" *Mathematical Intelligencer* 18 (Spring 1996): pp. 6—11.

253

4. 见 David L. and Judith R. Goodstein, *Feynman's Lost Lecture*, W. W. Norton 1996. 这本书附有一张录音 CD 盘，因此你可以亲耳听到费曼在 1964 年 3 月 13 日给加利福尼亚理工学院一年级班的讲课，在这次讲课的末尾，费曼指出了很重要的一点：这一物理思想，正是卢瑟福 1910 年那个经典实验的核心思想. 在那个实验中，带正电荷的散射粒子被同样带正电荷的原子核排斥，本章后面将说到，同符号电荷之间的相互作用力是**排斥力**，这不同于太阳与在轨道上运行的行星之间的作用力是吸引力. 但从数学上看，这只不过是在作用力方程中改变一下代数符号而已.

5. 这一节中的描述受到了下列文献的启发：Donald G. Saari, "A Visit to the Newtonian *N*-Body Problem via Elementary Complex Variables", *American Mathematical Monthly* 97 (February 1990): pp. 105—109.

6. William J. Kaufmann Ⅲ, *Universe* (2nd edition), W. H. Freeman 1988, p. 56.

7. 要知道这一过程的详细情况，见本人著作 *The Science of Radio*, AIP Press 1995.

第 6 章　魔幻般的数学

1. 弗龙斯基所宣称的东西在怪诞数学的历史上并不是唯一的. 19 世纪末，有一个在某种程度上更为荒诞的断言，它出现在后世最有威望的某本数学杂志上.在一篇关于路易斯安娜州立大学和农机学院的校长和数学教授尼科尔森上校(Colonel James W. Nicholson, 1844—1917)的传记性论文中,说到在他的众多发现中,包括这样的恒等式:

$$\cos\phi=\frac{(-1)^{\frac{\phi}{\pi}}+(-1)^{-\frac{\phi}{\pi}}}{2},$$

$$\sin\phi=\frac{(-1)^{\frac{\phi}{\pi}}+(-1)^{-\frac{\phi}{\pi}}}{2\sqrt{-1}}.$$

这当然是荒唐的,因为这些恒等式只不过是欧拉恒等式的拙劣伪装版本,也就是说,只要写 $-1=e^{i\pi}$ 即可,我无法解释这种愚蠢的说法是怎么会印刷出版的,起初我还以为这是一个玩笑,但我很快就发现尼科尔森确有其人,如果你想自己去看它的全文(在其中还可以发现一些其他的荒唐说法),见 *American Mathematical Monthly* 1(June 1894): pp. 183—187.

2. 他是怎么得到这个公式的,以及更多的内容,可在下列文献中查到: Raymond Ayoub, "Euler and the Zeta Function", *American Mathematical Monthly* 81(December 1974): pp. 1067—1086. 还可见 Ronald Calinger, "Leonhard Euler: The First St. Petersburg Years(1727—1741)", *Historia Mathematica* 23(May 1996): pp. 121—166.

254

3. 我在本章中关于 i^i 的许多讨论以下列文献为基础: R. C. Archbald, "Historical Notes on the Relation $e^{-\frac{\pi}{2}}=i^i$", *American Mathematical Monthly* 28(March 1921): pp. 116—121.

4. 关于"对数计算"的一个英文全译本,见 Ronald Gowing, *Roger Cotes — Natural Philosopher*, Cambridge University Press 1983.

5. R. C. Archbald, "Euler Integrals and Euler's Spiral — Sometimes Called Fresnel Integrals and the Clothoide or Cornu's Spiral", *American Mathematical Monthly* 25(June 1918): pp. 276—282.

6. 关于柯西和泊松涉及这些积分的工作的历史评论,以及对它们的引述，可在下列文献中查到：Horace Lamb，“On Deep-Water Waves”，*Proceedings of the London Mathematical Society* 2(November 10，1904)：pp. 371—400.

7. 是在两封信中创造的. 这两封信的日期分别是1729年10月13日和1730年1月8日，收信者是一位经常与他通信的德国人，即当时在莫斯科的哥德巴赫(Christian Goldbach). 不过，伽马这个名称以及相关的符号则归功于勒让德，他于1808年引进了这个现在使用的术语，关于欧拉这部分工作的一篇指导性文章，见Philip J. Davis，“Leonhard Euler's Integral：A Historical Profile of Gamma Function”，*American Mathematical Monthly* 66(December 1959)：pp. 849—869.

第7章　19世纪——柯西与复变函数论的肇始

1. 我关于柯西工作的许多评述，是基于H. J. Ettlinger，“Cauchy's Paper of 1814 on Definite Integrals”，*Annals of Mathematics* 23(1921—1922)：pp. 255—270和Philip E. B. Jourdain，“The Theory of Functions with Cauchy and Gauss”，*Bibliotheca Mathematica* 6(1905)：pp. 190—207. 无论是Ettlinger还是我，都没有照本宣科地采用柯西原来的表述方式和符号(Jourdain倒是大部分这样做的)，尽管他发展的思想我会予以点明. *Mathematics of the 19th Century* 丛书第二卷后半部分关于解析函数论史的内容也是非常有趣的阅读材料. 这套丛书由A. H. Колмогоров和A. П. Юшкевич主编，由Roger Cooke从俄文翻译成英文，于1996年由Birkhäuser出版公司出版. 我还发现，Morris Kline的*Mathematical Thought from Ancient to Modern Times*①(Oxford University Press 1972，pp. 626—670)中那些全面性的历史评述很有帮助. Kline对当初围绕这篇

① 有中译本：《古今数学思想》，张理京，邓东皋译，上海科学技术出版社2002年出版. ——译者注

1814 年论文的争论所作的一些评论，由 I. Grattan-Guinness 的 *The Development of the Foundations of Mathematical Analysis from Euler to Riemann*(MIT Press 1979，pp. 24—45)为我作了廓清. 最后，见 Frank Smithies，*Cauchy and the Creation of Complex Function Theory*，Cambridge University Press 1997.

2. 柯西没有使用这个术语，但是这个解析的概念被包含在他的论文中. 而且，如 Ettlinger(注释 1)所注意到的，"虽然现在几何表示是函数论的每一种表述的基本特征，但柯西既没有使用图形也没有使用几何语言"，在本章中我沿袭 Ettlinger 和所有现代文献的做法，这两种手段我都大量使用. 255

3. 这一点正是温鲍姆①的一个短篇科学幻想故事的中心概念. 这个故事原名《实与虚》(*Real and Imaginary*)，温鲍姆英年早逝之后，发表在纸浆杂志《令人震颤的奇想故事》(*Thrilling Wonder Stories*)1936 年 12 月号上，题目是"千钧一发无穷大"(The Brink of Infinity). 1974 年在《火星奥德赛及其他科学幻想故事》(*A Martian Odyssey and Other Science Fiction Tales*，Hyperion Press)中得到重印. 其情节相当简单. 一位化学家在一次实验中失败了，身体受到了骇人听闻的伤害，他认为责任全在于那个为他做预备性计算的数学家. 为了普遍地报复数学家，他把另一名数学家诱骗到家中，用枪指着，不许他动，向他提出下面这道题目：这个疯子心里想好了一个"数值表达式"，数学家必须通过问最多十个问题把它推断出来. 如果他推不出，就得吃枪子儿. 第一个问题是问这个表达式是实数式还是虚数式，回答是"随便哪个"！数学家想，这意味着答案肯定是零，但他很震惊地得知他错了，再一个问题是，"这个表达式等于多少?"回答是"任何东西". 关键就在这儿，这位数学家终于明白，答案是"$\infty-\infty$"，尽管我对这个式子被称为数值表达式是否妥当表示怀疑.

---

① 温鲍姆(Stanley G. Weinbaum，1902—1935)，美国科幻小说家，主要作品有《火星奥德赛》(*A Martian Odyssey*)、《新亚当》(*The New Adam*)等. ——译者注

4. 我们不得不用(柯西也是这样)$\int_0^\infty e^{-x^2}dx$ 的值(由其他方法得知，如在 6.12 节中那样)来完成$\int_0^\infty e^{-x^2}\cos 2bx dx$ 的计算，这件事说明柯西的理论其实不是没有缺点的. 其实，任何可以用柯西方法计算的积分也可以用其他方法计算. 例如，见 Robert Weinstock, "Elementary Evaluations of $\int_0^\infty e^{-x^2}dx$ ，$\int_0^\infty \cos x^2 dx$ 和$\int_0^\infty \sin x^2 dx$", *American Mathematical Monthly* 97(January 1990): pp. 39—42. 然而，如果柯西方法对计算一个积分确实有效，那么它几乎总是计算这个积分的最容易方法. 反过来说，许多年来，人们认为$\int_0^\infty e^{-x^2}dx$ 是**不可能**用柯西方法计算出来的，但在下列文献中可见到一个用柯西理论获得这个积分的美妙方法：Reinhold Remmert, *Theory of Complex Functions*, Springer-Verlag 1991, pp. 413—414. 关于这种方法的更多历史情况，可在下列文献中查到：Dragoslav S. Mitrinovic and Jovan D. Keckić, *The Method of Residues*, D. Reidel 1984, pp. 158—166.

5. 见斯托克斯的 *Mathematical and Physical Papers* (Cambridge University Press 1904)的第 4 卷, pp. 77—100.

6. Jesper Lützen, *Joseph Liouville 1809—1882; Master of Pure and Applied Mathematics*, Springer-Verlag 1990, p. 586. 还可见下列文献中由 J. J. Cross 撰写的关于积分定理的那一章：*Wranglers and Physicists: Studies on Cambridge Mathe-matical Physics in the Nineteenth Century* (P. M. Harman, editor), Manchester University Press 1985.

7. I. Grattan-Guinness, "Why Did George Green Write His Essay of 1828 on Electricity and Magetism?" *American Mathematical Monthly* 102 (May 1995): pp. 387—396.

8. 出生于波兰的数学家卡茨在他的自传《机运之谜》(*Enigmas of Chance*, Harper & Row 1985, p. 126)中讲了下面这个超级好笑的故事. 有一次，卡茨在康奈尔大学担任一个博士学位考试委员的委员时，向这名博士学位候选人提了一些数学问题. 卡茨如此叙述道，“他并不是十分优秀——至少在数学上，在他没能答出两三个问题后，我问了他一个真的很简单的问题，要他描述一下函数$\frac{1}{z}$在复平面上的表现. ‘这个函数在整个复平面上解析，先生，除了在$z=0$，它在那儿有个奇点，’他答道，这完全正确. ‘这个点叫什么?’我接着问. 这名学生立刻就被问住了，‘看我，’我说. ‘我是什么?’他脸露喜色. ‘一个普通的波兰人[①]，先生. ’其实这就是正确答案. ”卡茨一定是个十分可爱的家伙!

9. 请不要以为我说柯西的解决方法“累赘”是态度不恭. 在数学中，解决问题的更新更好的方法是受欢迎的，甚至是所**期望的**. 我在文中所用的方法过去一直是教科书普遍采用的一种方法，但即使这样，它也被不断改进. 文中推导出来的答案实际上对m和n的非整数值也是成立的，但我用的方法却加了那个限制. 关于这个重要积分的更多讨论，以及关于它的更一般的计算，你可在下列文献中查到：Orin J. Farrell and Bertram Ross, “Note on Evaluating Certain Real Integrals by Cauchy's Residue Theorem”, *American Mathematical Monthly* 68(February 1968): pp. 151—152.

10. 下面就是这样的一本书：A. David Wunsch, *Complex Variables with Applications*(2nd edition) Addison-Wesley 1994. Wunsch是马萨诸塞大学洛厄尔校区的电工学教授，他在详细描述复变函数论(包括共形映射、洛朗级数和系统稳定性)方面做了一件绝对第一流的工作. 他用工程师的语言写作，但同时一点儿都没有牺牲这门学科的数学完整性. 对于比较倾向于数学但同时又有兴趣把一只脚留在物理现实的读者，我强烈推荐下面这本书：Tristan Needham, *Visual Complex Analysis*, Oxford University Press 1997.

---

① 原文是 A simple Pole，又意“一个单极点”. ——译者注

11. 关于求这个积分，即在复平面上计算

$$\int_0^\infty \frac{x^{x-1}}{e^x-1}dx$$

的值的详细讨论，见 E. C. Titchmarsh(revised by D. R. Heath-Brown), *The Theory of the Riemann-Zeta Function*, Oxford University Press 1986. pp. 18—20.

12. 这个故事在下面这本书中得到重印：*The Early Asimov*, Doubleday 1972.

13. Marilyn vos Savant, *The World's Most Famous Math Problem(the Proof of Fermat's Last Theorem and Other Mathematical Mysteries)*, St. Martin's Press 1993, p. 61. 作者得意地告诉我们这本书她仅用几个星期就写成了，但其中充满了其他同样无知的说法.

14. 这封亲笔信的复印件刊于 *Scripta Mathematica* 1(1932): pp. 257 88—90.

附录 A　代数基本定理

1. 关于这一切的更多情况，见 John Stillwell, *Mathematics and Its History*, Springer-Verlag 1989, pp. 195—200.

2. 关于一个多项式方程的复根的数目，早先在苏格兰数学家麦克劳林(Colin MacLaurin, 1698—1746)和他那位默默无闻的同胞坎贝尔(George Campbell, ？—1766)之间发生过一场鲜为人知的争论. 对于这个不愉快事件的一个详细论述由下列文献给出：Stella Mills, "The Controversy Between Colin Mac-Laurin and George Campbell Over Complex Roots, 1728—1729", *Archive for History of Exact Sciences* 28(1983): pp. 149—164. 关于当时人们对方程的根有多少了解的更多情况，见 Robin Rider Hamburg, "The Theory of Equations in the 18th Century: The Work of Joseph Lagrange", *Archive for History of Exact Sciences* 16(1976): pp. 17—36.

3. 例如，请解 $ix^2-2x+1=0$，从而证明 $x=-i\pm\sqrt{-1+i}$. 然后证明 $x=-i+\sqrt{-1+i}$ 与 $x=-i-\sqrt{-1+i}$ 不是一个共轭对. 事实上，$x=-i+\sqrt{-1+i}$ 的共轭是 $i+\sqrt{-1-i}\neq-i-\sqrt{-1+i}$.

4. E. T. Bell, *The Development of Mathematics* (2nd edition), McGraw-Hill 1945, p. 176.

附录 B 一个超越方程的复根

1. James Pierpont, "On the Complex Roots of a Transcendental Equation Occurring in the Electron Theory", *Annals of Mathematics* 30 (1929): pp. 81—91. 皮尔庞特教授的灵感来自: G. A. Shott, "The Theory of the Linear Oscillator and Its Bearing on the Electron Theory", *Philosophical Magazine* 3 (April 1927): pp. 739—752.

附录 C 到第 135 位小数的 $\sqrt{-1}^{\sqrt{-1}}$ 以及它是怎样算出来的

1. 牛顿(1642—1727)是在 1665 年至 1666 年期间推导出他这个关于 π 的快速收敛级数的，当时他从瘟疫肆虐的伦敦逃回家，来到位于林肯郡伍尔斯索普(Woolsthorpe)的自家农场. 因此，他的级数比归名于莱布尼茨—格雷戈里的那个级数(曾在第 6 章中讲到)要早，但是直到许多年之后，这个级数才以印刷形式出现在他死后的 1736 年出版的《流数法和无穷级数》(*The Method of Fluxions and Infinite Series*)中，这是他拉丁文原稿的英文译本. 就是在伍尔斯索普停留期间，牛顿先于墨卡托(见 6.3 节中的讨论)发现了 $\ln(1+x)$ 的幂级数展开. 这个级数被舍尔巴赫用来从 $\sqrt{-1}$ 计算 π——也曾在第 6 章讲到——牛顿则用它来计算各种"有趣的"数，算到 68 位小数之多.

258

2. H. S. Uhler, "On the Numerical Value of i^i", *American Mathematical Monthly* 21(March 1921): pp. 114—116.

3. Horace S. Uhler, "Special Values of $e^{K\pi}$, *COSH*$(K\pi)$ *and SINH*

($K\pi$) *to* 136 *Figures*", *Proceedings of the National Academy of Sciences* 33(February 1947): pp. 34—41.

4. 随着像 MATLAB(见图 7.8)这样强大的数学程序语言的开发，i^i 的计算可以在一瞬间完成，而且小数位数远远超过尤勒的结果. 例如，单单一行编码

$$\text{vpa}('i \wedge i', 140)$$

就调用了这个变量精度指令，它告诉 MATLAB 把 i^i 打印到 140 位数字. 我那台小小的笔记本电脑不到 1 秒钟就把这件事完成了，显示出来的正是尤勒的答案. 现在你可以明白怎样计算这个附录开头那个问题的答案了. 首先，注意到这个表达式有两个值，也就是说，既然 $-1=e^{\pm i\pi}$，而且既然 $\sqrt{-163}=\pm i\sqrt{163}$，那么 $(-1)^{\sqrt{-163}}=e^{\pm\sqrt{163}}$，我们立即可以否定 $e^{-\pi\sqrt{163}}$ 是整数，因为它大于零而小于 1. 但 $e^{\pi\sqrt{163}}$ 怎么样？它显然非常大，但它是不是一个整数？写 MATLAB 指令

$$\text{vpa}('\exp(pi*\ sqrt(163))', 37),$$

就给出了下面的值：

$(-1)^{\sqrt{-163}}=262\,537\,412\,640\,768\,743.999\,999\,999\,999\,250\,07$，因此答案是不，这个表达式不是一个整数，事实上，它是一个超越数. 但它与一个整数真是差之毫厘！关于这个结果的潜在原因有一个理论上的解释，见 Philip J. Davis, "Are There Coincidences in Mathematics?", *American Mathematical Monthly* 88 (May 1981): pp. 311—320.

259

致　　谢

对我来说，向那些帮助我创作一本新书的人致谢，总是一件愉快的事. 在新罕布什尔大学，物理学家托伯特(Roy Torbert)热情地支持了一名电气工程师想写一本数学史书籍的念头. 由于他是我的系主任，这种支持是极其重要的！还有，柯林斯(Nan Collins)输入了文稿，赖利(Kim Riley)创作了线条图，勒奇(Barbara Lerch)帮助我做了索引，我 1996 年秋季的“通识教育荣誉研讨班”(General Education Hornors Seminar)中那些刚入学的新生们，以一种敏锐而审慎的集体性眼光审阅了一份非常早期的文稿. 恰普伦学院(魁北克)的圣加利(Arturo Sangalli)教授审阅了初稿的一份早期修改稿，他可能不知道他的热情回复对我的价值大到什么程度. 洛约拉大学的马奥尔(ElI Maor)教授、加州理工学院的拉特利奇(David Rutledge)教授和哈维玛德学院的莫林德(John Molinder)教授审阅了一份几乎是最终的修改稿，并给了我许多有益的意见. 我那位明察秋毫的文字编辑珍妮弗·斯莱特(Jennifer Slater)，把一段本来很容易是令人难熬的时光变成了一段令人愉快的时光. 在普林斯顿大学出版社，我的编辑利普斯科姆(Trevor Lipscombe)和他的助理埃尔沃西(Sam Elworthy)，以及制作编辑韦尔德(Karen Verde)，把一堆打印稿——上面贴满了珍妮弗和我关于修改和增删的便条——变成了一本书. 最后，与我共同生活了 36 年的妻子安(Patricia

Ann)，在我进行写作的无数个日日夜夜中，耐心地听着我的谈论、我的嘟哝、我的咆哮，有时甚至是自我抽泣. 她不止一次地对我说请冷静，为此(但不仅仅是为此)我真的很爱很爱她.

图书在版编目（CIP）数据

虚数的故事 / (美) 保罗・纳欣 (Paul Nahin) 著；朱惠霖译. — 上海：上海教育出版社，2022.11
ISBN 978-7-5720-1679-0

Ⅰ. ①虚… Ⅱ. ①保… ②朱… Ⅲ. ①数 – 普及读物 Ⅳ. ①O1-49

中国版本图书馆CIP数据核字(2022)第201048号

通俗数学名著译丛
Xushu de Gushi
虚数的故事
[美] 保罗・纳欣（Paul J. Nahin） 著
朱惠霖 译

出版发行 上海教育出版社有限公司
官　　网 www.seph.com.cn
地　　址 上海市闵行区号景路159弄C座
邮　　编 201101
印　　刷 上海景条印刷有限公司
开　　本 700×1000 1/16 印张 21 插页 3
字　　数 280 千字
版　　次 2022年11月第1版
印　　次 2022年11月第1次印刷
书　　号 ISBN 978-7-5720-1679-0/O・0007
定　　价 59.80 元

如发现质量问题，读者可向本社调换 电话：021-64373213